Leo Schwaiger

CAD-Begriffe
Ein Lexikon

Herausgegeben im Auftrag der
SIS-Staedtler Informationssysteme GmbH

Mit einem Geleitwort von Professor Dr.-Ing. H. Grabowski

Mit 178 Abbildungen

Springer-Verlag Berlin Heidelberg NewYork
London Paris Tokyo 1987

Dr. rer. nat. Leo Schwaiger
SIS-Staedtler Informationssysteme GmbH

Herausgegeben im Auftrag der
SIS-Staedtler Informationssysteme GmbH
D 8500 Nürnberg, Kirchenweg 10

ISBN-13: 978-3-540-17545-2   e-ISBN-13: 978-3-642-93354-7
DOI: 10.1007/978-3-642-93354-7

CIP-Kurztitelaufnahme der Deutschen Bibliothek.
Schwaiger, Leo: CAD-Begriffe : e. Lexikon / Leo Schwaiger. Hrsg. von SIS-Staedtler-Informationssysteme GmbH. –
Berlin ; Heidelberg ; New York ; London ; Paris ; Tokyo : Springer, 1987.

NE: HST

2160/3020-543210

Vorwort

Das vorliegende Werk ist entstanden während unserer Entwicklungsarbeit zwischen
1983 und 1986; eine große Zahl von Fachleuten hat durch Verfassen der Beiträge mit-
gewirkt.

Das Buch soll als Nachschlagewerk ergänzend zum Verständnis der CAD/CAM-
Technologie beitragen und technische Merkmale, Wirkungsweisen sowie Möglichkeiten
von CAD/CAM-Systemen transparent
machen. Ebenso soll es auch zu einem gemeinsamen Begriffsgebrauch beitragen und
dadurch Verständnisschwierigkeiten zu
vermeiden helfen.

Begriffe oder Beispiele, die sich inhaltlich
auf das CAD-System SIS CAD-M von
Staedtler Informationssysteme beziehen, sind
in kursiver Schreibweise aufgeführt.

Unser besonderer Dank gilt Herrn Dr.-Ing.
R. Anderl; er hat sehr zum Gelingen des
Werkes in dieser Form beigetragen. Die
redaktionelle Bearbeitung, die zur einheit-
lichen Text- und Bildgestaltung und zu einer
verständlichen Darstellung und Straffung
wesentlich beigetragen hat, besorgte Herr
Karlheinz Korz. Frau Ruth Beckert hat in
dankenswerter Weise mit viel Geduld die
Arbeit am Textautomaten erledigt. Die
gewissenhafte Arbeit des Korrekturlesens hat
Herr Abo Lehmann bewältigt. Dem Verlag
danken wir für die sehr gute Zusammen-
arbeit und für die vielen wertvollen Rat-
schläge, ohne die das Werk in der vorliegenden Form nicht zustande gekommen
wäre.

VI

Der Herausgeber ist für jeden Hinweis auf
Fehler und für jeden Verbesserungsvor -
schlag dankbar.

Herbst 1986

Dr. Leo Schwaiger, im Auftrag der
Staedtler Informationssysteme GmbH,
Nürnberg

Geleitwort

Seit der Begriff CAD (engl.:*computer aided design*), zu deutsch Rechnerunterstütztes Konstruieren vor fast 30 Jahren in den USA erstmals verwendet wurde, hat eine stürmische Entwicklung sowohl bei den datenverarbeitenden Geräten (Hardware) als auch bei den entwickelten Methoden und daraus abgeleiteten Programmen (Software) stattgefunden. Aus der einfachen Programmierung graphischer Aus- und Eingabegeräte sind neue Fachdisziplinen, wie z.B. Graphische Datenverarbeitung (engl.: *computer graphics*) und Geometrisches Modellieren (engl.: *geometric modelling*) oder eben das "Rechnerunterstützte Konstruieren" entstanden und damit auch eine Vielzahl neuer Begriffe.

Die Industrie mit den verschiedenen Branchen, wie z.B. Maschinen- und Anlagenbau, Bauwesen, Architektur, Elektrotechnik (Elektronik) hat diese Technologie aufgrund des ständig gewachsenen Angebots der Verbesserung der Funktionalität der CAD-Systeme und des stark verbesserten Preis/Leistungsverhältnisses aufgegriffen, und setzt sie verstärkt ein. Daher ergeben sich Probleme infolge fehlenden, fachkundigen Personals. Zwei Generationen von im Berufsleben stehenden Ingenieuren, Technikern und technischen Zeichnern haben keine Ausbildung auf dem Gebiet CAD genossen. Die Universitäten und Fachhochschulen können die große Nachfrage nicht decken. Die Praxis ist also auf Selbsthilfe angewiesen. In der Literatur wird ständig über den Fortschritt auf diesem Gebiet berichtet. Da es sich um Beiträge handelt, die von Fachleuten für Fachleute geschrieben sind, wird auch das Fachvokabular benutzt. Hier ergeben sich Verständnis-Schwierigkeiten für den an dem Gebiet Interessierten. Da das Rechnerunterstützte Konstruieren im wesentlichen auf Methoden der Ingenieurwissenschaften, Informatik, Mathematik und Elektronik aufbaut, ist es schwer, das Fachvokabular zu verstehen. Oftmals gibt es aus der Sicht der jeweiligen Disziplinen verschiedene Definitionen bzw. Interpretationen für ein und denselben Begriff.

Es ist daher einen Versuch wert, häufig vorkommende Begriffe zu sammeln und zu erklären. Mit Hilfe eines derartigen Nachschlagewerkes ist es leichter, sich in das CAD einzuarbeiten und die Kommunikation zu fördern. Weiterhin bietet es die Möglichkeit für eine Begriffsbereinigung und Definition. Ein solcher Versuch wird mit dem vorliegenden Buch gemacht.

Prof. Dr.-Ing. H. Grabowski

A

Abfrage: *s. GKS*

Abkürzung: *s. auch Schlüsselwort;* Abkürzungen repräsentieren Wortsymbole zur Kennzeichnung von Kommandoelementen (Operatoren oder Operanden). Es können unterschiedliche Abkürzungsregeln angewendet werden, die die formalen und inhaltlichen Abkürzungsverfahren festlegen. Formale Abkürzungsverfahren legen Anzahl und Reihenfolge von Buchstaben und Ziffern fest, während inhaltliche Abkürzungsverfahren dazu dienen, die Bedeutung des abgekürzten Wortsymbols mit dem Schlüsselwort zu assoziieren (*vgl. mnemotechnische Abkürzung*).
Zur Eingabe von Operatoren oder Operanden können Schlüsselwörter abgekürzt werden. Aus der Abkürzung des Schlüsselwortes muß die Bedeutung des Schlüsselwortes eindeutig hervorgehen.
Beispiel: *KOORDSYSTEM* =>   *KOO*

Je nach Leistungsfähigkeit der Programme, die die Kommandosprachen verarbeiten (sog. Kommandointerpreter), können formale Abkürzungen, Wortsymbole bis hin zu vollständigen Schlüsselworten interpretiert werden.
Beispiel: *ERZEUGE*
                    ERZEUG
                    ERZEU
                    ERZE
                    ERZ
                    ER
                    E

Ablageformat: Format DIN A 4 zur ablagegerechten Faltung *technischer Zeichnungen,* die in einem Format, das größer als DIN A 4 ist, vorliegen. Das Faltungsschema, die Faltung auf das Ablageformat, ist in DIN 824 geregelt (s. Bild A1).

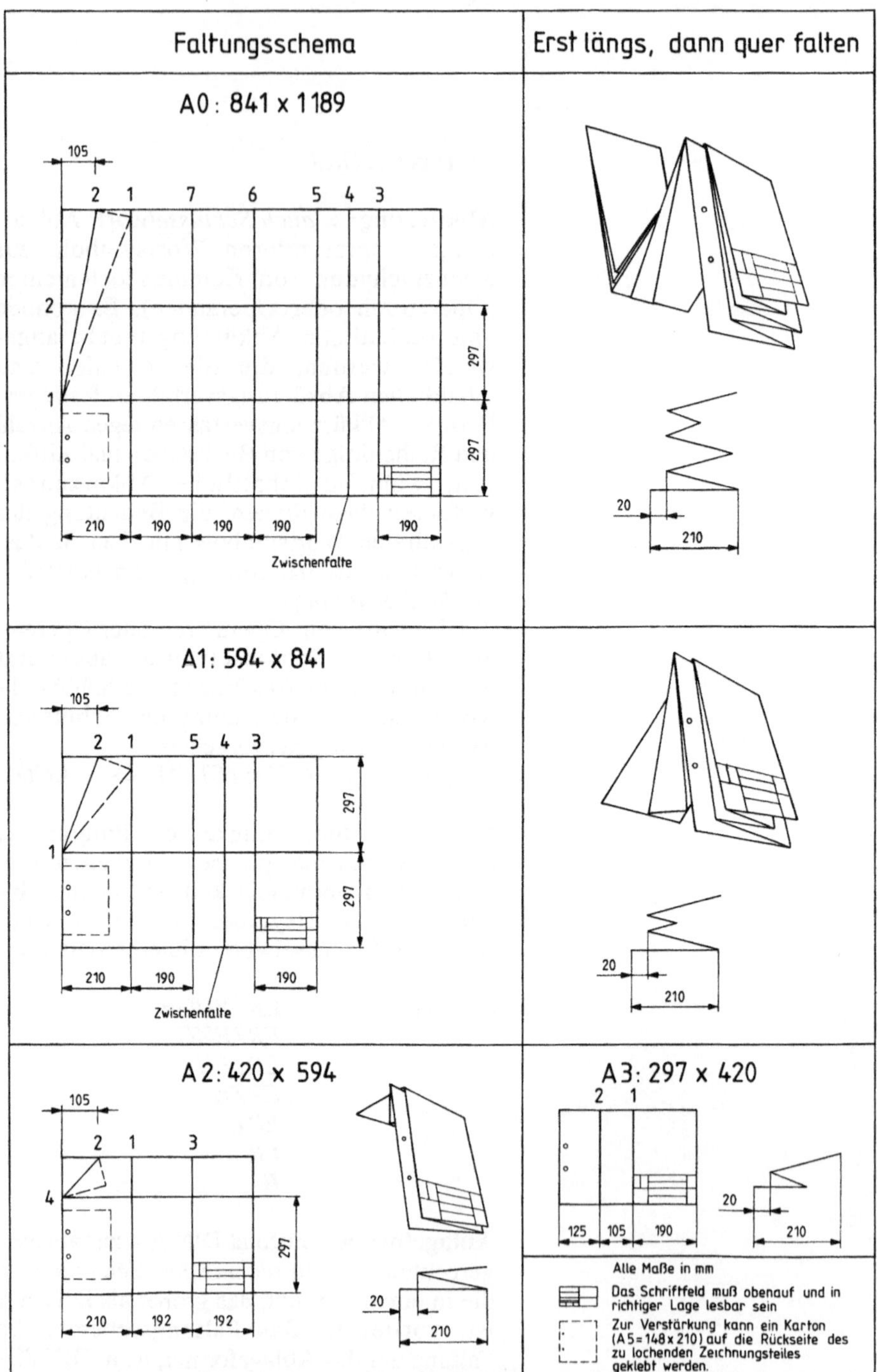

Bild A1. Faltungsschema auf Ablageformat A4

Abmaß: Algebraische Differenz zwischen einem *Grenzmaß* oder einem *Istmaß* und dem *Nennmaß*.

Ein in der Zeichnung vorgeschriebenes Maß, das Nennmaß, kann bei der Herstellung nicht genau eingehalten werden. Stets wird die Abmessung am Werkstück, das Istmaß, kleiner oder größer sein. Zum Begrenzen der Abweichung werden, wenn nötig, zwei Grenzmaße festgelegt, zwischen denen (beide inbegriffen) das Istmaß beliebig liegen darf. Das größere ist das *Größtmaß*, das kleinere das *Kleinstmaß*. Das obere Abmaß ist der Unterschied zwischen dem Größtmaß und dem Nennmaß. Unteres Abmaß ist der Unterschied zwischen dem Kleinstmaß und dem Nennmaß. Hieraus ergibt sich, daß die Abmaße Vorzeichen ("+", "-"oder auch "±") haben.

Abmaße werden in kleineren Zahlen, jedoch nicht unter 2,5 mm Höhe, hinter das Nenn - maß geschrieben. Das obere Abmaß wird höher, das untere Abmaß tiefer als die Maßzahl gesetzt. Gleichgroße Abmaße sind zu einer Zahl mit beiden Vorzeichen zusammenzufassen. Das Abmaß 0 wird eingetragen. Es kann jedoch wegfallen, wenn eine Mehrdeutigkeit ausgeschlossen ist. Zeichen für Einheiten haben den Vorrang vor Maßtoleranzen, also Vorrang vor Abmaßen oder Kurzzeichen (s. Bild A2, *Maßtext* und DIN 406 T2). Böttcher, P.; Forberg: Technisches Zeichnen. Stuttgart: Teubner 1982

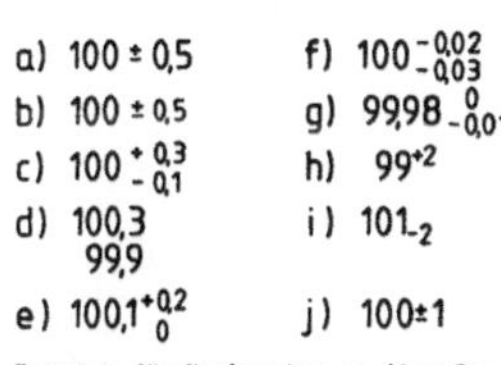

$$\begin{array}{ll} \text{a) } 100 \pm 0{,}5 & \text{f) } 100\,{}^{-0{,}02}_{-0{,}03} \\[4pt] \text{b) } 100 \pm 0{,}5 & \text{g) } 99{,}98\,{}^{0}_{-0{,}01} \\[4pt] \text{c) } 100\,{}^{+0{,}3}_{-0{,}1} & \text{h) } 99^{+2} \\[4pt] \text{d) } 100{,}3 & \text{i) } 101_{-2} \\ \quad\ \ 99{,}9 & \\[4pt] \text{e) } 100{,}1\,{}^{+0{,}2}_{0} & \text{j) } 100 \pm 1 \end{array}$$

Beispiele für die Angabe von Abmaßen durch Zahlenwerte.
c und d, f und g sowie h, i und j unterscheiden sich nur durch die Schreibweise.

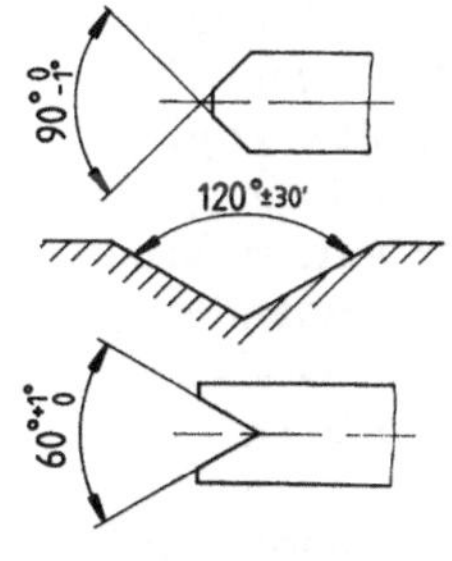

Abmaße für Winkelmaße.   Zuordnung von Einheit und Abmaß.

Bild A2. Darstellung von Abmaßen

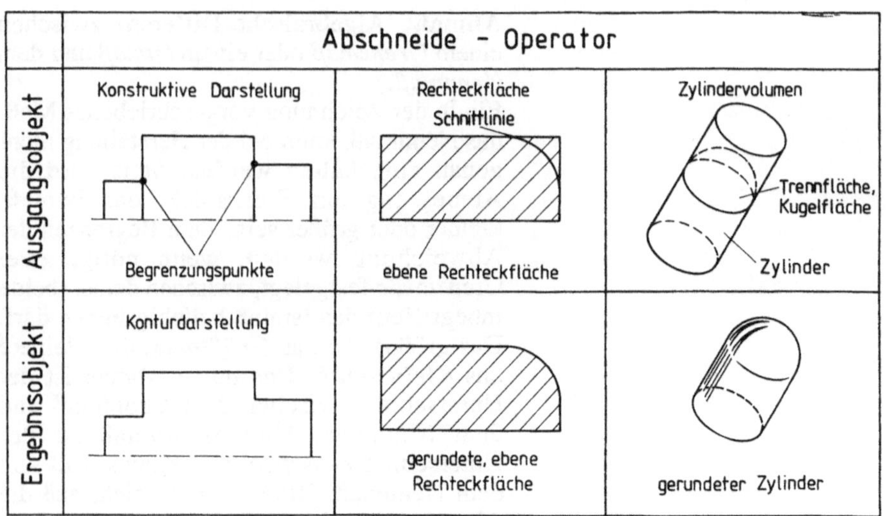

Bild A3. Abschneide-Operatoren zur Manipulation von Linien-, Flächen- und Volumenobjekten

Abschneide-Operator: Funktion zur Verkür-zung geometrischer Objekte im *CAD-System*. Der Abschneide-Operator erlaubt die Verkürzung von Linien (z.B. Strecken, Kreisbögen) durch Angabe des Linien-begrenzungspunktes, die Abtrennung von Flächenstücken durch Angabe der Trenn-linie. Zusätzlich ist die Angabe des zu begrenzenden Objektteiles erforderlich (s. Bild A3).

Absetz-Umgebung: Die Absetz-Umgebung ist ein vordefinierbarer Wert, der den maximal zulässigen Abstand zweier Punkte festlegt, um bei einer Handskizzeneingabe einen geschlossenen Linienzug zu inter-pretieren. Wird bei der *Handskizzentechnik* eine Eingabe ohne Absetzen des Digi-talisierstiftes durchgeführt, so wird ein ge-schlossener Linienzug interpretiert, sofern der Abstand zwischen zwei aufeinander-folgend eingegebenen Punkten kleiner als die Absetz-Umgebung ist (*vgl. ISO 2382/1*).

Abtasten: Abtasten ist ein Verfahren um Informationen (Texte oder Bilder) von einer Papiervorlage maschinell aufzunehmen, zu *digitalisieren* und in ein Rechnersystem einzulesen. Abtasten kann automatisch durch Einsatz optischer Abtastgeräte (*Scanner*) oder manuell durch Einsatz von Digitalisier - geräten (*s. Digitalisierer*) erfolgen.

AEC (architecture, engineering and construction): *CAD-Software* im Anwen - dungsbereich Architektur, Hoch-, Stahl- und Anlagenbau.

Änderungsindex: Der Änderungsindex ist eine Kennung, die im Zusammenhang mit einer Sachnummer einen bestimmten Konstruktionsstand angibt (nach DIN 199/3); (s. Bild A4).

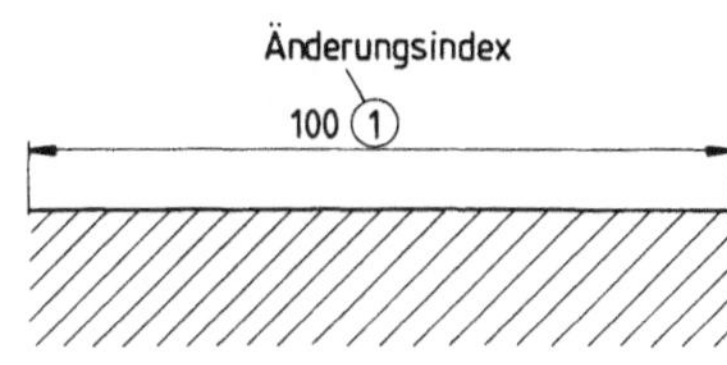

Bild A4. Änderungsindex

Aktuelles Koordinatensystem (AKS): Ein aktuelles Koordinatensystem ist das während eines *interaktiven* Dialogs zwischen *CAD-System* und Anwender gültige Bezugssystem zur Eingabe von Koordinatenwerten. Aktu - elle Koordinatensysteme können sein:
- kartesischesKoordinatensystem,
- Polarkoordinatensystem,
- Kugelkoordinatensystem.

In der Anwendung ist es häufig zweckmäßig insbesondere ein kartesisches Koordinaten - system für eine bestimmte Bearbeitungsdauer (aktuell) neu festzulegen. Diese Festlegung kann eine Verschiebung und/oder Drehung des globalen Koordinatensystems bedeuten oder aber eine Projektion von einem globalen Koordinatensystem in ein aktuelles Koordi - natensystem (*s. auch GKS*).

Algorithmus: Ein Algorithmus ist ein Ver - fahren, nach dem in genau vorgeschriebenen Bearbeitungsschritten aus Eingangsdaten die Ausgangsdaten bestimmt werden. Merkmale von Algorithmen sind deren endliche Be - schreibbarkeit, deren Determiniertheit und deren universelle Anwendbarkeit auf alle Eingabedaten des vordefinierten Bereiches.
Kondakow, N.I.: Wörterbuch der Logik. Berlin: deb - Das europäische Buch: 1978

Alphanumerisch: Alphanumerisch ist eine Elementmenge, in der die Buchstaben des Alphabets, die Ziffern 0-9 und ein Vorrat an

Sonderzeichen (z.B. +, -, /, *, !, etc.) enthalten sind. Der Begriff "Alpha - numerisch" wird insbesondere im Gegensatz zu "Graphisch" gebraucht.

Alphanumerischer Bildschirm: Alphanume - rische Bildschirme kennzeichnen eine Klasse von Bildschirmen, die ausschließlich zur Ausgabe von alphanumerischen Daten, also Texten, verwendet werden. Alphanume - rische Bildschirme besitzen meist *Hardware* - komponenten, die eine schnelle Darstellung von Buchstaben, Ziffern und Sonderzeichen ermöglichen. Vergrößerungen, Verkleine - rungen, Verschieben und Drehen von Texten sind nicht möglich.

Analog: Ähnlichkeit besitzend, überein - stimmend, gleichen Sinn habend. Analoge Darstellungen sind Abbildungen realer Sachverhalte in physikalische Größen, basierend auf den Ähnlichkeitsgesetzen. Die Abbildungen realer Sachverhalte in physi - kalische Größen bietet den Vorteil, Vorgänge in Abhängigkeit der Zeit kontinuierlich darstellen zu können.

Anforderungen: *s. GKS*

Angebotszeichnung: Angebotszeichnungen sind Darstellungen von angebotenen Produk - ten in Form einer technischen Zeichnung (*s. auch technische Zeichnung*). Sie sind dadurch gekennzeichnet, daß die Darstellung des Produktes nur soweit detailliert wird, daß die wesentliche Produktgestaltung in Gebrauchs - lage, die Hauptmaße, die Anschlußmaße und organisatorische Angaben erkennbar sind. Vielfach werden unmaßstäbliche Darstel - lungen und Prinzipzeichnungen als Ange - botszeichnungen angewendet.

Angular dimension: Winkelmaß

Anpassungskonstruktion: Die Anpassungs - konstruktion ist eine Konstruktionsart, bei der aus einer gegebenen Grundanordnung von Elementen (z.B. Einzelteilen) einzelne Elemente ihrer Funktion und Gestalt nach an eine veränderte Aufgabenstellung angepaßt werden. Bei der Anpassungskonstruktion wird die Gesamtfunktion der technischen Lösung nur unwesentlich beeinflußt. Bei der Anpassungskonstruktion wird durch Anpassen (Umändern) eines Produktes (Vorbildes, Ausgangslösung) seiner Elemente oder Teilbereiche davon an neue Erfordernisse unter Beachtung von Randbedingungen ein neues Produkt erarbeitet. Die Gesamtfunktion der Ausgangslösung ändert sich dabei global nicht. Der Begriff dient zur Unterscheidung der verschiedenen Konstruktionsarten wie *Neukonstruktion, Prinzipkonstrukion, Anpassungskonstruktion, Variantenkonstruktion.* VDI-Richtlinie 2217 (Entwurf): Datenverarbeitung in der Konstruktion - Begriffserläuterungen. Düsseldorf: VDI 1979. Vajna, S.: Rechnerunterstützte Anpassungskonstruktion. Fortschrittsber. Reihe 10, Nr. 16. Düsseldorf: VDI 1982

ANSI (American National Standards Institute): Hauptnormungsinstitut der USA

Antialiasing: *s. Sichtgeräte*

Applikation: (engl.: application); der Begriff Applikation wurde aus dem Englischen übernommen und bedeutet Anwendung, insbesondere den anwendungsspezifischen Einsatz von CAD/CAM-Systemen. Hierzu ist es erforderlich, daß das CAD/CAM-System anwendungsgerecht aufbereitet wird. Hierzu zählen die Menüaufbereitung, die Bereitstellung anwendungsabhängiger Elementbibliotheken, die Verfügbarkeit von speziellen Variantenprogrammen sowie anwendungsspezifische Modellierungsoperationen. Der Begriff Applikation umfaßt auch anwendungsspezifische Softwarepakete, die auf der Basissoftware eines CAD/CAM-Systems aufsetzten und die systeminternen Schnittstellen zur Einbettung in das CAD/CAM-System nutzen.

Approximierte Gerade: Eine approximierte Gerade einer Punktfolge bezeichnet diejenige Gerade, welche eine gegebene Punktfolge bei gegebenem Abstandskriterium am besten

annähert. Dabei stellt die approximierte Gerade z.B. jene Gerade dar, zu der die Summe der Quadrate der Abstände aller Punkte minimal ist (s. Bild A5).
Diese Gerade nähert häufig die vom Anwender gewünschte, aber nicht gezeichnete Gerade an.

Approximierter Kreis: Ein approximierter Kreis einer Punktfolge bezeichnet denjenigen Kreis, welcher eine gegebene Punktfolge bei gegebenem Abstandskriterium am besten annähert. Dabei stellt der approximierte Kreis z.B. jenen Kreis dar, zu dem die Summe der Quadrate der Abstände aller Punkte der Punktfolge minimal ist (s. Bild A6).
Dieser Kreis nähert häufig den vom Anwender gewünschten, aber nicht gezeichneten Kreis an.

APT (automatically programmed tools): APT ist eine universelle Programmiersprache zur Programmierung von numerisch gesteuerten Werkzeugmaschinen und ist zur Programmierung von 3-dimensionalen Bearbeitungsaufgaben auf Maschinen mit 3- bis 5-Achsen-Steuerungen geeignet. APT besteht aus ca. 300 Sprachworten, von denen etwa die Hälfte zur Programmierung von Maschinen- bzw. Schaltfunktionen, die andere Hälfte zur Beschreibung der Werkstückgeometrie und der Bearbeitungsbahn sowie zum Auslösen von Rechnerfunktionen verwendet wird. Shah, R.: NC Guide, Numerical Control Handbook. Zürich: Raymand Shah 1983

arbeitsplatzspezifische Attribute: *s. GKS*

arbeitsplatzunabhängiger Segmentspeicher: *s. GKS*

Arbeitsspeicher: (Hauptspeicher, engl.: main storage); der Arbeitsspeicher bezeichnet den internen Speicher eines Rechnersystems, in dem die aktuell zu verarbeitenden Daten und *Programme* gespeichert sind und zur Abarbeitung der *Zentraleinheit* zur Verfügung stehen. Die Zugriffszeiten auf Informationen des Arbeitsspeichers liegen bei $1\mu s$ bis ca.

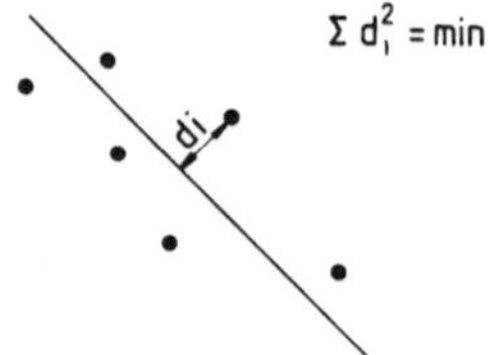

Bild A5. Approximierte Gerade mit Punktfolge

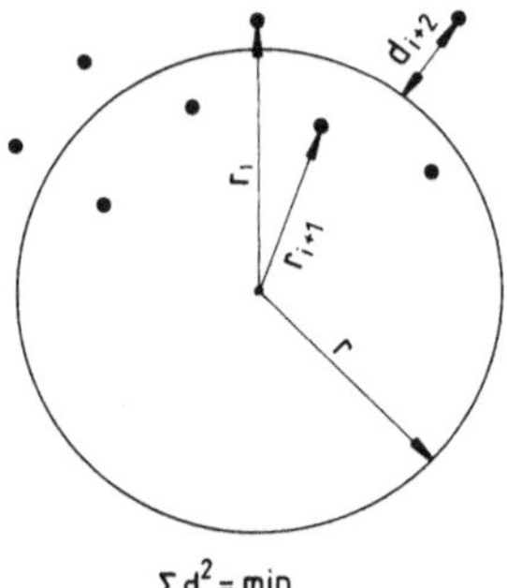

Bild A6. Approximierter Kreis mit Punktfolge

800 ms. Der Arbeitsspeicherausbau für den Betrieb von CAD/CAM-Systemen beträgt zwischen 0,5 Megabyte und mehreren 10 Megabyte, je nach Rechnerkonfiguration, CAD/CAM-System und angeschlossenen CAD/CAM-Arbeitsplätzen. Während früher magnetische Arbeitsspeicher (Kernspeicher) eingesetzt wurden, werden heute fast aus - schließlich Halbleiterspeicher angewendet.

Area, simple closed: berandete Ebene, *Fläche*.

Arithmetischer Ausdruck: Ein arithme - tischer Ausdruck stellt den Zusammenhang zwischen verschiedenen Zahlenarten und ihren Rechengesetzen dar. Unterschieden wird zwischen der niederen Arithmetik, die die vier Grundrechenarten, Potenzrechnung, Wurzelziehen sowie Logarithmieren enthält, und der höheren Arithmetik, die die Theorie der unendlichen Folgen und Reihen, die Kombinatorik und die Zahlentheorie enthält. In arithmetischen Ausdrücken werden Variablen, Konstanten und Funktionen gemäß einer Syntax durch arithmetische Operatoren ("+; -; ·; /" etc.) miteinander verknüpft. Die Auswertung eines arith - metischen Ausdrucks liefert immer einen arithmetischen Wert (d.h. einen Zahlenwert). Werden als Parameter in einem *Kommando* Zahlenwerte verlangt, so können diese innerhalb des Kommandos durch arith - metische Ausdrücke berechnet werden.

Beispiel:
Es soll ein Kreis mit den Mittelpunkts-Koordinaten 20,20 und dem Umfang 50 erzeugt werden. Obwohl es hierfür keinen eigenen Befehl gibt, kann man diesen Kreis durch Angabe des Mittelpunktes und des Radius erzeugen, wobei der Radius in einem arithmetischen Ausdruck durch den Umfang ausgedrückt ist (U=2R·3,14159 ==> R=U/ (2·3,14159)).

ERZEUGE KREIS MR 20,20;50/(2·3,14159)!

Legende:

U	=	*Umfang*
R	=	*Radius*
KREIS MR	=	*Kreiserzeugung durch Angabe von Mittelpunkt und Radius.*

Innerhalb der arithmetischen Ausdrücke können zusätzlich zu den mathematischen Operatoren und Funktionen auch Namen von Variablen verwendet werden.
Beispiel: s. Bild A7

ERZEUGE GERADE PSL P1; 3PHI; 20!

Legende:

STRECKE PSL	*Streckenerzeugung durch Angabe eines Punktes, eines Richtungswinkels und einer Länge.*
PHI	*Name des Winkelparameters.*

Neuber, S.: Lexikon der Mathematik. Leipzig: VEB Bibliographisches Institut 1977

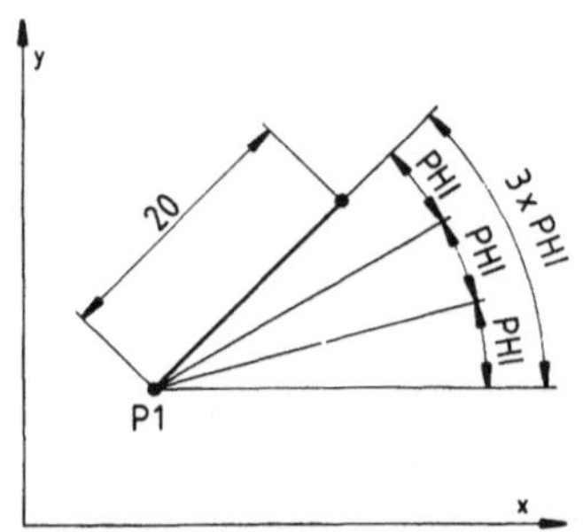

Bild A7. Geradendefinition in Polar - koordinaten

ASA (american standard association): Nor - mungsinstitution in den USA.

ASCII (american standard code for infor - mation interchange): Standardisierter 7-bit-Code (*s. auch code*) um Buchstaben, Ziffern und Sonderzeichen binär darzustellen.

Assembler:
- Programm zur Übersetzung einer symbolischen *Maschinensprache* in eine binäre maschinenspezifische Darstellung,
- symbolische Maschinensprache zur Pro - grammierung eines Rechners selbst.

Die Umsetzung des *Programms* in die binäre Darstellung erfolgt dabei 1:1. Das bedeutet, daß jede Programmanweisung direkt in einen binären Maschinenbefehl übertragen wird.

Associativity definition: Definition von Asso - ziationen.

Associativity instance: Ausprägung einer Assoziation.

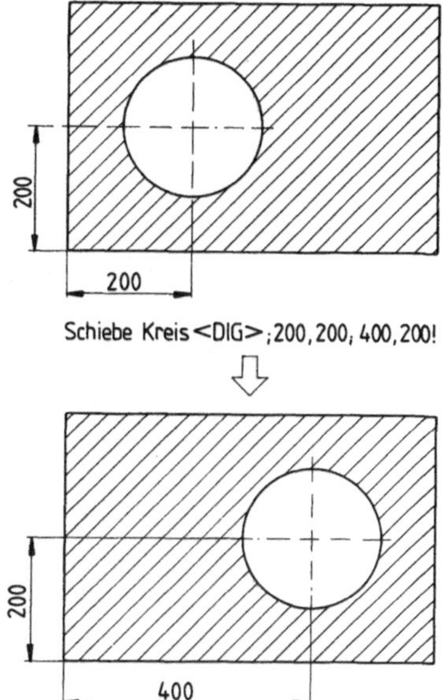

Bild A8. Assoziatives Verhalten beim Verschieben einer Bohrung (Beispiel aus SIS CAD-M)

Assoziativität: Die Verbindung voneinander abhängiger Daten. Diese kann auf viel - fältigste Art und Weise realisiert werden. Eine Methode wäre die Einführung von *Attributen, Prädikaten, Relationen* und der Netzwerkstruktur (*s. auch Netzwerk*). In der Praxis bedeutet Assoziativität beispielsweise eine logische Zuordnung von Bemaßung und Schraffur zu Geometrieelementen. Befindet sich innerhalb einer bemaßten und schraffierten Rechtecksfläche eine Bohrung, die als Kreis mit *Mittellinie* dargestellt ist, läßt sich mit einem einzigen *Kommando* die Bohrung verschieben, die Bemaßung richtig - stellen und die Schraffur der neuen Bohrung anpassen (s. Bild A8).

Der Anwender gibt ein Kommando an das System, wobei die *CAD*-Software (*s. auch Software*) sofort reagiert und automatisch die Änderungen erledigt. Weitere Handhabungen durch den Anwender werden nicht benötigt. Beim Betrachten einer am Bildschirm dar - gestellten Geometrie kann der CAD-Anwender das assoziative Verhalten nicht erkennen; spätestens beim Arbeiten mit der Geometrie zeigt sich das assoziative Verhalten. Im CAD-Sprachgebrauch trifft man neben dem Begriff Assoziativität auch das gleichbedeutende Wort Relationalität.

Asynchrone Übertragung: Art der Über - tragung von Informationen durch einzelne Zeichen und jeweils ein Start-/Stopsignal. Die Übertragung der Zeichen erfolgt sofort nach Bereitstellung der Zeichen im Gegensatz zur *synchronen Übertragung,* bei der zeitlich festgelegte Intervalle die Übertragung be - stimmen.

Attribute: Attribute sind Informations - elemente, die Eigenschaften bezeichnen und, gekoppelt an Objekte eines *CAD-Systems* (z.B. geometrische Objekte wie Linien, *Flächen,* Volumina), die Objekteigenschaften charakterisieren. Attribute können als ein - stellige Relationen zur Beschreibung von Eigenschaften der graphischen Darstellung aber auch von nicht graphisch darstellbaren Eigenschaften bezeichnet werden. Einstellige

Relationen sind im Sinne des Prädikaten -
kalküls der formalen Logik Zuweisungen
von Eigenschaften an Objekte eines CAD-
Systems. Daher unterscheiden sich von einem
formalen Standpunkt aus Attribute nicht von
Prädikaten. Diese Festlegung des Attribut-
Begriffes erfolgt in Übereinstimmung mit
dem Sprachgebrauch des technischen Zeich -
nens und der Norm *GKS*. Technische Objekte
können erzeugt werden, ohne daß Attribute
wie z.B.
- die Darstellungsfarbe,
- die *Linienbreite* oder
- die *Linienart*

festgelegt werden. Attribute, die die
graphische Darstellung technischer Objekte
bestimmen, wie Darstellungsfarbe, Linien -
breite, Linienart, die strukturelle Einbettung
des technischen Objektes in ein Ordnungs -
schema für *technische Zeichnungen* durch
Angabe der Zeichnungsebene (*layer*), auf der
sich das Element befinden soll, und
Schlüsselattribute wie der Name, mit dem das
Element später angesprochen werden kann,
können durch Angabe des entsprechenden
Schlüsselwortes in einer Parameterliste
optional vergeben werden. Werden diese
nicht explizit vergeben, so werden die Attri -
butwerte übernommen, die in der Default -
liste (*s. auch default*) festgelegt sind. Schlüs -
selworte sind z.B.:

NA	=	*Name des erzeugten Elementes*
FA	=	*Farbe des erzeugten Elementes*
LB	=	*Linienbreite*
LA	=	*Linienart*
FO	=	*Folie (Zeichnungsebene,*
		engl.: layer)

Attribute können bei Erzeugung eines
Objektes vordefiniert übernommen oder
speziell festgelegt werden. Eine Änderung
von Attributen nach der Erzeugung von
Objekten ist durch Angabe des Attribut -
namens und des Attributwertes ebenfalls
möglich. Im nachstehenden Beispiel wird
verdeutlicht, wie Attribute bei der Erzeu -
gung eines Kreises neu festgelegt werden.
Beispiel:
ERZEUGE KREIS MR 20,20;15;
FA=ROT;NA=BOHR1;FO=5;LB=2;LA=1!

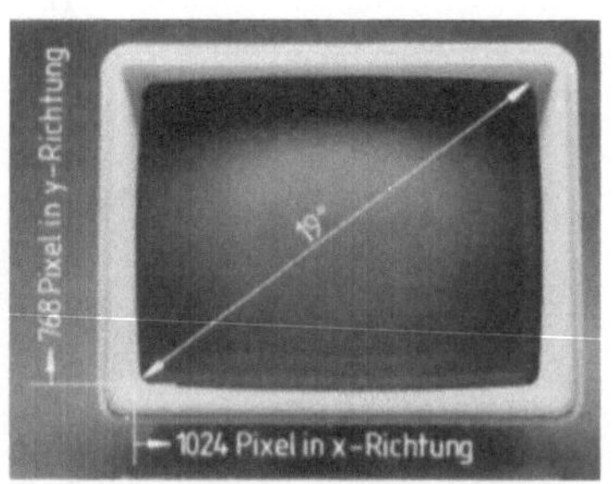

Bild A9. Auflösung eines Rasterbildschirms (Werkfoto: ASCI Computer)

Bild A10. Aufpunkt für 2D- und 3D-
Objekte

Attribute in GKS: *s. GKS*

Attributetabelle: *s. GKS*

Auflösung: Anzahl der darstellbaren Bildpunkte (*pixel*) eines graphischen Ausgabegerätes (z.B. *Raster-scan-Bildschirm*) bezogen auf die Darstellungsfläche. Im Bereich
der technischen Anwendung der Computer-
graphik, z.B. im Rahmen eines *CAD-Systems*
wird eine Mindestauflösung von $1024 \cdot 768$
Rasterpunkten, bezogen auf einen 19 Zoll
Bildschirm gefordert (s. Bild A9).

Aufpunkt: Ein Aufpunkt ist der Endpunkt
eines Ortsvektors, der vom Nullpunkt eines
kartesischen Koordinatensystems zu dem
Punkt führt, dessen Koordinaten den Aufpunkt festlegen. Aufpunkte werden in *CAD-
Systemen* zur Definition der Objektlage
verwendet und stellen eine Beschreibungs-
größe dar, die zur Positionierung der Objekte benutzt wird (s. Bild A10).

Ausgabearbeitsplatz: *s.GKS*

Ausgabe-/Eingabe-Arbeitsplatz: *s. GKS*

Ausgangsformat: Basisgröße, die der Einteilung von Blattgrößen nach DIN 476
zugrunde liegen. Das Ausgangsformat ist ein
Rechteck von 1 m² Flächeninhalt, dessen
Seiten sich wie $1 : \sqrt{2}$ verhalten. Bild A11
stellt das aufgeteilte Ausgangsformat DIN A0
dar.

Aussparung: Technisches Objekt (Form-
element), dessen Gestalt vorgegeben ist und
durch Wegnahme von Material (z.B. Stanzen,
Schneiden etc.) entsteht. Bei der Flächen- und
Volumenmodellierung ergibt sich, daß die
Berandung einer Aussparung den mathe-
matisch negativen (Rechts-) Umlaufsinn hat.
Eine Aussparung kann nur durch eine
Flächen- oder Volumenverknüpfung (*s. auch
Flächenverknüpfung*) entstehen (s. Bild
A12).

Auswahlpunkt: Ein Auswahlpunkt ist ein

Punkt, der zur Identifizierung von Bereichen dient. Der Auswahlpunkt wird insbesondere bei Mehrdeutigkeiten zur Festlegung einer eindeutigen Lage von Bereichen benötigt.
Beispiel 1: (s. Bild A13)
Zwei sich schneidende Geraden ergeben 4 abgegrenzte Gebiete, die 4 Winkelbereiche. Um eine Funktion in einem der Winkel - bereiche ausführen zu können, muß dieser angesprochen werden. Dies geschieht da - durch, daß der Auswahlpunkt in diesem Gebiet plaziert wird.
Beispiel 2: (s. Bild A14)
Soll eine Senkrechte in einem Punkt auf einer bestehenden Geraden errichtet werden, muß ein Gebiet rechts oder links von der Geraden ausgewählt werden. Die Auswahl des Ge - bietes erfolgt durch Angabe des Auswahl - punktes.

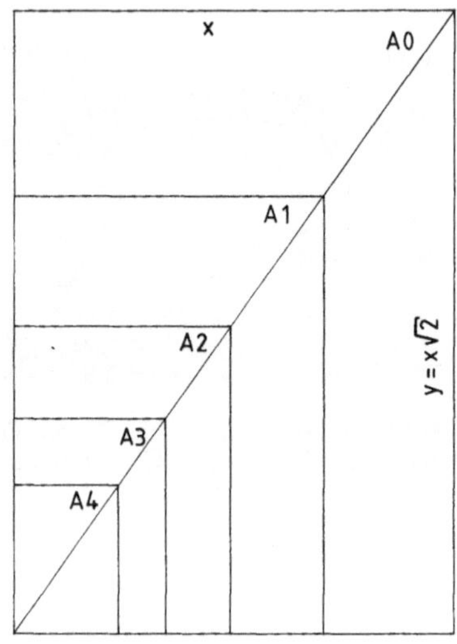

Bild A11. Aufgeteiltes Ausgangs - format DIN A0

Auswähler: *s. GKS*

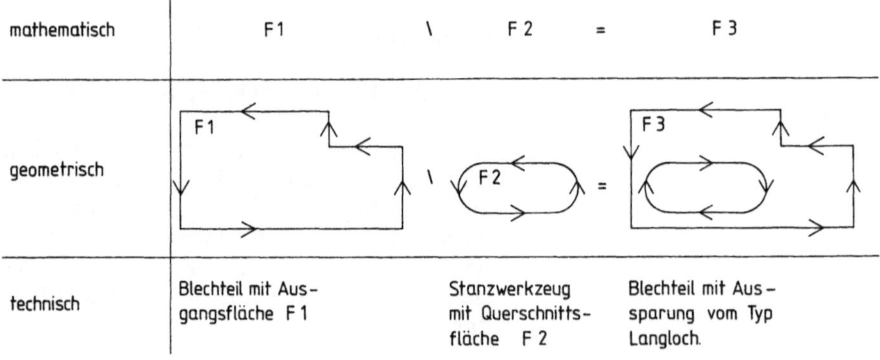

Bild A12. Aussparung in der technischen Anwendung

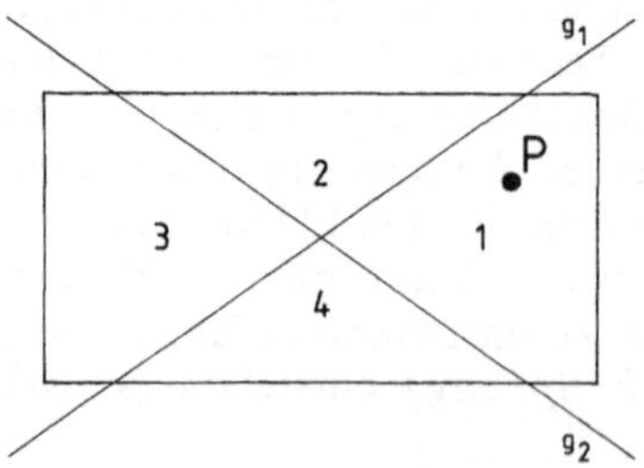

Bild A13. Auswahlpunkt zur Be - stimmung eines Winkelbereichs

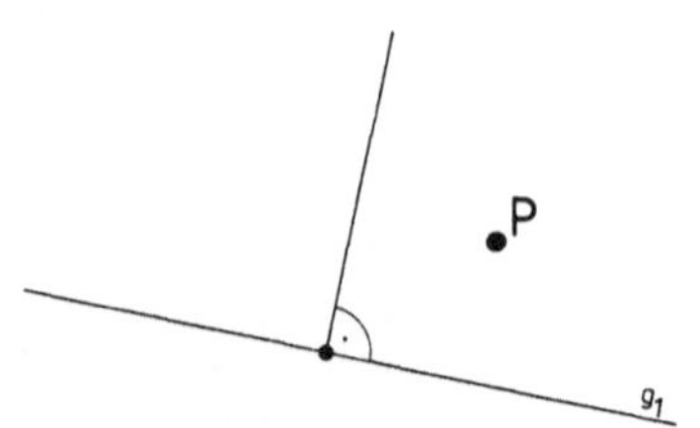

Bild A14. Auswahlpunkt zur Be - stimmung eines Gebiets

B

Bild B1. Ballroller (Werkfoto: Servotex)

Background Processing: *s. Hintergrundver- arbeitung*

Ballroller (Rollkugel): Ein Ballroller ist ein Potentiometergerät zur Eingabe einer Posi - tion über x-/y-Koordinaten (s. Bild B1). Durch Bewegen des Ballrollers über eine Arbeitsfläche wird analog ein *Cursor* oder Fadenkreuz auf dem Bildschirm geführt.

Bank Switching: Bank = logische Speicher - einheit; Bank Switching ist ein Verfahren, mit dem der Hauptspeicherbereich (*s. auch Hauptspeicher*) eines Rechners virtuell erweitert werden kann. So kann z.B. ein Rechner, der auf einem 8-*Bit Prozessor* basiert, einen Hauptspeicherbereich von maximal 64 *KByte* adressieren. Um nun einen Hauptspeicher von 128 KByte adressieren zu können, muß ein zweiter Speicherbereich mit 64 KByte installiert werden, auf den automatisch umgeschaltet wird, sobald eine höhere Adresse auftritt als in einem 64 KByte Speicherbereich vorhanden sein kann. Die Adressen im zweiten Speicherbereich werden als Fortsetzung des ersten Speicherbereichs simuliert. Da das Bank Switching auto - matisch von einem entsprechenden *Pro - gramm* vorgenommen wird, besteht für den Benutzer kaum ein Unterschied zu einer realen Hauptspeichergröße von 128 KByte.

BASIC (beginner's all-purpose symbolic instruction code): BASIC bezeichnet eine leicht erlernbare höhere Programmier - sprache. BASIC unterstützt die Program - mierung von technisch-wissenschaftlichen wie auch von kaufmännischen Programmen. BASIC erlaubt die Formulierung arithme - tischer und logischer Operationen, enthält Kontrollstrukturen zur Schleifenprogram - mierung, Sprungbefehle, Variablen- und

Konstantendefinitionen und unterstützt die Unterprogrammiersprache für Personal Computer Systeme, die sowohl die Programmierung alphanumerischer Dialogsoftware wie auch graphischer Software unterstützt (*s. auch Programmieren*).

Batchbetrieb: (Stapelverarbeitung, engl.: batch processing); der Batchbetrieb bezeichnet die Betriebsweise eines Rechnersystems, bei der Programm und zugehörige Daten in ein Rechnersystem eingegeben werden, das Rechnersystem das *Programm* ausführt und das Ergebnis ausgibt. Der Anwender hat beim Batchbetrieb keine Eingriffsmöglichkeiten. Bild B2 zeigt den prinzipiellen Ablauf des Batchbetriebs.

Batch Processing: *s. Batchbetrieb*

Baud: (1 Baud = 1 Modulationsschritt/s); physikalische Einheit, mit der die Übertragungsgeschwindigkeit von Informationen angegeben wird. Die Angabe erfolgt in Bit/Sekunde.

Baugruppe: *s. Gruppe*

Baukasten-Stückliste: Stückliste, bei der alle Teile und Gruppen von Teilen der nächsttieferen Strukturstufe aufgeführt sind (einstufige Aufgliederung). Eine Aufgliederung ist bei *Teilen, Teileverbunden* und bei Erzeugnissen, nicht jedoch bei Einzelteilen möglich. Besteht eine Position einer Baukasten-Stückliste aus einer *Baugruppe*, so existiert für die Baugruppe eine eigene Baukasten-Stückliste. Alle Baukasten-Stücklisten eines Enderzeugnisses bilden den sog. Stücklisten-Satz. Es ist zulässig, eine Mengenübersichtsstückliste von einer Baukasten-Stückliste aus aufrufen zu lassen, die wiederum eine Baukasten-Stückliste aufruft. Ein Schema zur Baukasten-Stückliste wird in Bild B3 dargestellt.
CAD-Systeme sollen neben der Beschreibung technischer Objekte eine Beschreibung der Objektstruktur (*Verbundstruktur*) ermöglichen. Um diese Verbundstrukturen mit

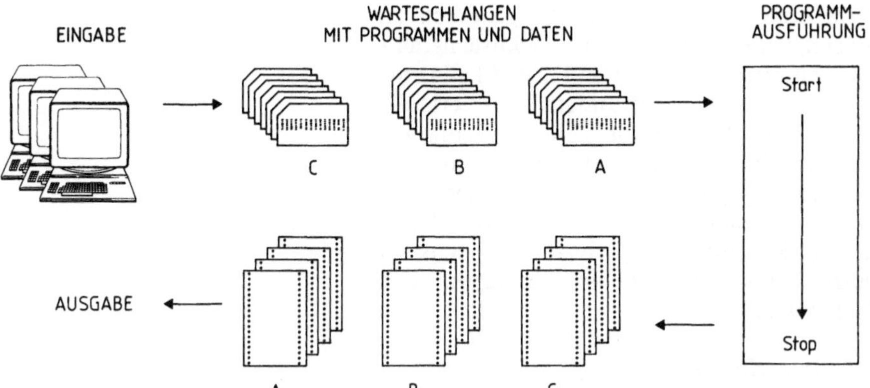

Bild B2. Prinzipieller Ablauf eines Batchbetriebs

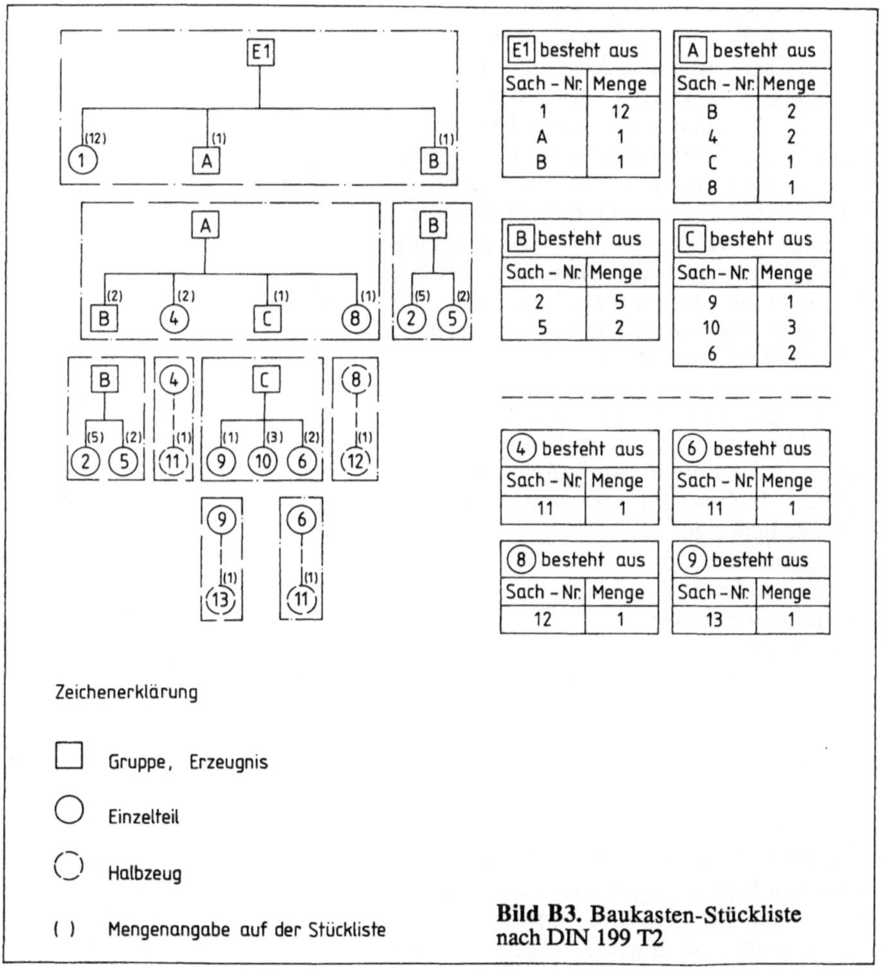

E1 besteht aus	
Sach - Nr.	Menge
1	12
A	1
B	1

A besteht aus	
Sach - Nr.	Menge
B	2
4	2
C	1
8	1

B besteht aus	
Sach - Nr.	Menge
2	5
5	2

C besteht aus	
Sach - Nr.	Menge
9	1
10	3
6	2

4 besteht aus	
Sach - Nr.	Menge
11	1

6 besteht aus	
Sach - Nr.	Menge
11	1

8 besteht aus	
Sach - Nr.	Menge
12	1

9 besteht aus	
Sach - Nr.	Menge
13	1

Zeichenerklärung

☐   Gruppe, Erzeugnis

◯   Einzelteil

◌   Halbzeug

( )   Mengenangabe auf der Stückliste

Bild B3. Baukasten-Stückliste nach DIN 199 T2

Hilfe eines CAD-Systems beschreiben zu können, kann die Baukasten-Stückliste heran-gezogen werden. Darauf aufbauend kann eine netzwerkartige Verbundstruktur erstellt werden, aus der sich die Teileauflösung wie auch die Teileverwendung ermitteln läßt. Aus Gründen der einstufigen Aufgliederung ist eine Gesamtübersicht über die Ver-bundstruktur nicht möglich. Dazu ist stets der ganze Stücklisten-Satz notwendig (s. auch DIN 199 T2).

Befehl: *s. Kommando*

Bemaßen: Bemaßen ist eine Tätigkeit zur Erstellung einer *technischen Zeichnung* für ein technisches Objekt nach den Normen des technischen Zeichnens. *CAD-Systeme* kennen Horizontal-, Vertikal-, Abstand-, Längen-, Durchmesser-, Radien- und Symbolbe-maßung. Vielfach sind auch Einzelteil-, *Ketten-* oder *Bezugsbemaßung* möglich. *Maßstab* und Genauigkeit der Bemaßung können unabhängig von der Eingabe der Geometrie gewählt werden. Die Bemaßung, die dabei erzeugt wird, entspricht bei den CAD-Systemen in der Regel auch der DIN 406 Teil 2. Obermann, K.: CAD/CAM Handbuch '83. CAD/CAM Verlag für Computergrafik

Bemaßung: Der Begriff Bemaßung bezeich-net Funktionen, die die Erstellung von *tech-nischen Zeichnungen* ermöglichen (*s. auch Maßbild*). Insbesondere werden die folgen-den Maße benötigt:
- Längenmaße
- Radienmaße
- Durchmessermaße
- Fasenmaße
- Gewindemaße
- Winkelmaße
- Bezugselementangaben
- Koordinatenmaße

Bemaßung mit Hilfe von Tabellen: Be-maßungsart, die bei Bauteilvarianten mit ver-schiedenen Maßen angewendet wird. Insbe-sondere bei Sammelzeichnungen werden Auswahlmaße tabellarisch angegeben und

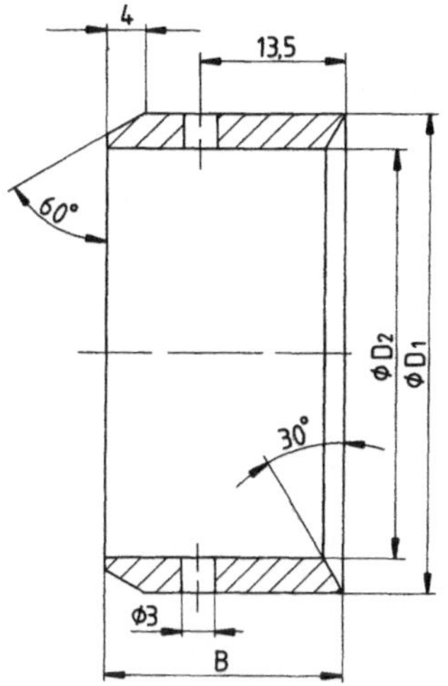

Bild B4. Bemaßung mit Hilfe einer Tabelle

D₁	D₂	B	Ident. – Nr.
35	28	25	191 029
40	32,5	24	022 023
42,5	35	28	032 004
48,3	32	28	071 040
53	44	28	002 007
⋮	⋮	⋮	⋮

über Maßbuchstaben auf die Bauteilgeometrie bezogen (s. Bild B4).

Eine weitere Anwendung findet die Bemaßung mit Hilfe von Tabellen, wenn direkte Koordinatenangaben zur Beschreibung der Bauteilgeometrie erforderlich sind. Die Angabe der Koordinatenwerte ist für eine *NC-*bearbeitungsgerechte Bauteildarstellung häufig erforderlich (s. Bild B5).

Benchmark: Benchmark ist ein Testverfahren zur Leistungsermittlung. Während Benchmarktests ursprünglich zum Vergleich von Rechnersystemen durchgeführt wurden, werden Benchmarktests im Bereich CAD/CAM zur Ermittlung der Leistungsfähigkeit eines CAD/CAM-Systems in bezug auf eine spezifische Anwendung durchgeführt. Ziel von Benchmarktests ist es, festzustellen, in wieweit ein CAD/CAM-System die Anforderungen einer speziellen Anwendung erfüllt. Die Vorgehensweise zur Durchführung von Benchmarktests umfaßt dabei insbesondere die

- Ausarbeitung eines anwendungsbezogenen Testzielsystems mit der Festlegung und relativen Gewichtung der detaillierten Testkriterien,
- Auswahl von repräsentativen Bauteilen des Anwendungsspektrum (*Benchmarkteil*) beispielsweise in Form *technischer Zeichnungen,*
- Aufbereitung der ausgewählten Bauteile für den Benchmarktest z.B. durch Reduzierung ständig wiederkehrender Elemente,
- Festlegung des Benchmarktestablaufs insbesondere durch die Vorgabe zur Erstellung repräsentativer Bauteile in graphisch-interaktiven Dialog und/oder als Variantenprogramm,
- Durchführung des Benchmarktests am CAD/CAM-System und Aufnahme der Leistungskriterien in Bezug auf die Anwendung, wobei die repräsentativen Bauteile am CAD/CAM-System erstellt werden,
- Auswertung der Benchmarktests und Bewertung der durchgeführten Tests unter

KoordinatenNullpunkt	Pos. Nr.	Koordinatentabelle (Maße in mm) Koordinaten					Bohrungsϕ
		A	B	C	R	φ	
1	1	0	0				
1	1.1	325	320				120H7
1	1.2	900	320				120H7
1	1.3	950	750				200H7
1	2	450	750				200H7
1	3	700	1225				400H8
2	2.1	-300	150				50H11
2	2.2	-300	0				50H11
2	2.3	-300	-150				50H11
3	3.1	250	0		250	0°	26
3	3.2	216,5	125		250	30°	26
3	3.3	125	216,5		250	60°	26
3	3.4	0	250		250	90°	26
3	3.5	-125	216,5		250	120°	26
3	3.6	-216,5	125		250	150°	26
3	3.7	-250	0		250	180°	26
3	3.8	-216,5	-125		250	210°	26
3	3.9	-125	-216,5		250	240°	26
3	3.10	0	-250		250	270°	26
3	3.11	125	-216,5		250	300°	26
3	3.12	216,5	-125		250	330°	26
4	4	0		0			
4	4.1	100		100			23
4	5	600		100			
5	5	0		0			23
5	5.1	200		0			23
5	5.2	400		0			23

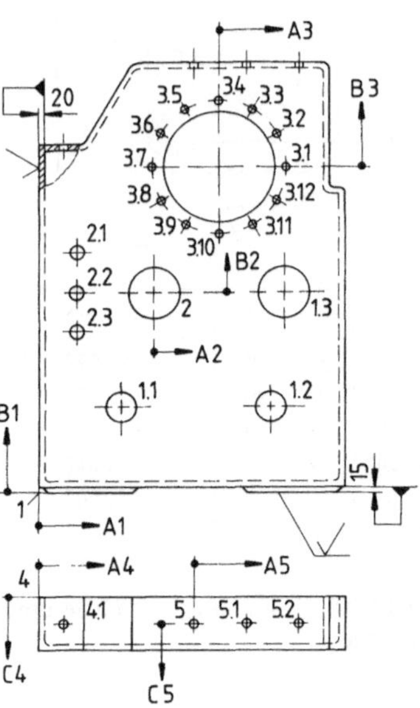

Bild B5. NC-bearbeitungsgerechte Bemaßung mit Hilfe einer Tabelle

Berücksichtigung der relativen Gewichtung der detaillierten Testkriterien und
- Dokumentation der Benchmarktestdurchführung und der Benchmarktestergebnisse.

Zur Durchführung von Benchmarktests empfiehlt sich die Ausarbeitung eines Testzielsystems, wobei detaillierte Testkriterien ausgearbeitet werden, für die eine anwendungsabhängige relative Gewichtung festgelegt wird. Dieses gewichtete Zielsystem ermöglicht eine relativ objektive Bewertung und Interpretation des Benchmarktests. Ein methodisches Hilfsmittel zur Zielsystemerstellung, Bewertung und Interpretation stellt die *Nutzwertanalyse* dar.

Benchmarkteil: Repräsentatives Bauteil, das aus einem Anwendungsspektrum ausgewählt wurde. Meist stellt ein Benchmarkteil ein reales Bauteil aus dem Produktespektrum eines Unternehmens dar. Unterschieden wird zwischen *realem Benchmarkteil* und *synthetischem Benchmarkteil.*

Benchmarkteil, reales: Repräsentatives Bauteil, das für einen Benchmarktest (*s. Benchmark*) ausgewählt wurde. Reale Benchmarkteile werden aus einem Produktespektrum eines Unternehmens bestimmt. Wesentliches Kennzeichen des realen Benchmarkteils ist dessen Herstellbarkeit.

Benchmarkteil, synthetisches: Ein nicht reales Bauteil, das für einen Benchmarktest ausgearbeitet wurde. Ein synthetisches Benchmarkteil wird aus einem repräsentativen Bauteil eines anwendungsspezifischen Produktespektrums abgeleitet. Dabei wird es so modifiziert, daß alle zu testenden CAD/CAM-Systemfunktionen in ihm enthalten sind, mehrfach wiederkehrende gleiche Testkriterien jedoch vermieden werden. Synthetische Benchmarkteile müssen nicht herstellbar sein. Der Wesenskern synthetischer Benchmarkteile liegt dagegen in der Vereinigung möglichst vieler (aller) zu testenden, anwendungsabhängigen CAD/CAM-Systemfunktionen in einem Testteil.

Benutzerführung: Verschiedene Techniken, die einem Anwender die Benutzung der Funktionen einer Eingabesprache eines *CAD-Systems* erläutern. Dazu gehören Help-Funktionen, Symbolik / Piktogramme, *Icons,* Fenster (*Window-Technik*) und *Menütechnik.* Dem Benutzer wird per Bildschirmanzeige *alphanumerisch* oder graphisch angeboten, welche Kommandoauswahl (*s. Kommando*) er treffen kann und wie er weiter vorgehen muß, um keinen falschen Bedienungseingriff vorzunehmen. Chip 10 (1984) 16

Benutzeroberfläche: Qualitativer Sammelbegriff für sämtliche Eigenschaften eines CAD-

Systems, die die Kommunikation zwischen
CAD-System und Benutzer bestimmen und
ihm die Benutzung erleichtern oder er -
schweren. Dazu gehören u.a. die ergono-
mische Gestaltung des Bildschirmes und der
Tastatur, die Nutzungsart von Betriebs -
systemfunktionen, die Verfahren der Programmierung (*s. Programmieren*) und die
Benutzerführung. Chip 10 (1984) 16

Benutzerschnittstelle: Teil eines Software -
systems, der die Kommunikation zwischen
Benutzer und dem Gesamtsystem (Rechner,
periphere Geräte, Softwaresystem) ermög -
licht. Sie legt fest, wie der Benutzer mit dem
System kommuniziert, d.h. mit welchen
Eingabetechniken er das System zu be -
stimmten Aktionen veranlaßt. Zur Benutzer -
schnittstelle gehören ebenfalls die Reaktionen
des Systems. Sie umfassen:
- die Rückmeldung bzw. Bestätigung einer
  syntaktisch richtigen Eingabe durch Anzeige am Bildschirm;
- die Information über den aktuellen
  Zustand, in dem sich das System befindet,
  z.B. rechnend, eine Eingabe erwartend,
  etc.;
- die Analyse von syntaktisch fehlerhaften
  Eingaben und die Ausgabe von Meldun -
  gen, die es dem Benutzer ermöglichen,
  seine fehlerhafte Eingabe einfach zu korrigieren,
- und die Benutzerführung.
Benutzerschnittstellen werden als systemge -
führte oder benutzergesteuerte Dialog-
schnittstellen angeboten:
- Kommandosprache: Kommandosprachen
  erlauben die Formulierung von Kommandos nach einer zugrundeliegenden
  Syntax. Die Eingabe der Kommandos
  kann je nach Abbildung auf eine Dialogart
  und Gerätekonfiguration unterschiedlich
  ausgeprägt sein (s. Bild B6).
  Zur Ausarbeitung einer graphisch-inter -
  aktiven Benutzerschnittstelle wird deren
  Funktionalität zunächst in einer geräte -
  neutralen Form, unabhängig von einer
  Dialogart festgelegt und basierend auf
  einer Sprachsyntax als Kommandosprache

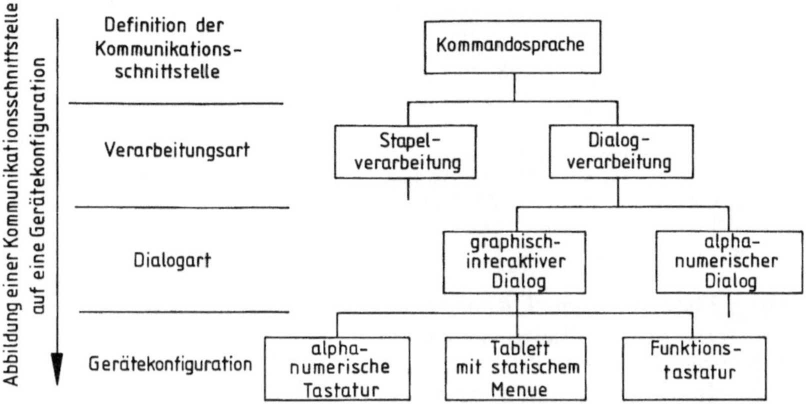

Bild B6. Abbildung einer Kommunikationsschnittstelle auf eine Gerätekonfiguration

formuliert. Dieser Ansatz der Spezifikation einer Benutzerschnittstelle erlaubt deren Abbildung auf unterschiedliche Dialogverfahren wie graphisch-interaktiven oder alphanumerischen Dialog und auf unterschiedliche Ein- und Ausgabegeräte, die dann zu einem CAD-Arbeitsplatz konfiguriert werden können. Zur Spezifikation der Kommandosprache müssen Syntax und *Semantik* definiert werden. Die Syntax der Kommandosprache legt dabei die grammatikalischen Regeln zur Anwendung der Sprache fest. Die Semantik beschreibt die inhaltliche Bedeutung des Kommandos.

Menügesteuerte Benutzerschnittstelle: Bei einer Menüsteuerung werden stets die momentan zur Verfügung stehenden Befehle in Form eines Menüs angeboten. Nachdem ein *Befehl* gewählt und dem System übermittelt wurde, springt das *Programm* in die darunterliegende Menüebene und bietet auch dort wieder die aktuellen Kommandoelemente zum Aufruf an. Dies setzt sich solange fort, bis ein *Kommando* vollständig in einzelnen Schritten eingegeben und ausgeführt worden ist. Anderl, R.: Fertigungsplanung durch die Simulation von Arbeitsvorgängen auf der Basis von 3D-Produktmodellen. Fortschrittsber. Reihe 10 Nr. 40. Düsseldorf: VDI 1985

Bernsteinpolynome: Bestandteile zur Darstellung freier Kurven und Flächen (Bezier - Kurven und -Flächen) (*s. auch Bezier-Kurven*) in der Geometrischen Datenverarbeitung. Böhm, W.; Kahmann, J.: Grundlagen kurven- und flächenorientierter Modellierung. In: Nowacki, H.; Gnatz, R. (Hrsg.): Geometrisches Modellieren. Informatik Fachber. Nr. 65. Berlin: Springer 1983. Spur, G.; Krause, F.-L.: CAD-Technik. München: Hanser 1984

Beschreibungshistorie: *s. auch Konstruktionswegedatei*; protokollierte, zeitliche Reihenfolge von *Kommandos*, die zur Erarbeitung einer technischen Lösung aufgerufen wurden. Die Beschreibungshistorie (auch Beschreibungsgeschichte genannt) wird in einer Protokolldatei gespeichert. Diese *Datei* kann benutzt werden, um Änderungen durch Angabe anderer Parameter durchzuführen.

Bestellzeichnung: Eine Bestellzeichnung gilt nach DIN 30 T5 als verbindliche Grundlage einer Bestellung.

Betrieb, interaktiver: (engl.: interactiv processing); Betriebsweise eines Rechnersystems, bei der eine Programmunterbrechung (*Interrupt*) unterstützt wird. Die Programmunterbrechungen dienen dazu, Eingaben durch den Anwender zu ermöglichen. Damit werden Programmsysteme unterstützt, die keinem fest vorgegebenen Ablauf unterliegen, sondern auch durch den Anwender gesteuert werden können. Bild B7 verdeutlicht die interaktive Betriebsweise. Voraussetzung für die interaktive Betriebsweise sind interaktive Eingabegeräte sowie Interruptfunktionen der Systemsoftware.

Betriebssystem: (engl.: operating system); die Menge an *Programmen*, die ständig im Rechnersystem bereitstehen, um die Steuerung, Koordination und Verwaltung der Rechnersystemkomponenten und der Anwendungsprogramme durchzuführen. Zu einem Betriebssystem gehören Steuerprogramm und Dienstprogramme. Das Steuerprogramm regelt den Ablauf von

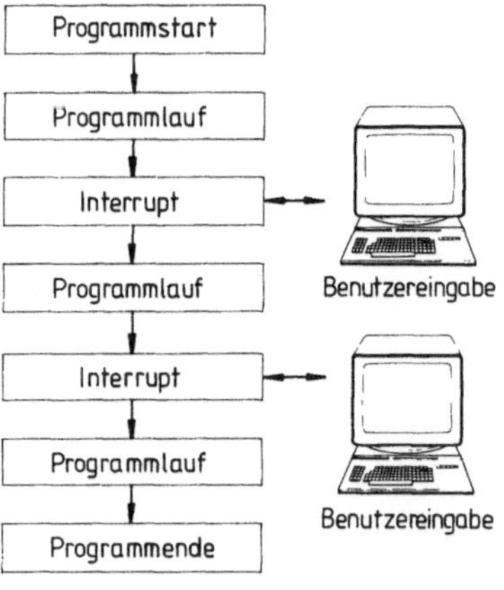

Bild B7. Interaktive Betriebsweise

Programmen sowie das Zusammenwirken der Rechnerkomponenten. Dazu gehören die Ablauforganisation (Job Management), die Ablaufsteuerung (Process Management), die Datenverwaltung (Data Management) und die Wiederanlaufsteuerung (Recovery Management). Die Dienstprogramme führen vorbereitende Aufgaben sowie Aufgaben, die die Funktionsbereitschaft des Rechnersystems sichern, aus. Dienstprogramme können so in systembezogene und anwendungsbezogene Dienstprogramme eingeteilt werden. Zu systembezogenen Dienstprogrammen zählen Übersetzer, Binder, *Editor*, Bibliothek = Verwaltungsprogramme, Datentransferprogramme, Initialisierungsprogramme, Datenkonvertierungsprogramme, Test- und Fehlersuchprogramme sowie Dokumentationsprogramme.
Anwendungsbezogene Dienstprogramme umfassen, Sortierprogramme, Mischprogramme und Datenvergleichsprogramme. Betriebssysteme unterstützen bestimmte Betriebsarten wie z.B. *Batchbetrieb* (Stapelverarbeitung), Dialogbetrieb (*s. Betrieb, interaktiver*), *Echtzeit*betrieb (real-time-Betrieb), Mehrbenutzerbetrieb (*s. multi-user-System*), etc..

Betriebssystem, virtuelles: Betriebssystem, das die Fähigkeiten beinhaltet, zu große *Programme* segmentiert in den *Arbeitsspeicher* ein- und auszulagern. Damit lassen sich Programme schreiben, die einen größeren Adreßraum benötigen als der verfügbare reale Adreßraum zuläßt. Das Betriebssystem übernimmt dabei die Abbildung des virtuellen Adreßraums auf den realen Adreßraum.

Bezier-Kurven: Freiformkurven, die nach einem mathematischen Beschreibungsverfahren, benannt nach Bezier, dargestellt werden. Die Darstellung von Bezier-Kurven erfolgt durch Polygone, wobei die Punkte des Polygons bis auf Anfangs- und Endpunkt nicht auf der Kurve selbst liegen. Ein rekursiver Formelsatz für Bezier-Kurven ist in Bild B8 dargestellt. Nowacki, H.; Gnatz, R.

Bezierkurven:

$$b(n,0,u) = (1-u)^n$$

$$b(n,i,u) = \frac{n-i+1}{i} \cdot \frac{u}{1-u} \cdot b(n,i-1,u)$$

Bild B8. Rekursiver Formelsatz für Bezier-Kurven

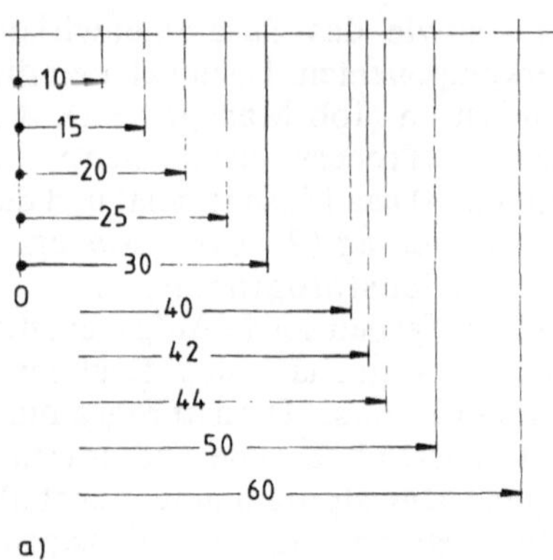

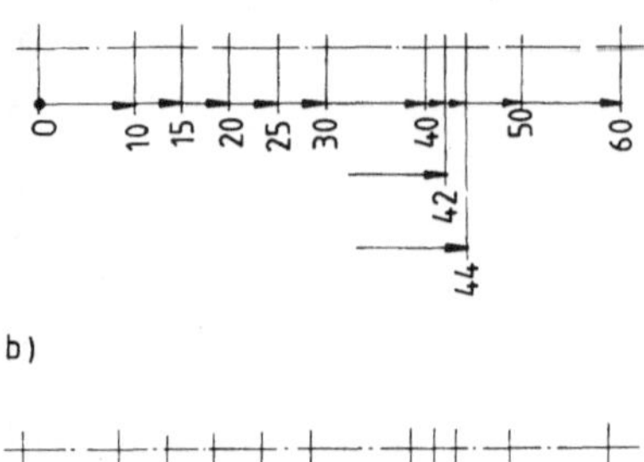

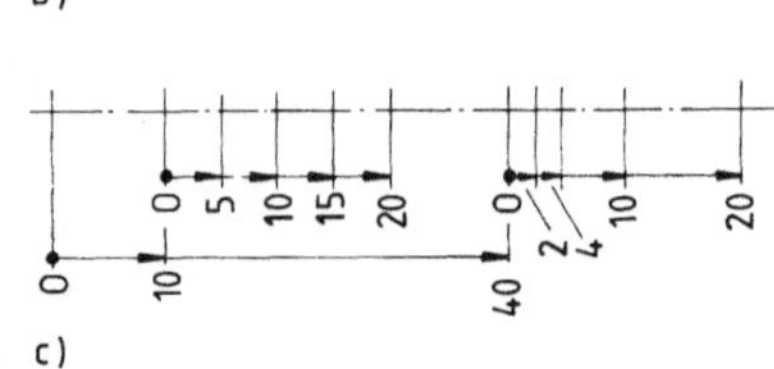

Bild B9. Bezugsbemaßung nach DIN 406 T3

(Hrsg.): Geometrisches Modellieren. Informatik Fachber. Nr. 65. Berlin: Springer 1983

Bezugsbemaßung: Bemaßungsart, bei der auf einen festzulegenden Bezugspunkt direkt oder indirekt referenziert wird. Es gibt drei verschiedene Ausprägungen der Bezugsbe - maßung (s. Bild B9):
- mit einem Pfeil,
- in steigender Bemaßung,
- steigende Bemaßung mit Koordinaten- Haupt- und Nebensystem.

Böttcher, P.; Forberg: Technisches Zeichnen. Stuttgart: Teubner 1982. Hoischen, H.: Technisches Zeichnen. Essen: Giradet 1982. Klein: Einführung in die DIN-Normen, 8.Aufl. Stuttgart: Teubner und Berlin: Beuth

Bezugslinien für Maßzahlen: Linien zur Referenzierung von Maßzahlen zu einer zugehörigen Geometrie. Nicht zu ver - meidende Bezugslinien für *Maßzahlen* sind kurz zu halten; sie sollen schräg zur Darstellung stehen. Bezugslinien sind versehen
- mit einem Pfeil, wenn sie an einer Körperkante enden,
- mit einem Punkt, wenn sie in einer *Fläche* enden,
- ohne Pfeil bzw. Punkt, wenn sie an einer anderen Linie (*Maßlinie, Mittellinie* usw.) enden (DIN 406 T2).

Drei verschiedene Arten von Bezugslinien sind erforderlich (s. Bild B10):

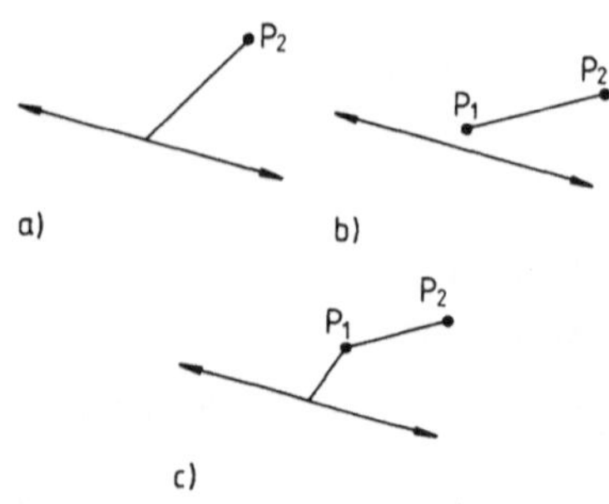

Bild B10. Bezugslinien

- Bezugslinie ab Maßlinienmitte zum End -
  punkt P2,
- Bezugslinie mit P1 als Anfangspunkt und
  P2 als Endpunkt,
- Bezugslinie ab Maßlinienmitte zum Knick-
  punkt P1, zum Endpunkt P2.

Hoischen, H.: Technisches Zeichnen. Essen: Giradet
1982; Böttcher, P.; Forberg: Technisches Zeichnen.
Stuttgart: Teubner 1982

Bezugspfeile: Graphisch dargestellte Pfeile,
die Bemaßungsangaben auf eine zugehörige
Geometrie beziehen. Hoischen, H.: Technisches
Zeichnen. Essen: Girardet 1982

Bezugspunkt: Referenzpunkte, die zur Posi -
tionierung graphischer und/oder geome -
trischer Objekte vereinbart werden.
Graphische Symbole sollen nach DIN 32
830V in einem Raster definiert sein. Dabei
wird für jedes Symbol ein einheitlicher
Bezugspunkt festgelegt, der in *CAD-Syste -
men* zum Bewegen von Symbolen heran -
gezogen werden kann. Hoischen, H.: Techni -
sches Zeichnen. Essen: Giradet 1982; Informatik
Spektrum

Bildanalyse (image analyses)**:** Verfahren zur
Aufnahme, Digitalisierung, Analyse und
Interpretation von Bildern.

Bildbearbeitung: Verfahren zur Manipula -
tion digitaler Bilddaten, um die Aussage -
fähigkeit des Bildes zu erhöhen. Zu den
Verfahren der Bildbearbeitung zählen z.B.
Ausblenden von Bildteilen, Kontrastieren,
Falschfarbendarstellung und Zuordnung von
Graustufen zu Farben.

Bilddatei: *Datei, in der die Funktionen zur
Erzeugung eines Bildes auf einem
Ausgabegerät gespeichert werden. Neben den
Funktionen zum Bildaufbau enthält eine
Bilddatei organisatorische Daten sowie
Daten, die die Struktur des Bildes enthalten.
In der Bilddatei sind z.B., ähnlich wie in der
Vektorliste, die Angaben zum Aufbau aller
Linien eines ebenen Bildes enthalten. Das
ebene Bild eines Objektes wird mit all seinen
graphischen Attributen in ausgabegeräte-*

unabhängiger Form gespeichert. Die Bild-
datei enthält 2-dimensionale Grundelemente:
- zur Ausgabe eines Bildes auf verschie-
  denen Ausgabegeräten,
- zum Picken von Bildelementen,
- als Basis für die Operationen ZOOM,
  ERZEUGE FENSTER, SCHIEBE FEN-
  STER und IDENTIFIZIERE sowie
- zur Ausgabe von Bildern auf externen
  Geräten (Bildschirm, Plotter, etc.).
Die im aktuellen, sichtbaren Fenster
liegenden Elemente sind mit dem
Darstellungsattribut "VISIBLE" (sichtbar)
versehen, so daß beim Picken nur diese
Elemente und nicht die gesamte Bilddatei
durchsucht werden muß.

Bildkoordinatensystem: Zweidimensionales
kartesisches, linear geteiltes Koordinatensystem; in *2D*-Systemen identisch mit dem
"Globalen Koordinatensystem", in *3D*-Syste-
men die Projektion des Globalen Koordinatensystems auf die (x,y)-Ebene.

Bildpuffer: *s. Bildwiederholspeicher*

Bildpunkt: *s. Pixel*

Bildspeicher: Speichereinheit, in der Bilddaten zur Steuerung graphischer Ausgabegeräte abgelegt werden. Ein Bildspeicher
repräsentiert dabei eine logische Speichereinheit, die physikalisch als Teil eines Bildschirmgerätes oder als reservierter Daten-
bereich des *Hauptspeichers* ausgeführt sein
kann. Der Bildspeicher als Teil eines graphischen Bildschirmgerätes wird auch als
Bildpuffer bezeichnet. Der Bildspeicher
erlaubt die ständige Abarbeitung der in ihm
abgelegten Bilddaten zur Ausgabe graphischer Darstellungen am Bildschirm. Bei der
graphisch-interaktiven Eingabe wird ebenfalls auf die im Bildspeicher bereitstehenden
Bilddaten zugegriffen und deren Verarbeitung, z.B. bei *Interrupt*-Verarbeitung unterstützt.

Bildstruktur: *s. GKS*

Bildverarbeitung (image processing): Aufbereitung und Analyse eines *digital* abgespeicherten Bildes. Das Bild wird entweder über *Digitalisiertabletts* von Hand eingegeben, von einem *Scanner* abgetastet oder mit einer Videokamera aufgenommen und in ein digitales Format übertragen. Visuelle Prüfvorgänge können durch die computergestützte Bildverarbeitung automatisiert werden, wie z.B.:
- automatisierte Sichtprüfung von Glasflächen,
- Seitenwandkontrolle von Glasflaschen,
- Prüfung auf Form und Maßhaltigkeit.

Bildwiederholspeicher (Bildpuffer): *s. auch Sichtgeräte und Bit-map-memory;* Speichereinheit, in der die Daten zum ständigen Bildaufbau (mindestens 30 mal pro s) auf einem graphischen Bildschirmgerät abgelegt sind. Die graphische Prozessoreinheit arbeitet den Bildwiederholspeicher ab, um die graphische Darstellung auf der Schirmfläche zu erzeugen.

Binärdarstellung: (binär = zweiwertig); Informationsdarstellung in einem Zahlensystem, in dem alle Zahlen nur durch die Anwendung der beiden Ziffern 0 und 1 dargestellt werden. Das duale Zahlensystem ist Vertreter eines binären Zahlensystems.

Bit: binary digit (Binärziffer); ein Bit ist die kleinste darstellbare Informationseinheit für eine Binärziffer.

Bit-map-memory: CAD-Arbeitsplätze auf der Basis der Rasterbildschirmtechnologie (*s. auch Raster-scan-Bildschirm*) enthalten die Prozeßhardware, bestehend aus Speicher, der auch als "bit-map-memory" oder "frame buffer" bezeichnet wird, und Rechner. Dieses bit-map-memory wird als *Bildwiederholspeicher* benutzt. Die Größe des bit-mapmemory muß so dimensioniert sein, daß mindestens alle Bildelemente des Bildschirms im bit-map-memory abgebildet werden können. Der Zentralrechner, der die Berechnungen durchführt, meldet jede Bild änderung an den Graphikarbeitsplatz. Der Rechner des Graphikarbeitsplatzes berechnet aus diesen Daten die von der Bildänderung (z.B. Neueintrag einer Linie) betroffenen *Pixels* und trägt diese in das bit-map-memory ein. *Zoom*-Funktionen greifen beim soge - nannten "Hardware-Zoom" direkt auf den Inhalt des bit-map-memory zu und nicht auf die rechnerinterne Darstellung (*s. auch RID*). CAE Annual 1982

Blattaufteilung: Genormte Einteilung von Darstellungsflächen für *technische Zeich - nungen*. Alle Zeichenblattgrößen nach DIN 823 werden bei ihrer Verwendung um einen Blattrand von 5 mm und um das Schriftfeld sowie gegebenenfalls um den Heftrand verkleinert. Die Größe des Schriftfeldes ist in DIN 6771 T1 festgelegt. Bild B11 zeigt die Blattaufteilung für ein DIN A4-Format.

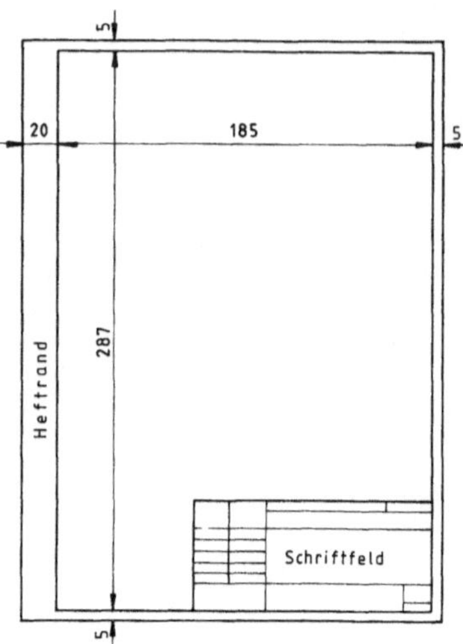

Bild B11. Aufteilung einer Dar - stellungsfläche im DIN A4-Format

Blattgröße: Die Blattgrößen für Formate der A-Reihe sind in DIN 476 und DIN 6771 T6 festgelegt und können aus Bild B12 entnom - men werden.

Boolesche Algebra: Die Boolesche Algebra, benannt nach George Boole (1815 - 1864) stellt ein Teilgebiet der Mathematik dar und begründet Anwendungsgebiete wie Mengen - algebra, Aussagenalgebra und Schaltalgebra. Die Boolesche Algebra stellt die Grundlage zur digitalen, elektronischen Datenverar - beitung dar. Jehle, F.: Boolesche Algebra. bsv Mathematik. 1972

Boolesche Operatoren: Vorschriften, die auf der Booleschen Algebra aufbauen und dazu dienen, Variablen (Operanden) in Ergebnis - variablen abzubilden. Es stehen die folgenden logischen Verknüpfungsvorschriften zur Verfügung:
- Disjunktion - das logische ODER
  (Symbol: $\cup$)

  $$y = x_1 \cup x_2$$
- Konjunktion - das logische UND
  (Symbol: $\cap$)

  $$y = x_1 \cap x_2$$

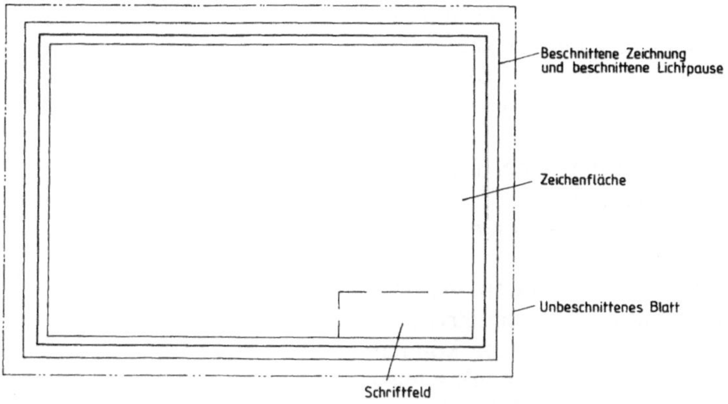

Blattgrößen nach DIN 476 Reihe A	Beschnittene Zeichnung und beschnittene Lichtpause (Fertigblatt)	Zeichen fläche	Unbeschnittenes Blatt (Rohblatt für den Einzeldruck) mm
A 0	841 x 1 189	821 x 1 169	880 x 1 230
A 1	594 x 841	574 x 821	625 x 880
A 2	420 x 594	400 x 574	450 x 625
A 3	297 x 420	277 x 400	330 x 450
A 4	210 x 297	187 x 287	240 x 330

Bild B12. Blattgrößen für Formate der A-Reihe

- Negation - das logische NICHT
  (Symbol: $\neg$)
  $$y = \neg\, x$$
- Subjunktion - Implikationsverknüpfung
  (Symbol: ->)
  $$y = x_1 \rightarrow x_2$$
- Bijunktion - Äquivalenzverknüpfung
  (Symbol: <->)
  $$y = x_1 \leftrightarrow x_2$$

Die Booleschen Operatoren bilden die Basis zur Definition mengentheoretischer Operatoren für die Geometrische Modellierung.

Boundary Representation (B-rep-Modell): (dt.: Darstellung durch Begrenzungen); Methode, nach der Objekte durch Objektvolumen rechnerintern abgebildet werden. Diese werden auch topologisch geometrische Strukturmodelle genannt und zählen zur

Klasse der "Akkumulativen Volumen -
modelle". Charakteristisches Merkmal des
Volumenmodells nach der Boundary
Representation ist die Abbildung eines
Objektvolumens durch
- die volumenbegrenzenden Oberflächen,
- die Materialrichtung und
- die Trennung zwischen Topologie und
  Geometrie.

In Abhängigkeit der verfügbaren mathe -
matischen Beschreibung von geometrischen
Flächen, die die Oberfläche bilden, können
Polyedermodelle (Tangentialflächen), allge -
mein analytische Modelle und Freiform -
flächenmodelle unterschieden werden. Bei -
spiele zur rechnerinternen Abbildung eines
Objektvolumens nach der Boundary Re -
presentation zeigt Bild B13. Seiler, W.:
Technische Modellierungs- und Kommunikations -
verfahren für das Konzipieren und Gestalten auf der
Basis der Modell-Integration. Fortschrittsber. Reihe
10 Nr. 49. Düsseldorf: VDI 1985

BPI (bit per inch): 1 inch = 2,54 cm;
Maßeinheit der Schreibdichte bzw. Spei -
cherdichte, um digitale Daten auf einen
Datenträger zu schreiben. Die Schreibdichte
muß beim Schreiben auf ein *Magnetband*
beachtet werden. Hierbei werden häufig
Schreibdichten von 800 BPI bzw. 1600 BPI
verwendet.

BPS (bits per second): *s. Baud*

B-Spline curve, rational: Rationale B-*Spline*
Kurve.

B-Spline surface, rational: Rationale B-
Spline Fläche.

Bündeltabelle: *s. GKS*

Bus-System: Leitungssystem zur Verbindung
der Hardwarekomponenten eines Rechner -
systems. Das Bus-System stellt dabei einen
schnellen Übertragungskanal zur Daten- und
Adreßübertragung dar. Charakteristisch für
das Bus-System ist, daß Informationen von
jedem am Bus angeschlossenen Gerät an jedes
Gerät übertragen werden können, die Infor -

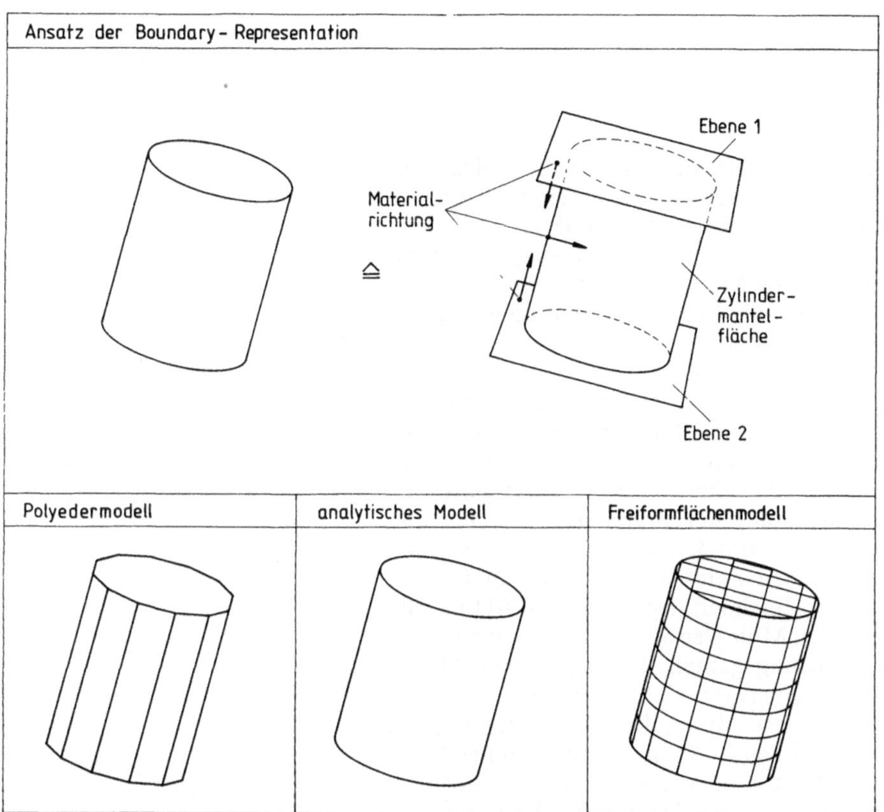

Bild B13. Abbildung eines Objektvolumens nach der Boundary-Representation

mationen abhängig von der Reihenfolge der angeschlossenen Geräte bis zum Zielgerät transferiert werden, und daß der Ausfall eines am Bus-System angeschlossenen Ge - rätes nicht den Ausfall der gesamten ange - schlossenen Hardwarekonfiguration bewirkt.

Byte: Folge von meist 8 zusammenhängen - den *Bits*, die zur Darstellung von Buchstaben, Ziffern und Sonderzeichen verwendet wer - den.

C

CAA (computer aided assembling): Der Be -
griff CAA bedeutet Rechnerunterstützung
bei der Bauteil- und Produktmontage und
umfaßt den Einsatz von Rechnersystemen zur
Planung von Montageoperationen, Montage -
sequenzen wie auch zur Steuerung von Mon -
tagevorgängen.

CAD: CAD steht als Abkürzung für den
englischen Begriff computer aided design
und bedeutet rechnerunterstütztes Konstru -
ieren. Eine weitere Interpretation geht vom
Begriff computer aided drafting aus und
bezeichnet mit CAD die Automatisierung
technischen Zeichnens, also rechnerunter -
stütztes Zeichnen. Der Begriff CAD umfaßt
seit etwa Mitte der 60er Jahre ein expansives
Anwendungsgebiet. Die begriffliche Mehr -
deutigkeit zeigt sich auch bei den ver -
schiedenen deutschen Übersetzungen.
Während das "CA" mit "Rechnerunterstützt"
einheitlich wiedergegeben wird, findet man
für das "D" im Deutschen Begriffe wie
Entwerfen, Entwurf, Konstruieren, Kon -
struktion, Entwicklung, oder Kombinationen
hiervon wie in "Rechnerunterstütztes Ent -
wickeln und Konstruieren".
Für die rechnerunterstützte Bearbeitung von
Konstruktionsaufgaben hat D.T. Ross in der
Zeit zwischen 1957 und 1959 am
Massachusetts Institute of Technology den
Begriff CAD geprägt.
Zu den Pionieren des CAD gehören L. Coons
und I. Sutherland (beide 1963). Coons schlug
vor, die Programmierung numerisch gesteu -
erter Werkzeugmaschinen durch graphische
Funktionen zu ergänzen. (Hier sei am Rande
vermerkt, daß die programmunterstützte
Werkzeugmaschinensteuerung, also ein
Großteil dessen, was sich hinter dem Stich -
wort *CAM* verbirgt, eine ältere Geschichte
hat als CAD.) Sutherland stellte erstmals ein
brauchbares *interaktives* graphisches Gerät

vor und entwickelte auch heute noch gültige Grundlagen. 1964 kündigte General Motors ein System für Zeichnungserstellung an: DAC/1 (design augmented by computer). Es folgte das Graphiksystem GRAPHIC-1 von Bell-Telephone, das man heute als einen intelligenten Arbeitsplatz bezeichnen würde. Damit konnten beispielsweise gedruckte Schaltungen entworfen und gezeichnet werden. In den 70er Jahren ging die Entwicklung besonders in Elektrotechnik und Elektronik stetig weiter. Ein anderes Gebiet aber entwickelte sich so rapide, daß man geneigt war, CAD damit zu identifizieren: die Methode der *Finiten Elemente*. Es entstanden Programmsysteme, die nach dieser Methode die Berechnung von Temperatur und Spannungsfeldern erlaubten. Daneben gab es zwei weitere bemerkenswerte Schwerpunkte: das Bemühen um geeignete Systemarchitekturen, beginnend mit dem integrated civil engineering System (ICES), und die kontinuierlichen, durch den Preisverfall bei graphischer Hardware und immer leistungsfähigeren *Prozessoren* geförderten Bemühungen, Systeme zur Zeichnungserstellung und zum geometrischen Modellieren von *Flächen* und Volumina im dreidimensionalen Raum wirtschaftlich attraktiv zu machen. CAD in der ersten Hälfte der 80er Jahre ist durch den Erfolg dieser Bemühungen gekennzeichnet.

CAD-Systeme bestehen aus aufeinander abgestimmten Hardware- und Softwarekomponenten (s. Bild C1).

Eine funktionale Betrachtung von CAD-Systemen führt zu den Systemkomponenten Kommunikationsbaustein, Methodenbaustein und Datenbankbaustein (s. Bild C2).

Zur Klassifizierung von CAD-Systemen dient insbesondere das rechnerinterne Modell, in dem technische Objekte digital gespeichert werden.

CAD-Systeme entwickeln sich heute zu Systemen, die alle Aufgabenbereiche der Konstruktion bis hin zu der Erstellung aller Fertigungs-, Montage- und Prüfunterlagen für ein Produkt unterstützen. Diese Unterlagen können auf Papier (Zeichnung, Stück -

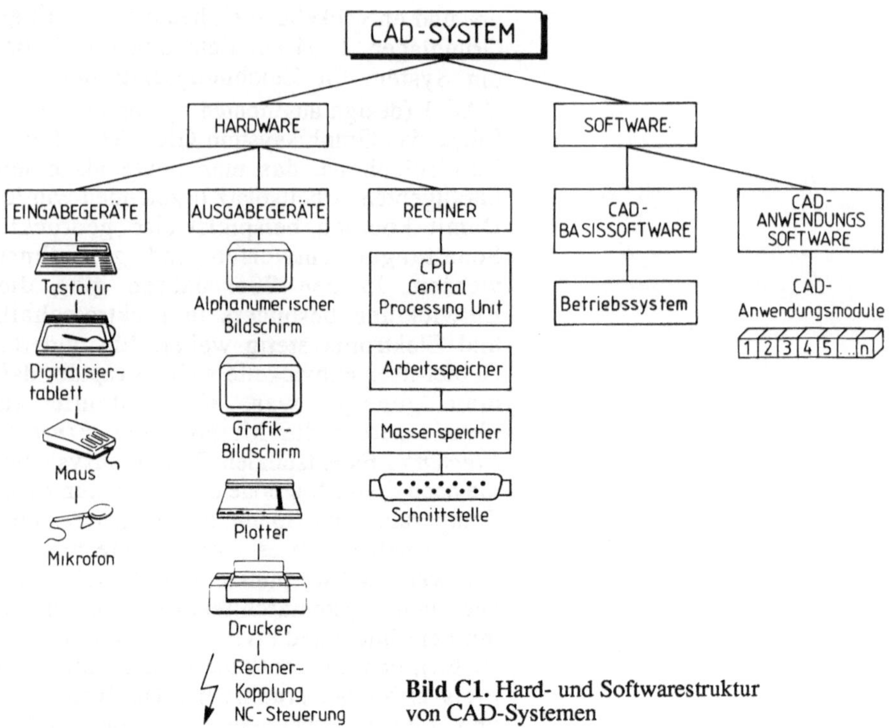

Bild C1. Hard- und Softwarestruktur von CAD-Systemen

listen, Montageanleitungen) oder in maschinenlesbarer Form vorliegen. Methoden der graphischen Simulation des Bauteilverhaltens im Betriebszustand, der Fertigungsoperationen zur Bauteilherstellung und der Montierbarkeit von Bauteilen gewinnen dabei zunehmend an Bedeutung.

Da die CAD-Technologie grundlegend neue Arbeitstechniken verfügbar macht, ist ein erfolgreicher Einsatz der CAD-Technologie eng an ein genau spezifiziertes Einführungskonzept und eine Einführungsstrategie anzulehnen. Hierbei sind insbesondere Aspekte der Wirtschaftlichkeit sowie der innerbetrieblichen Aufbau- und Ablauforganisation zu beachten. Gollub, U.; Matzek, H.: Rechnergestütztes Zeichnen - Einstieg in CAD. VDI Fortschrittsber. Reihe 10 Nr. 22. Düsseldorf: VDI 1983. Grabowski, H.; Eigner, M.; Hahn, D.: Methoden zur Auswahl und Einführung von schlüsselfertigen CAD-Systemen. FB/IE 29 Nr. 3 1980. Anderl, R.; Rix, J.; Wenzel, H.: GKS im Anwendungsbereich CAD. Informatik-Spektrum 6. 1983

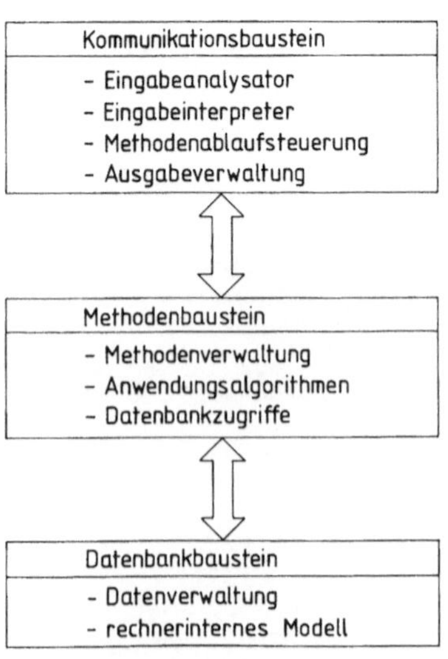

Bild C2. Logisch funktionaler Aufbau von CAD-Systemen

CAD-Systeme: *s. CAD*

CAD-Systeme als Informationssysteme:
Informationssysteme auf der Basis elektronischer Datenverarbeitungsanlagen bestehen aus einer Menge zusammenwirkender
Programme mit Funktionen zum Speichern,
Auswerten und Bereitstellen von Informationen. Es werden vier Klassen von
rechnerunterstützten Informationssystemen
unterschieden: die Datenbanksysteme, die
Synthesesysteme, die Auswertsysteme und
die Dokumenten-Nachweissysteme. CAD-
Systeme im Sinne eines integrierten
Informationssystems enthalten in ihrer
integralen Gesamtheit ein Kommunikations-
system, ein Methodenbanksystem und ein
Datenbanksystem.
CAD-Systeme, die als Informationssysteme
konzipiert sind, enthalten eine Objektebene,
die durch die dargestellten Gegenstände
(Objekte) gebildet wird. Es werden vom
CAD-System sämtliche geometrischen und
technologischen Informationen über die
dargestellten Gegenstände gespeichert und
bei Bedarf bereitgestellt. Derartige Informationen beziehen sich z.B. auf die innere
geometrische Struktur, das mechanische, das
wärmetechnische, oder das elektrotechnische
Verhalten des dargestellten Bauteiles. Durch
die Wahl der Elementarobjekte, der Ele-
mentarrelationen und der Editierfunktion des
CAD-Systems ist die Ausdrucksstärke des
CAD-Systems bzw. die Beschränktheit des
CAD-Systems als Informationssystem festgelegt. Für die Beschränktheit gibt es im
wesentlichen zwei Ursachen:
- Es gibt wichtige, nichttriviale Informationen, die aus einer beliebigen Verknüpfung zwischen "der Objektebene und
  Metaebene" bestehen.
- Es gibt wichtige, nichttriviale Informationen, die aus dem Umfeld der Objekt-
  und der Metaebene eines Informations-
  systems stammen, aber weder der Objekt-
  noch der Metaebene angehören.
Beispiele aus der Objektebene eines CAD-
Systems: Alle Darstellungen von Objekten.
Beispiele aus der Metaebene eines CAD-

Systems: (Informationen aus der Metaebene
können aus den Darstellungen durch ge -
eignete Auswertungen ermittelt werden.)
- Stückliste
- Materialauszug
- Angaben der Bemaßung
- Angaben der Gruppenzugehörigkeit

Beispiele aus dem Umfeld der Objekte:
- Anzahl der zu erstellenden Plots
- Anzahl der bereits erstellten Plots
- Liste der im Plot angewendeten Stifte
- Blattaufteilung einer Zeichnung

CAE (**computer aided engineering**): CAE
beschreibt den Rechnereinsatz im Entwick -
lungs- und Konstruktionsprozeß. Insbeson -
dere in der Automobilindustrie wird die
Rechnerunterstützung in der Fahrzeugmo -
dell-Entwicklung als CAE bezeichnet. Was
wird allgemein zum CAE gerechnet? Fol -
gende Funktionen werden im CAE-Prozeß
angewendet:
- entwerfen,
- berechnen,
- Zeichnung erstellen,
- dokumentieren,
- simulieren und testen,
- fertigen,
- erfassen und informieren.
Obermann, K.: CAD/CAM Handbuch '83. CAD/
CAM Verlag für Computergrafik

CAM (**computer aided manufacturing**):
CAM bedeutet rechnerunterstütztes Fertigen
sowie Rechnereinsatz in der Fertigungssteue -
rung, Materialdisposition, Maschinen- und
Betriebsdatenerfassung usw. Eigner, M.; Maier,
H.: Einführung und Anwendung von CAD-
Systemen. München: Hanser 1984

CAP (**computer aided planning**): CAP be -
zeichnet die rechnerunterstützte Arbeitspla -
nung. Der Rechner wird für Aufgaben der
Arbeitsvorbereitung und Fertigungsplanung
eingesetzt. Eigner, M.; Maier, H.: Einführung und
Anwendung von CAD-Systemen. München: Hanser
1984

CAQ (**computer aided quality assurance**):

Der Begriff CAQ bedeutet Rechnerunterstützung in der Qualitätssicherung und umfaßt den Einsatz von Rechnersystemen zur
Prüfplanung und Qualitätskontrolle.

CAR (computer aided robotics): Rechnerunterstützung zur Planung und Steuerung des
Robotereinsatzes im Fertigungs- und Mon-
tageprozeß.

Cartridge (Begriff aus dem englischen; dt.:
Patrone, Spule, Kassette): Der Begriff Cartridge bezeichnet Kassetten, in denen Daten-
trägermedien wie Magnetplatten oder Magnetbänder zur Verfügung stehen.

CAT (computer aided testing): Rechner-
gestützte elektronische Prüftechnik.

CEFE (CAD/CAM-Entwicklunggesell-
schaft): Die CEFE ist eine 1973 gegründete
Gesellschaft des bürgerlichen Rechts zur
Koordination von CAD/CAM-Programm-
entwicklungen, zur Förderung des Erfah-
rungsaustausches, der Arbeitsteilung und des
DV-Programmaustausches zwischen den
Gesellschaftern. Der CEFE gehören deutsche
Industrieunternehmen, Dienstleistungsunter-
nehmen und Hochschulen an. N.N.:
Rechnerunterstütztes Konstruieren und Fertigen.
Fachbeitragveröffentlichungen CEFE. VDI-Z 1980.
N.N.: Rechnerunterstütztes Konstruieren und
Fertigen (CAD/CAM). Fachbeitragveröffentlichungen
CEFE. VDI-Z 1980

Cell Array: *s. GKS*

CEN (Comité Europèen de Normalisation):
Europäischer Normungsausschuß, der euro-
päische Normen (EN) ausarbeitet . Truöl, K.:
Ein Pfad durch den OSI-Dschungel. DFN-
Mitteilungen 5. Juli 1986

**CENELEC (Comité Europèen de Norma-
lisation Electrique)**: Europäischer Normungsausschuß für den Bereich der Elektrotechnik. Truöl, K.: Ein Pfad durch den OSI-
Dschungel. DFN-Mitteilungen 5. Juli 1986

Centerline: Mittellinie

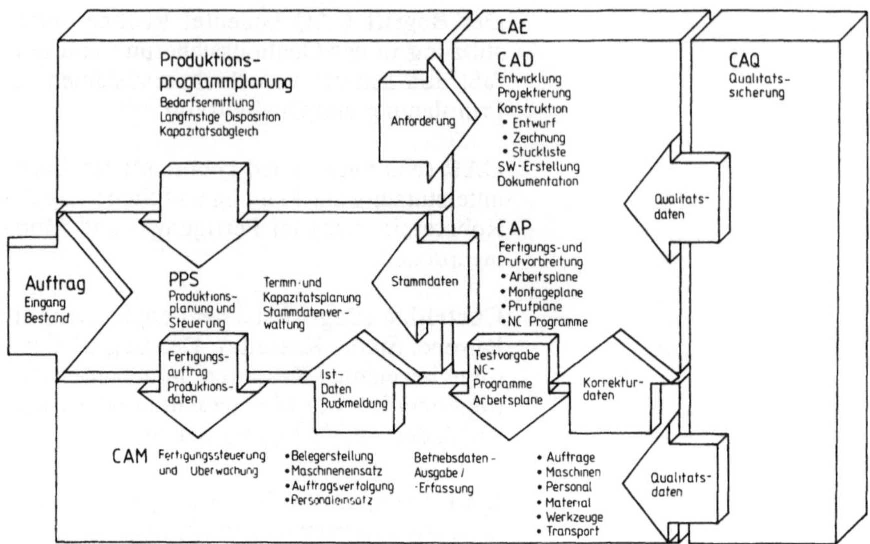

Bild C3. Struktur einer rechnerintegrierten Fertigung

CEPT (Konferenz der Europäischen Post- und Fernmeldeverwaltungen): Gremium, das "Functional Standards" verabschiedet, die den Bereich der Post- und Fernmeldeverwaltungen betreffen.

Chip (Begriff aus dem englischen, dt: Blättchen, Splitter): Ein Chip im Sinne der Datenverarbeitungstechnologie bezeichnet ein Halbleiterbauteil, auf dem integrierte Schaltungen (*s. IC*) verfügbar sind.

Choise: *s. GKS*

CIM (computer integrated manufacturing): CIM bezeichnet den integrierten Rechnereinsatz im gesamten Produktionsprozeß und umfaßt insbesondere den Aspekt der DV-technischen Verbindung von CA-Anwendungen. Bild C3 zeigt eine CIM-Struktur und die im CIM-Prozeß zu bearbeitenden Aufgaben.

Circular arc: Kreisbogen

Class (Bildebene, *Layer*): *s. Ebenentechnik*
Eigner, M.; Maier, H.: Einführung und Anwendung von CAD-Systemen. München: Hanser 1984

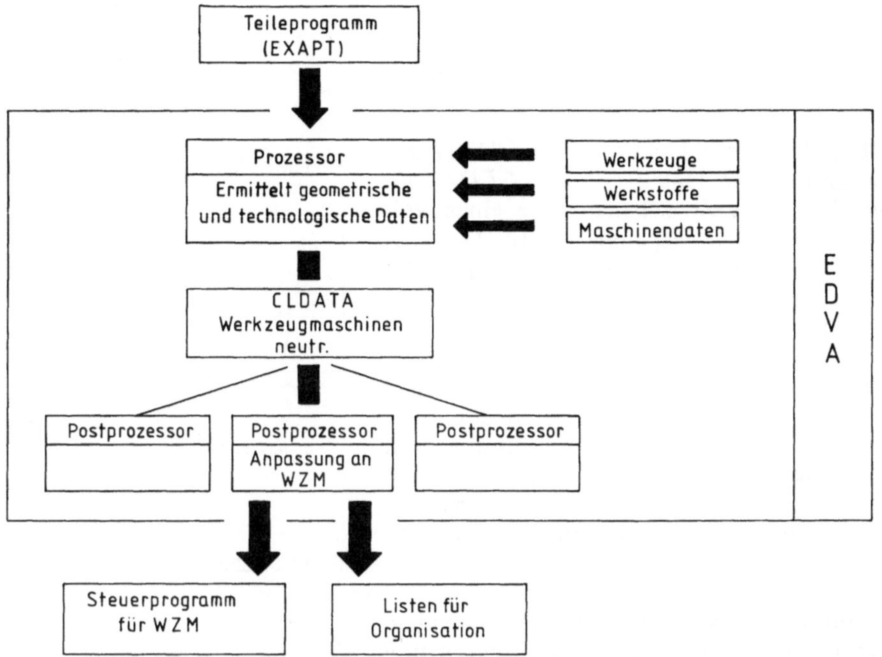

Bild C4. Bedeutung von CLDATA für die NC-Programmierung (Quelle: WZL, TH Aachen)

CLDATA (cutter location **data**): Nach DIN 66 215 genormtes Format für NC-Steuer - daten (*s. auch NC-Steuerinformation*). Jede CLDATA-Datei besteht aus einer Folge von Sätzen (Records). Jeder Satz wiederum be - steht aus mehreren Worten. Jedes Wort kann vom Typ

- ganzzahlig,
- reell,
- alphanumerisch

sein. CLDATA beschreibt als genormtes Da - tenformat für NC-Steuerdaten insbesondere den Verfahrweg des Werkzeugbezugs - punktes. CLDATA wird als Ausgabe des NC-Prozessorlaufs erzeugt, der zunächst das Teileprogramm, geschrieben in einer höhe - ren NC-Programmiersprache (z.B. *APT, EXAPT*), in ein Format überträgt, das unabhängig von einer Maschinensteuerung ist (s. Bild C4).

CLDATA stellt dann die neutralen NC-Steuerdaten dar, die von NC-*Postprozessoren* in die steuerungsspezifischen NC-Steuerdaten umgesetzt werden. Eigner, M.; Maier, H.: Einführung und Anwendung von CAD-Systemen. München: Hanser 1984

CL-File (cutter location File): Datei mit cutter location Daten (*s. auch CLDATA*), welche in der Zwischenausgabe eines *NC-Prozessorlaufes* gespeichert wird. Der CL-File ist die Eingabedatei für NC-*Postprozessoren*, um steuerungsspezifische NC-Steuerdaten zu erzeugen.

Clippen (Abschneiden): Clippen bezeichnet eine Funktion aus dem Bereich computer graphic und umfaßt die Trennung und Aufteilung graphischer Elemente (z.B. Strecken, Kreise) in sichtbare und unsicht - bare Anteile, sobald sie den Darstellungs - bereich überschreiten (s. Bild C5).

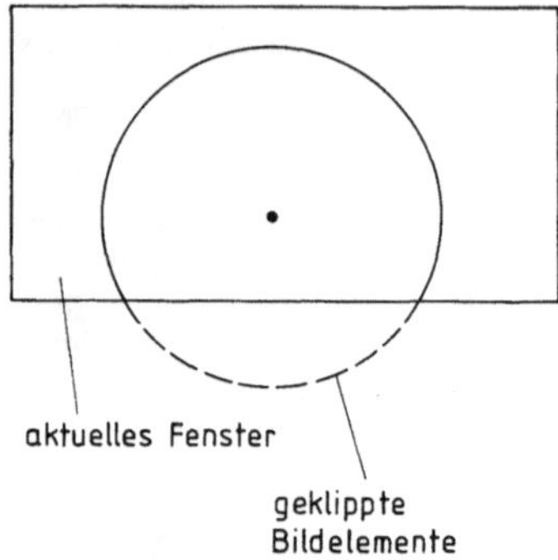

Bild C5. Clippen von Bildern

Clipping: Abschneiden von Bildelementen, die außerhalb einer definierten Begrenzung liegen.

CNC (computerized numerical control): Eine numerische Steuerung mit einem frei programmierbaren Rechner, Programmspei - cher und Ein- und Ausgabegeräten. CNC-Steuerungen bieten die Vorteile:
- NC-Programme direkt an der NC-Werk - zeugmaschine einzugeben, auch während die Maschine ein anderes Teil produziert,
- Programmfehler direkt an der NC-Werk - zeugmaschine zu korrigieren,
- die Abarbeitung von NC-Steuersätzen an der NC-Werkzeugmaschine verfolgen zu können und
- den der Bedienungsführung.
CNC-Steuerungen besitzen zunehmend Kom - munikationstechniken mit graphisch-inter - aktiver Eingabe zur Simulation von Bearbei - tungsabläufen (s. Bild C6).

CNMA (communication network for manu - facturing application): Europäisches For - schungsprojekt zur Produktionsautomati - sierung, das im Rahmen des ESPRIT-

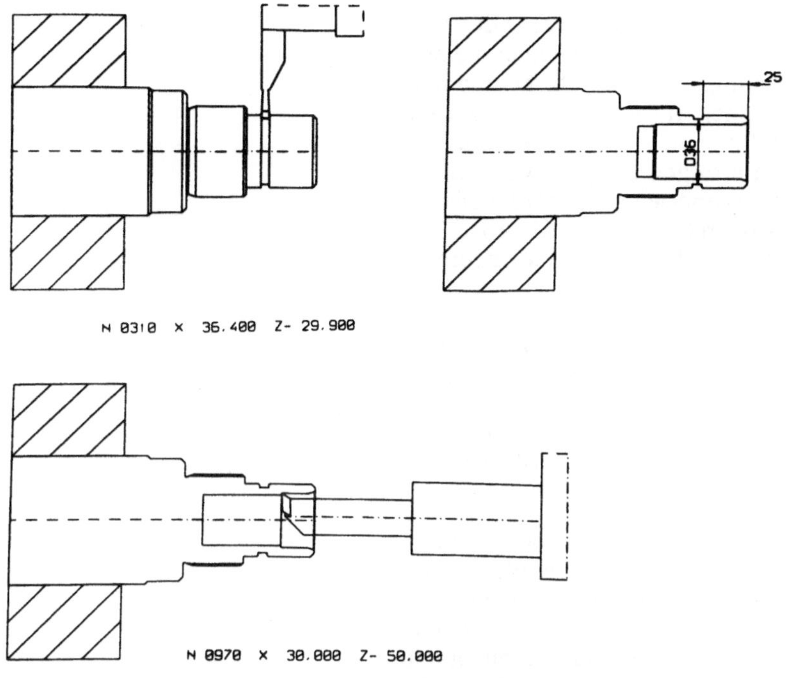

Bild C6. Graphische Simulation von Bearbeitungsoperationen an einer NC-Werkzeugmaschine

Programmes bearbeitet wird. Arbeitsschwerpunkte des CNMA-Projektes sind lokale Inhouse-Netze, Kommunikation zwischen Konzernteilen sowie Automatisierung der Kommunikation zwischen Herstellern und Zulieferern. Truöl, K.: Ein Pfad durch den OSI-Dschungel. DFN-Mitteilungen 5. Juli 1986

COBOL (common business oriented language): Höhere Programmiersprache für Anwendungen der kommerziellen Datenverarbeitung. COBOL orientiert sich stark an der englischen Sprache und bietet umfangreiche Möglichkeiten zur Datenstrukturierung sowie zur Unterstützung der Datenein- und ausgaben. COBOL-*Programme* enthalten einen Erkennungsteil, Maschinenteil, Datenteil und einen Prozedurteil. Die Formalisierung mathematisch-technischer Funktionen wird nur unzureichend unterstützt.

Code (Begriff aus dem englischen; dt.: Ver-
schlüsselung): Ein Code bezeichnet die nach
einer Abbildungsvorschrift vorgenommene
Abbildung einer Informationsmenge von
einer Darstellung in eine andere. Wichtige
Abbildungen erfolgen beispielsweise in den
ASCII-Code (American standard code for
information interchange) und den EBCDIC-
Code (extended binary coded decimals
interchange code).

COM (computer output on microfilm):
Ausgabe *alphanumerischer* oder graphischer
Daten über Mikrofilmaufzeichnungsgeräte
(Mikrofilmplotter). Eigner, M.; Maier, H.:
Einführung und Anwendung von CAD-Systemen.
München: Hanser 1984

Compiler: Programmbaustein, der ein *Programm* (*Quellprogramm*, engl.: source
program), geschrieben in einer höheren
Programmiersprache (z.B. *FORTRAN,
PASCAL*, etc.), in die Maschinensprache
(object code) übersetzt. Ein Compiler
übersetzt ein Quellprogramm in einem
abgeschlossenen Prozeß (Batchlauf) vollständig in den *Objectcode*. Neben dem
Objectcode liefert ein Compiler einen Kon-
trollausdruck des Quellprogramms, in dem
eine Übersicht über die definierten Datentypen und deren Speicherbedarf sowie eine
Bezeichnung und Lokalisierung von lexi-
kalischen, syntaktischen und semantischen
Fehlern ausgewiesen wird.

Composite curve: Zusammengesetzter Konturzug.

Computer: Der Begriff Computer bedeutet
Rechner. Prinzipiell kann zwischen Analog-
rechnern, Digitalrechnern und Hybridrech-
nern unterschieden werden. Analogrechner
können Werte durch physikalische Größen
stetig darstellen und durch physikalische
Vorgänge analog verarbeiten. Digitalrechner
erlauben eine diskrete Zahlendarstellung und
-verarbeitung. Während die Vorteile des
Analogrechners insbesondere in der Unterstützung der Integral- und Differentialrech-

Kriterium	Analogrechner	Digitalrechner
Hardwareaufwand	relativ gering, da nur einheitliche, normierte Bausteine	groß, da Speicher und Steuerwerk nötig
Genauigkeit	Eingabe- daten: 1 – 0,1% Fehler Ausgabe: abhängig von Komplexität der Rechnung	Eingabe- daten: durch entsprechende Stellenzahl beliebig genau Ausgabe: unabhängig vom Problem; Rundungsfehler durch zu geringe Stellenzahl
Geschwindigkeit	Einzeloperation: niedrig Gesamtoperation: hoch	Einzeloperation: hoch Gesamtoperation: problemabhängig
Verarbeitungsart	parallel	seriell
Flexibilität	(Neue) Verschaltung	Programm schreiben
Programmierung	wenige Standardverfahren; für Geübte einfach	wegen des höheren Freiheitgrades meist umfangreicher
Zukunft	abgeschlossene Entwicklung	durch neue Technologien und Geschwindig- keitsverbesserungen aussichtsreich

Bild C7. Vergleich zwischen Analog- und Digitalrechner

nung liegen, bieten Digitalrechner den Vorteil umfangreiche und komplexe Datenmengen speichern und verarbeiten zu können. Einen Vergleich zwischen Analogrechner und Digitalrechner zeigt Bild C7.

Hybridrechner enthalten *analoge* und *digitale* Rechnerbausteine, die über eine Koppelelektronik verbunden sind. Computer stellen als Digitalrechner den Kern elektronischer Datenverarbeitungsanlagen dar. In diesem werden Digitalrechner durch periphere Hardwarekomponenten zur Datenein- und ausgabe sowie durch das Softwaresystem ergänzt. Der Digitalrechner übernimmt dabei die Steuerung, Koordinierung und Überwachung von Programmabläufen sowie die Steuerung und Überwachung der Datenflüsse von und zu den Ein- und Ausgabegeräten.

Computer Graphics: Der Ausdruck computer graphics wird meist synonym mit *Graphische Datenverarbeitung* angewendet, manchmal ist mit computer graphics beziehungsweise Computer Graphik aber auch ein Anwendungsgebiet gemeint, z.B. business graphics oder Computer Kunst (computer art), also das Erzeugen von Bildern durch Rechnersysteme (s. auch ISO 2382). Chip Special Nr. 12 Computergrafik II. Würzburg: Vogel.

Conic arc: Kegelschnittkurvenbogen.

Connect node: Textaufsetzpunkt (relativ positioniert)

Copious data: Datenkomplex (z.B. Anfangs- und Endpunktkoordinaten von Schraffur - linien)

CP/M (controll program for microcom - puters): Einbenutzerbetriebssystem für Mi - krorechnersysteme (*s. auch Betriebssystem*).

CPS (characters per second): *s. auch Baud*

CPU (central processing unit): Zentraleinheit eines Rechners, bestehend aus Befehlsprozes - sor, Datenprozessor, I/O-Prozessor (Input/ Output, dt. Ein-/Ausgabe) und Wartungspro - zessor. Interpretiert ein *Programm* und führt die arithmetischen, logischen und organisa - torischen Anweisungen aus.

CPU-Zeit: Zeitspanne, die von der Zen - traleinheit (central processing unit, CPU) eines Rechners benötigt wird, um ein Programm abzuarbeiten. Die CPU-Zeit dient zur Zeitmessung, um die Ausführungsdauer von Programmen zu ermitteln. Sie wird vom Betriebssystem angegeben und wird ins - besondere auch zur Abrechnung der Rechnernutzung benötigt.

CRT (cathode ray tube): Kathodenstrahl - röhre, zur Darstellung von Graphik/Text mit Hilfe eines steuerbaren Elektronenstrahls.

CSG (constructive solid geometry): Methode zur Beschreibung und Darstellung tech - nischer Objekte in *CAD-Systemen*. Charakte - ristisches Merkmal ist die Bereitstellung von Volumenprimitiven (z.B. Quader, Zylinder, Kegel, Kugel, etc.), die durch mengentheo - retische Operationen verknüpft werden können. Die Methode der CSG zählt zu den

generativen Volumenmodellierungsmetho-
den. CSG-Modellieren liegt ein *Programm*
zur Erzeugung eines Objektes zugrunde (*s.
auch Volumenmodell*).

CT (computed tomography): Angewandte
Bildverarbeitung in der Medizin

Cursor: Markierung auf dem Bildschirm zur
Anzeige der aktuellen Eingabeposition (Posi-
tionsanzeiger). Bei graphischen Bildschirmen wird die Position des Cursors mit
Tablettstift, *Lichtgriffel*, *Rändelschraube*,
Steuerknüppel (*joy stick*) oder *Ballroller*
gesteuert. Ein Cursor zur Festlegung der
aktuellen Eingabeposition kann unterschiedliche Darstellungsformen haben:
- kleines Kreuz,
- Fadenkreuz über den gesamten Bildschirm,
- kurzer Pfeil,
- blinkendes Rechteck von der Größe eines
  Buchstaben,
- Strich von der Breite eines Buchstabens
  unter der Position, an der die nächste Eingabe erfolgt.
Eigner, M.; Maier, H.: Einführung und Anwendung
von CAD-Systemen. München: Hanser 1984

D

Darstellungsattribut: *s. Attribute*

Darstellungselemente: *s. GKS*

Data Definition Language: *s. Datendefinitionssprache*

Data Manipulation Language: *s. Datenmanipulationssprache*

Data Query Language: *s. Datenanfragesprache*

Datei (engl.: file): Menge von Daten, die über einen Namen (Dateinamen) angesprochen werden kann. Der Begriff Datei wird sowohl zur Bezeichnung von Datenmengen wie auch von *Programmen* verwendet, die auf peripheren Speichermedien gespeichert sind. Dateien im Sinne von geordneten Datenmengen enthalten Datensätze, die wiederum formatierte oder unformatierte Dateneinträge besitzen.

Datei, Direktzugriffs-: Datei, die aus einer durchgängig nummerierten Folge von Datensätzen aufgebaut ist. Im Gegensatz zu *sequentiellen Dateien* erlauben Direktzugriffsdateien den direkten Zugriff auf Datensätze durch Angabe der Datensatznummer.

Datei, sequentielle: Datei, die aus einer Folge von Datensätzen aufgebaut ist. Für die Verarbeitung einer sequentiellen Datei ist die Einhaltung der Abarbeitung der Reihenfolge der Datensätze signifikant. Dies bedeutet, daß nicht direkt auf einen bestimmten durch die Satznummer gekennzeichneten Datensatz zugegriffen werden kann, sondern daß die Reihenfolge der Datensätze gelesen werden muß, bis der gewünschte Datensatz erkannt wird.

TYP	ART	BEISPIEL
1	$AT(E) = ?$	Welche Zugfestigkeit besitzt der Werkstoff mit der Standard-nummer 1.6582 ?
2	$AT(?) \; \Theta\,\text{wert}$	Welcher Werkstoff hat eine Streckgrenze, die größer als $370 \, N/mm^2$ ist ?
3	$?(E) \; \Theta\,\text{wert}$	Welche Prüfdicken des Werkstoffes mit der Standardnummer 1.6582 existieren, die größer als 20 mm sind?
4	$?(E) = ?$	Gib alle Informationen des Werkstoffes mit der Standard-nummer 1.6582 aus
5	$AT(?) = ?$	Gib die DIN - Bezeichnungen aller Werkstoffe aus
6	$?(?) \; \Theta\,\text{wert}$	Gib für alle Werkstoffe die Streckgrenze bei einer Prüfdicke an, die größer als 20 mm ist

ERLÄUTERUNG: $E = \text{ENTITY}$
$AT = \text{ATTRIBUT}$ $\Theta = (=, \neq, >, <, \geq, \leq)$

Bild D1. Beispielhafte Anwendung einer Anfragesprache (Quelle: Martin)

Dateiverwaltung (engl.: file management): Teil des *Betriebssystems* und ermöglicht den Zugriff auf die vom Benutzer erstellten Dateien. Zur Dateiverwaltung gehören die Organisation von Dateien, die Zugriffsmethoden und die Steuerung der Dateiein- und ausgabe.

Datenanfragesprache (engl.: data query language, DQL): Die Datenanfragesprache (auch als Suchfragesprache bezeichnet) ist eine Sprachschnittstelle, über die ein Anwen-der durch die Formulierung von Fragestel-lungen Informationsmengen aus einem Datenbanksystem abrufen kann. Datenan-fragesprachen erlauben die Formulierung unterschiedlicher Fragestellungen, wobei nicht nur nach bestimmten Daten, sondern auch nach strukturellen Datenzusammen-hängen gefragt werden kann. Bild D1 zeigt beispielhaft formulierbare Fragestellungen mit einer Anfragesprache.

Datenbank (engl.: data base): Informations-mengen, die nach einem vorgegebenen Schema gespeichert und verwaltet werden. Datenbanken werden hauptsächlich durch

physische und logische Prinzipien der Informationsabbildung gekennzeichnet. Physische
Informationsabbildungsprinzipien beschreiben dabei die Prinzipien der Informationsabbildung auf ein digitales Speichermedium. Die logischen Prinzipien der
Informationsabbildung enthalten das Konzept
und die Regeln zur Bildung der Informationseinheiten (z.B. Elementen, *Attribute*
und Beziehungen zwischen Elementen) und
Struktureinheiten (z.B. hierarchische Struktur) zur Speicherung und Verwaltung von
Informationsmengen.

Datenbanksystem (engl.: data base system):
Softwaresystem zur Speicherung und
Verwaltung von Daten, die nach logischen
und physischen Prinzipien abgebildet
werden. Das Datenbanksystem erfüllt die
Aufgaben der Speicherung, des Wiederfindens, des Aufbereitens und des Auswertens von Daten. Datenbanksysteme bestehen
aus den Komponenten Datenbank (auch als
Datenbasis bezeichnet), Datenbeschreibungssystem, Datenmanipulationssystem, Datenanfragesystem und Datenverwaltungssystem.
Wesentliches Kennzeichen von Datenbanksystemen ist das Datenstrukturmodell.
Unterschieden werden die in Bild D2 gezeigten Datenstrukturmodelle. Die Unterschiede
werden dabei durch verschiedene Datenstrukturschemata geprägt. Prinzipiell wird
zwischen hierarchischen Schemata, netzwerkartigen Schemata und relationalen
Schemata unterschieden. Eigner, M.:
Semantische Datenmodelle als Hilfsmittel der
Informationshandhabung in CAD-Systemen und
deren programmtechnische Realisierung auf
Kleinrechner. Fortschrittsber. Reihe 10 Nr. 5.
Düsseldorf: VDI 1980

Datendefinitionssprache (engl.: data definition language, DDL): Beschreibungssprache
zur Definition des Datenstrukturschemas, das
von einem Datenbanksystem verwaltet werden soll. Mit Hilfe der Datendefinitionssprache kann das Datenstrukturschema beschrieben werden. Damit ist das Datenbanksystem in der Lage, die definierten Datenstrukturen zu verarbeiten und deren Inte

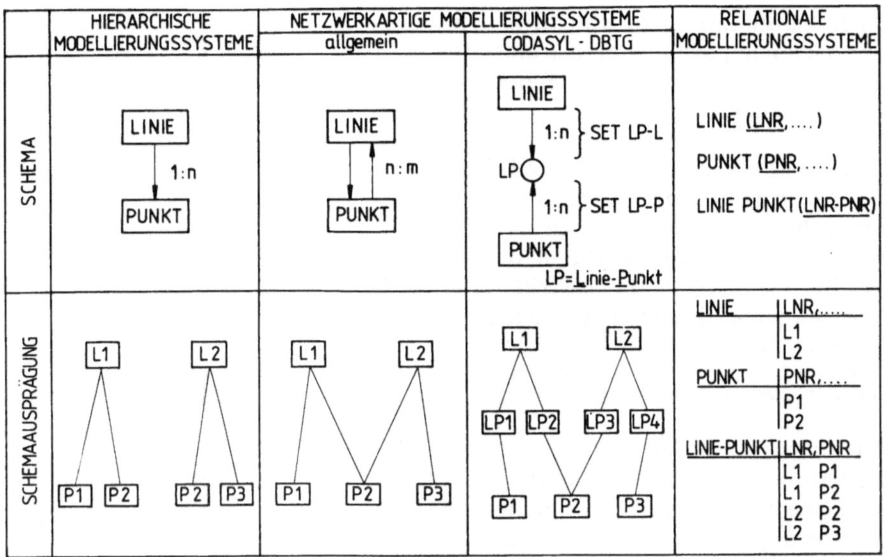

Bild D2. Vergleich von Datenstrukturmodellen

```
RECORD NAME IS KANTE
    KANTEN-NR. TYPE IS INTEGER
    KANTEN-TYP TYPE IS INTEGER
    RADIUS-TYPE IS REAL


RECORD NAME IS PUNKT
    PUNKT-NR. TYPE IS INTEGER
    X-KOORDINATE TYPE IS REAL
    Y-KOORDINATE TYPE IS REAL
    Z-KOORDINATE TYPE IS REAL

RECORD NAME IS RELREC
    PUNKT-ART TYPE IS INTEGER

SET NAME IS PUNKT-DER-KANTE
    OWNER IS KANTE
    MEMBER IS RELREC

SET NAME IS KANTEN-AM-PUNKT
    OWNER IS PUNKT
    MEMBER IS RELREC
```

Bild D3 Auszug einer Datendefinitionssprache (Quelle: Fischer)

grität zu sichern. Bild D3 verdeutlicht auszugsweise die Beschreibung einer Datenstruktur zur rechnerinternen Abbildung geometrischer Daten. Die Beschreibung der Datensätze (Records) legt Elemente (*entities*) und Beziehungen zwischen Elementen (Assoziationen, Relationen) fest, deren struktureller Zusammenhang zu Struktureinheiten (*sets*) führt. Die Schemabeschreibung (s. Bild D4) bezieht sich auf das in Bild D3 skizzierte Datenstrukturschema.

Datenmanipulationssprache (engl.: data manipulation language, DML): Programmschnittstelle, die Datenbankfunktionen bereitstellt, um die im Datenbanksystem strukturiert gespeicherten Daten zu verarbeiten. Die Funktionen zur Manipulation der gespeicherten Daten umfassen HOLEN (GET), EINFÜGEN (INSERT), LÖSCHEN (DELETE) und ÄNDERN (MODIFY). Kombiniert mit den elementaren Einheiten des Datenstrukturmodells, das ein Datenbanksystem unterstützt, bilden die Manipulationsfunktionen die Programmschnittstelle der

Datenmanipulationssprache. Bild D5 zeigt die Datenmanipulationssprache eines *Daten - banksystems*, das netzwerkorientierte Daten - strukturmodelle unterstützt.

Datenstruktur, assoziative: Eine Datenstruk - tur, die so aufgebaut ist, daß bei Änderung von Schlüsseldaten die damit verzeigerten, assoziativ gekoppelten Daten mitgeändert werden können. So bewirkt z.B. die Änderung einer Kantenlänge gleichzeitig die Änderung des Maßbildes. Eigner, M.; Maier, H.: Einführung und Anwendung von CAD-Systemen. München: Hanser 1984

Datenträger: Medien zur Speicherung, Sicherung und zum Transport von Daten. Typische Datenträger zur digitalen Daten - speicherung sind Lochkarten, Lochstreifen, Magnetbänder, Magnetplatten, Disketten, Kassetten, Bildplatten, etc.. Wesentliche Merkmale von Datenträgern, die für die Anwendung von Bedeutung sind, umfassen
- die Speicherkapazität,
- die Speicherdichte,
- die Speicherungsform (zum sequentiellen oder Direktzugriff),
- die Zugriffszeit und
- die Zerstörungsanfälligkeit.

Datenträger dienen neben der Speicherung von Daten auch zur Speicherung von *Pro - grammen*.

DDL: *s. Data Definition Language*

Default (unausgenützt): Der Begriff Default kennzeichnet, daß die Möglichkeit einer

Bild D4. Schemabeschreibung einer Datendefinitionssprache (Quelle: Fischer)

Einfügen (Insert)	Löschen (Delete)	Ändern (Modify)	Holen (Get)
CALL ADDDAT	CALL LOSDAT	CALL AENDAT	CALL HOLDAT
CALL ADDELE	CALL LOSELE		CALL HOLELE
CALL ADDKEN	CALL LOSKEN		CALL HOLBEN
CALL ADDREL	CALL LOSREL		CALL HOLREL
			CALL HOLKET
			CALL HOLSYS

Bild D5. Datenmanipula-tionssprache eines Da-tenbanksystems

DAT = Elementdaten; ELE = Elementklassen; KEN = Kennung; REL = Beziehung zwischen Elementen; KET = Kettung; BEN = Benutzernamen; SYS = Systemname

Variablenbesetzung nicht ausgenützt wurde. EDV-technisch bedeutet dies, daß in Systemen variable Parameter durch Vor- einstellungen mit Werten besetzt werden, die dann, wenn keine weitere Wertzuweisung erfolgt, zur Ausführung verwendet werden.

Defaultzeile: *s. auch Benutzerschnittstelle/- oberfläche; unter einer Defaultzeile wird die Vorbesetzung einer Kommandozeile verstanden. In der Defaultzeile erscheint jeweils der Operator, der Operand und das Kennzeichen des letzten vollständig eingege- benen Kommandos, d.h. daß diese Komman- doelemente für das nächste Kommando voreingestellt sind, es sei denn, sie werden überschrieben.*

Dialog: Ein Kommunikationsverfahren, bei dem zwischen den Kommunikationspartnern Informationen alternierend ausgetauscht werden. In Abhängigkeit von der Dialogart wird zwischen graphisch-*interaktivem* und *alphanumerischem Dialog* unterschieden.

Diameter dimension: Durchmessermaß

Differenzfläche: Ergebnis, das durch Bil- dung der Differenzmenge aus zwei Flächen resultiert.

Gegeben: Flächen A und B
             Differenzfläche: $D = A - B$

A und B werden als Punktmengen aufgefaßt. Die Differenzfläche besteht (gemäß mengen- theoretischer Konvention) aus allen Punkten, die in A liegen aber nicht in B zuzüglich der Randpunkte von B (s. Bild D6).
Das bedeutet, daß die Differenzfläche D eine abgeschlossene Menge ist und ihre Rand- punkte enthält (vgl. Mengenoperation: Differenz). Differenzflächen können aus der Flächenverknüpfung erzeugt werden und können wie folgt berechnet werden:
Von der zu subtrahierenden Fläche B wird die Komplementfläche $-B$ gebildet. Durch eine anschließende Schnittflächenbildung von A und $-B$ entsteht die Differenzfläche.

$$D = A \cap -B$$

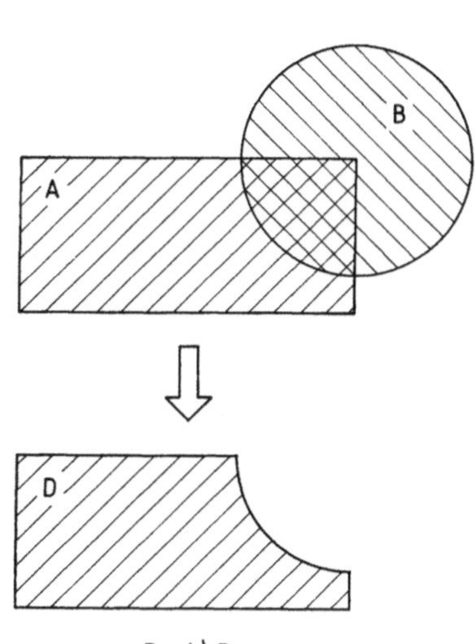

Bild D6. Differenzfläche

Digital (lat.: digitus, dt.: der Finger): Darstellung des Wertes einer physikalischen Größe in diskreten Schritten (*vgl. Analog*).

Digitalisieren: allg.: Umwandlung von analogen Darstellungen (Signalen) in digitale Darstellungen (Signale). (*s. auch Analog, Digital*).

automatisch ~: Sollen *technische Zeichnungen* in einen Digitalrechner (*s. Computer*) übertragen werden, so kann dies automatisch mit einem sog. *Scanner* erfolgen. Dieses Gerät arbeitet so, daß die komplette Zeichnung von einer Kamera abgetastet wird, von einem sog. Raster-*Preprozessor digitalisiert* und anschließend mit *Algorithmen* in eine interne Darstellung umgewandelt wird. Zum Ändern der Zeichnung können einzelne Vektoren (z.B. Strecken) zwar angesprochen werden, aber bestehende Abhängigkeiten (z.B. senkrecht aufeinander stehen, Mittellinie sein, etc.) sind nicht erfaßbar.

manuell ~: Beim manuellen Digitalisieren wird eine Zeichnung oder Skizze elementweise *digital* erfaßt.

Digitalisierer: Koordinatenerfassungsgerät für die Eingabe *technischer Zeichnungen*. Zum Einlesen von Zeichnungen in *CAD-Systeme* werden Digitalisier-Geräte (Digitalisierer, Digitzer) benutzt, die aus einer Digitalisierfläche und einer Koordinaten- und Funktionseingabeeinrichtung, die meist ein Fadenkreuz besitzt, bestehen. Eigner, M.; Maier, H.: Einführung und Anwendung von CAD-Systemen. München: Hanser 1984

Digitalisiertablett: Das Digitalisiertablett besteht aus einer ebenen Platte, auf der ein Stift oder Puck bewegt wird. Am Stift oder auf dem Puck können Schalter angebracht sein, mit denen das *interaktive* Arbeiten unterstützt wird. Mit Hilfe des Digitalisiertabletts wird die Lage eines Punktes auf der Tablettoberfläche in *digitale* Signale umgesetzt. Durch eine Korrelation von Tablettoberfläche und Darstellungsfläche am Bildschirm bewirkt die Bewegung des Stiftes/ Pucks eine Bewegung des Cursors auf dem Bildschirm. *Kommandos*/Befehle oder Tasta - turbelegungen können Bereichen des *Tabletts* zugeordnet werden. Ein Befehl wird dann dadurch ausgelöst, daß der Stift/Puck über der gewünschten Stelle positioniert und das Digitalisiersignal ausgelöst wird (tippen, Schalter betätigen). Um Kommandos über ein Digitalisiertablett auslösen zu können, müssen die Kommandoelemente (*Opera - toren, Operanden, Kennzeichen, Spezifika - tionen*) auf diesem verfügbar sein. Diese Abbildung von Kommandoelementen erfolgt in zwei Stufen:

- Graphische Abbildung von Kommando - elementen. Dies erfolgt durch Zeichnen der Kommandoelemente auf Papier oder Folie, die das gleiche Format besitzen wie die Digitalisierfläche des Digitalisier - tabletts. Das Ergebnis der Abbildung von Kommandoelementen auf Papier oder Folie wird Menü genannt (s. Bild D7).
- DV-technische Abbildung von Komman - doelementen. Nach Erstellen des Menüs ist es erforderlich, die abgebildeten Kom - mandoelemente in das Softwaresystem einzubetten. Dies bedeutet, daß eine Refe - renz zwischen der Position eines Kom - mandoelementes auf dem Digitalisier - tablett und dem Kommandoelement in der Kommunikationssoftware aufgebaut wer - den muß. Dies erfolgt meist durch Eintrag der Kommandoelementposition in Kom - mandoelementtabellen.

Dimension, linear: Längenmaß

Dimension, ordinate: Bezugsmaß

Dimension, point: Koordinatenmaß

Dimension, radius: Radienmaß

DIN-Normen: Deutsche Normen sind im DIN, Deutsches Institut für Normung e.V., festgelegt und mit dem Zeichen DIN gekennzeichnet. DIN-Normen stehen jeder - mann zur Anwendung zur Verfügung. Sie

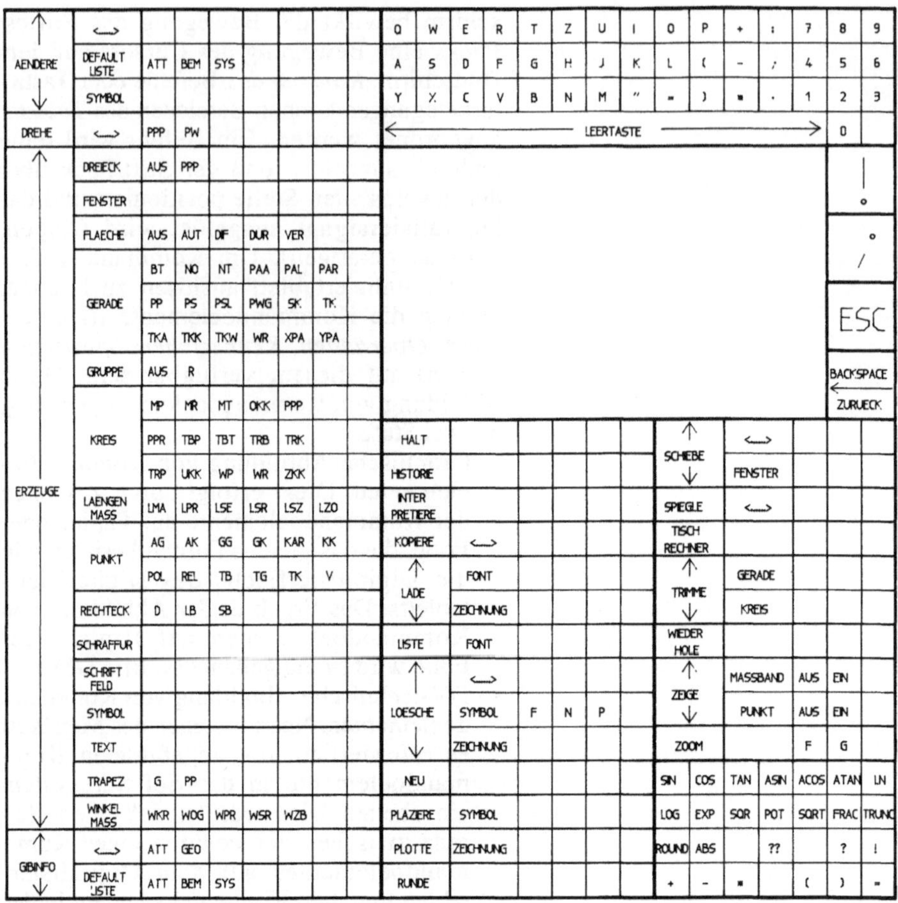

Bild D7. Abbildung von Kommandoelementen auf einem Digitalisier-Tablett (Beispiel aus SIS CAD-M)

haben den Charakter verbindlicher Richtlinien und sind als anerkannte Regeln in der Industrie eingeführt. Neben den DIN-Normen gibt es die DIN-EN-Normen und die DIN-ISO-Normen. Eine DIN-EN-Norm ist eine Europäische Norm, deren Deutsche Fassung als deutsche Norm gilt. Eine DIN-ISO-Norm ist eine Norm der *ISO*, der Internationalen Vereinigung der nationalen Normungsinstitute, deren deutsche Fassung als Deutsche Norm gilt. Die vom Deutschen Institut für Normung herausgegebenen Zeichnungsnormen bilden ein umfangreiches Regelwerk für *technische Zeichnungen*. Anbei ein Auszug aus denjenigen DIN-Normen, die im Rahmen von *CAD-Systemen* zu berücksichtigen sind.

DIN 6:	Darstellungen in Zeichnungen; Ansichten, Schnitte, besondere Darstellungen
DIN 15:	Linien in Zeichnungen (*Linienart, Linienbreite*)
DIN 199:	*Technische Zeichnungen,* deren Benennung
DIN 201:	*Schraffuren* und Farben zur Kennzeichnung von Werk - stoffen
DIN 406:	*Maßeintragung in Zeichnungen*
DIN 461:	Graphische Darstellung in Koordinatensystemen
DIN 476:	Papier-Endformate
DIN 823:	*Technische Zeichnungen, Blattgrößen*
DIN 824:	*Technische Zeichnungen,* Faltung auf *Ablageformat*
DIN 3141:	*Oberflächenzeichen* in Zeich - nungen; Zuordnung der Rauhtiefen
DIN 5478:	Maßstäbe in graphischen Darstellungen
DIN 6771:	Schriftfelder für Zeich - nungen, Pläne und Listen
DIN 6774 T10:	Ausführungsregeln für rechnerunterstützte erstellte Zeichnungen (Technische Zeichnungen)
DIN 19239:	Messen, Steuern, Regeln; Steuerungstechnik, Speicher - programmierte Steuerungen, Programmierung
DIN 32830V:	Gestaltungsregeln für graphische Symbole
DIN 32866:	Testzeichnungen zur Beur - teilung von numerisch ge - steuerten Zeichenmaschinen
DIN 40700:	Schaltzeichen der Elektro - technik
DIN 40719:	Schaltungsunterlagen
DIN 43655:	Doppel-Logarithmenpapiere mit Achsenteilung 2:1
DIN 45408:	Logarithmenpapier für Fre - quenzkurven im Hörbereich

DIN 45409:	Akustik; Polarkoordinatenpapiere
DIN 66025:	*s. NC-Steuerinformation*
DIN 66027:	*FORTRAN*
DIN 66215:	*CLDATA*
DIN 66233:	Bildschirmarbeitsplätze, Begriffe
DIN 66234:	Bildschirmarbeitsplätze, Geometrische Gestaltung der Schriftzeichen
DIN 66239:	Kennsätze und Dateianordnung auf Disketten für den Datenaustausch
DIN 66244 Beiblatt 1:	Synchrone Übertragung und Verbindungssteuerungsverfahren bei Leitungsvermittlung
DIN 66252:	Graphisches Kernsystem *GKS*
DIN 66256:	PASCAL
DIN 66259 T1:	Elektrische Eigenschaften der Schnittstellenleitungen; Doppelstrom, unsymmetrisch bis zu 20 KBit/s
DIN 66259 T2:	Elektrische Eigenschaften der Schnittstellenleitungen; Doppelstrom, unsymmetrisch bis 100 KBit/s
DIN 66260:	Informationsverarbeitung; Hierarchisch strukturierter Programmablauf für die Verarbeitung von Dateien nach Satzgruppen
DIN 66263:	Informationsverarbeitung; Bearbeitungsfunktion für linear geordnete Datenbestände
DIN 66293 T1:	Graphische Systeme der Informationsverarbeitung; Datei für die Speicherung und Übertragung von Bildinformation; Funktionale Beschreibung. Identisch mit ISO/DP 8632/1
DIN 66293 T2:	Graphische Systeme der

Informationsverarbeitung; Datei für die Speicherung und Übertragung von Bildinformation; Codierung von Bildern mit Zeichen. Identisch mit ISO/DP 8632/2

DIN 66293
T3: Graphische Systeme der Informationsverarbeitung; Datei für die Speicherung und Übertragung von Bildinformation; Codierung von Bildern mit Binärzeichen. Identisch mit ISO/DP 8632/3

DIN 66293
T4: Graphische Systeme der Informationsverarbeitung; Datei für die Speicherung und Übertragung von Bildinformation; Codierung von Bildern mit Text. Identisch mit ISO/DP 8632/4

DIN 66301: Rechnerunterstütztes Konstruieren; Format zum Austausch geometrischer Informationen (*s. auch VDA-FS*)

DIN ISO 2553: Schweißnahtdarstellung

DIN ISO 3461: Rules for the presentation of graphical symbols

DIN ISO 6433:*Technische Zeichnungen, Positionsnummern*

DIN ISO 7942: *GKS*

s. auch: *VDI-Richtlinien* und *ISO*

Display (dt.: Bildschirm): Der englische Begriff "display" wird mit der Bedeutung Anzeigefeld und Bildschirm gebraucht. Display im Sinne eines Anzeigefeldes bezeichnet einen Darstellungsbereich als Teil eines elektronischen Gerätes zur Ausgabe von *alphanumerischen* Daten. Display im Sinne eines Bildschirmes bezeichnet ein Gerät zur Ausgabe von graphischen Darstellungen.

Display-Buffer-Memory (dt.: Bildspeichereinheit): Interne Speichereinheit eines graphischen Bildschirmgerätes, in dem die Bilddaten zur graphischen Ausgabe ge speichert werden. Die Bildspeichereinheit wird benötigt, um die Bilddaten ständig zu lesen und auf den Bildschirm schnell (60 mal pro s) auszugeben.

Displaygenerator: Hardwareeinheit zum Aufbau von Vektoren, Buchstaben, Ziffern und/oder Sonderzeichen auf bildwiederholenden Bildschirmen (*s. auch Bildwiederhol - speicher*).

Display-Liste (Display-File): In der Display-Liste werden alle darzustellenden Vektoren gespeichert. Sie wird in einem reservierten Speicherbereich des Rechners geführt oder liegt direkt im CAD-Arbeitsplatz, sofern der Arbeitsplatz mit Rechnerkapazität ausge - rüstet ist.

DML: *s. data manipulation language*

DQL: *s. data query language*

Drahtmodell: *(s. auch Kantenmodell)* Art der Abbildung technischer Objekte in einer *rechnerinternen Darstellung*. Drahtmodelle sind dadurch gekennzeichnet, daß alle Kanten eines Objektes beschrieben werden. Bei der 2-dimensionalen Darstellung des Objektes in einer Ansicht werden alle Kanten in die Ansichtsebene projiziert. Der *CAD*-Anwender muß Sichtkanten *interaktiv* ergänzen, verdeckte Kanten identifizieren und inter - aktiv ausblenden (s. Bild D8).

Drawing: Zeichnungselement (Anordnung von Ansichten und Schnitten auf einer Zeich - nung).

Drehung (Rotation): Die Drehung repräsen - tiert eine Funktion zur kreisförmigen Bewegung von Objekten um einen Punkt (*2-D*-Drehung) oder eine Achse (*3-D*-Dre - hung). Zur Drehung von Objekten in der Ebene (2-D-Drehung) gilt die folgende Transformationsgleichung:

$$x' = x \cdot \cos(\alpha) - y \cdot \sin(\alpha)$$
$$y' = x \cdot \sin(\alpha) + y \cdot \cos(\alpha)$$

3 D-Drahtmodell	interaktives Einfügen von Sichtkanten	interaktives Ausblenden verdeckter Kanten
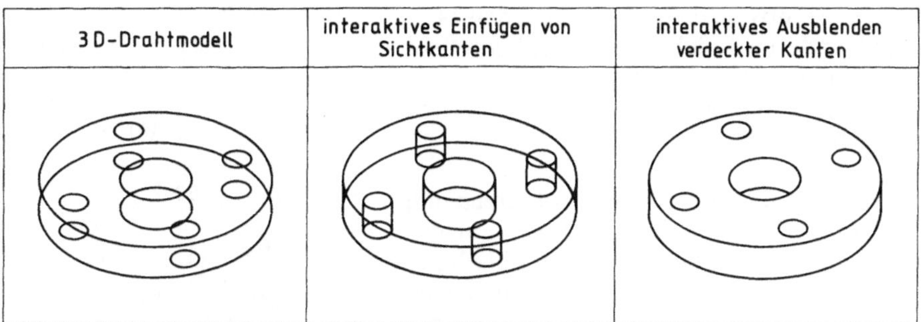		

Bild D8. Erstellung einer perspektivischen Ansicht mit einem Drahtmodell

Die Objekttransformation kann von zwei Gesichtspunkten aus betrachtet werden:
- dem aktiven oder "alibi" Aspekt, von dem aus jeder Punkt (x, y) in eine neue Lage (x', y') übergeführt, d.h. gedreht wird,
- und dem passiven oder "alias" Aspekt, von dem aus der Punkt, der früher (x,y) hieß, neu als (x', y') bezeichnet wird. Den letzteren Aspekt verwendet man, um die Gleichung von Kurven zu vereinfachen.

Drehung, elliptisch: läßt jede Ellipse unver-ändert und ist periodisch. Coxeter, H.S.M.: Unvergängliche Geometrie. Basel: Birkhäuser 1981

Drehung, hyperbolisch: bildet jeden Ast einer Hyperbel auf sich selbst ab. Coxeter, H. S.M.: Unvergängliche Geometrie. Basel: Birkhäuser 1981

Drehung, parabolisch: läßt bestimmte Para-beln invariant. Coxeter, H.S.M.: Unvergängliche Geometrie. Basel: Birkhäuser 1981

Drehung, verschränkt hyperbolisch: ver-tauscht die beiden Hyperbeläste. Coxeter, H.S.M.: Unvergängliche Geometrie. Basel: Birkhäuser 1981

Dreieck: Ein Dreieck ist ein durch drei Punkte geschlossener Streckenzug. In Systemen, die ebene Flächenprimitive verarbeiten können, stellt das Dreieck ein *Flächenelement* dar (Elementarobjekt der Dimension 2). Merkmale des Dreiecks als

Flächenprimitiv sind die Tatsachen, daß es
- mit anderen Flächen mengentheoretisch verknüpft werden kann und
- Umlaufsinn, Begrenzungslinien sowie Flächeninhalt bekannt sind.

Dreieckserzeugung: Die Dreieckserzeugung stellt eine Funktion im *CAD-System* dar, durch die Dreiecke nach verschiedenen Konstruktionsverfahren beschrieben werden können. Im einfachsten Fall werden drei Punkte, die Eckpunkte des Dreiecks, ein- gegeben. In weiteren Konstruktionsver- fahren werden durch die Belegung einer Auswahlmenge folgende Eingabedaten fest- gelegt (s. Bild D9):

Eingabedaten:	*Bedeutung:*
P1, P2, P3	*Festlegung der Eckpunkte P1,P2,P3;*
G1, G2, G3	*Festlegung von Eckpunkten auf Geraden (unendliche);*
K1,K2,K3	*Festlegung von Eckpunkten auf Kreislinien; jedem Eckpunkt sind maximal zwei Kreise zuzuordnen;*
GS1, GS2, GS3	*Festlegung von Dreiecksseiten auf Geraden (unendliche);*
L1, L2, L3	*Festlegung von Seitenlängen;*
WI1, WI2, WI3	*Festlegung von Dreieckswinkeln.*

Drucker: Peripheres Ausgabegerät zur Aus- gabe von Texten. Drucker können nach ihrem physikalen Arbeitsprinzip in

ERZEUGE DREIECK AUS SWi !
(SWi = P1; P2; P3; G1; G2; G3;
K1; K2; K3; L1; L2; L3;
GS1; GS2; GS3;
WI1; WI2; WI3)

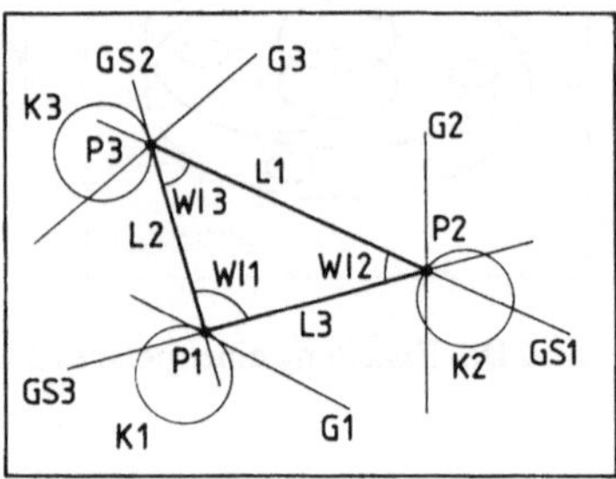

Bild D9. Dreieckskonstruktion durch Angabe einer Auswahlmenge (SWi). Es müssen nur soviele Daten ein- gegeben werden, bis ein Dreieck konstruierbar ist (Beispiel aus SIS CAD-M).

- mechanische Drucker mit
    - Typenträger (Kugelkopf, Typenrad, Walze, Kette, etc.),
    - Matrixdruckereinrichtung (Rasterdrucker),
- *Laserdrucker*,
- *Tintenstrahldrucker* und
- Thermodrucker

unterschieden werden. Moderne Drucker - technologien (*Matrixdrucker* und Laserdrucker) bieten zunehmend Fähigkeiten an, neben der Ausgabe von Texten auch graphische Ausgaben zu unterstützen.

Durchmesserzeichen: Symbol der Kreis - form: Ø (s. auch DIN 6776 T1).

E

EARN (european academic and research network): Rechnernetz zur Kommunikation zwischen Universitäten und wissenschaftlichen Forschungseinrichtungen. Jedes an EARN angeschlossene Land verfügt über einen zentralen Rechner, der zentrale Dienste bereitstellt und die Verbindungen zu den Netzen in anderen europäischen Ländern und den USA verfügbar macht. N.N.: Was ist EARN. IBM 1984 EARN-Pocket Reference Summary aus DFN-Mitteilungen 5. Juli 1986

Ebenentechnik (engl.: *layer, class, level*): Aufteilung einer graphischen Objektdarstellung in Schichten zur Strukturierung der dargestellten Informationsmenge. Die Ebenentechnik erlaubt die Trennung z.B. in die Bauteilkonturen, das *Maßbild*, Texte, *NC*-Verfahrwege usw.. Einzelne Ebenen sind ein- und ausblendbar. *CAD-Systeme* stellen eine bestimmte Anzahl von Ebenen zur Verfügung (die Anzahl ist je nach System unterschiedlich und kann von einigen wenigen bis zu mehr als 1000 reichen), die getrennt mit beliebigen graphischen oder textuellen Elementen belegt werden können. Die Ebenentechnik ist vergleichbar mit der Abbildung von Teilmengen eines technischen Objektes auf mehreren Folien, die übereinandergelegt die *technische Zeichnung* des Objektes ergeben (s. Bild E1).
Diese "Ebenen" können getrennt oder in bestimmter Anzahl oder Reihenfolge auf dem Bildschirm sichtbar gemacht werden. So kann z.B. jedes Einzelteil einer Gruppe auf einer Ebene gezeichnet und durch Kopieren der Ebenen die Zusammenbauzeichnung erstellt werden. Die Ebenen dienen aber auch dazu, um wahlweise deutsche und ausländische Texte einer Zeichnung auf verschiedenen Ebenen zu verwalten. Eigner, M.; Maier, H.: Einführung und Anwendung von CAD-Systemen. München: Hanser 1984. Obermann, K.: CAD/CAM Handbuch '83. CAD/CAM Verlag für Computergrafik

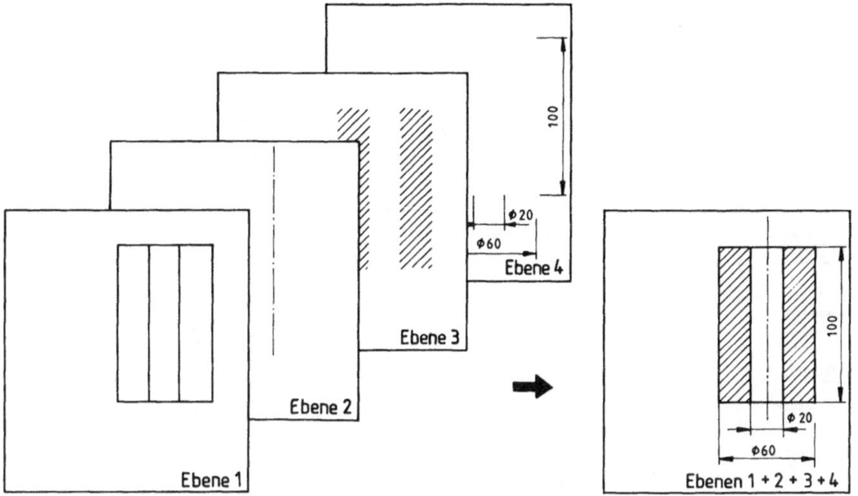

Bild E1. Erstellung von technischen Zeichnungen mit Hilfe der Ebenentechnik

Echtzeit (Real Time): Betriebsweise eines Rechners. Die "Echtzeit" ist dadurch gekennzeichnet, daß die zur Aufgaben - bearbeitung erforderlichen *Programme* ständig betriebsbereit geladen im *Arbeits - speicher* des Rechners bereitstehen. Echt - zeitverarbeitung ist die Voraussetzung für eine graphisch-interaktive Kommunikations - technik. Der Echtzeitbetrieb ist erforderlich, wenn schnelle Reaktion vom System auf äußere Einflüsse (*interaktiver Dialog*, Pro - zeßsteuerung) erfolgen soll. Eigner, M.; Maier, H.: Einführung und Anwendung von CAD-Systemen. München: Hanser 1984

Editor: Dienstprogramm zur Erstellung und Aufbereitung von *Dateien*. Der Editor stellt Operationen bereit, die es erlauben, Dateien zu erstellen und Dateiinhalte zu manipulieren (z.B. ändern, löschen, ergänzen, etc.). Edi - toren werden hauptsächlich zur dialog - orientierten Programmerstellung eingesetzt. Die Programmerstellung mit Hilfe eines Editors führt zu einem in einer Datei gespeicherten Programm.

EDV: Abkürzung für elektronische Daten - verarbeitung.

Eingabegerät \ Eingabeart	Lokalisierungs-eingabe	Werteeingabe	Auswahl-eingabe	Identifizierungs-eingabe	Texteingabe	Punktfolge-eingabe
Maus mit Menüfeld auf dem Bildschirm	●		●	●		●
Tastatur		●	●		●	
Menütablett	●	◐	●	●	●	●
Mikrofon	●	●		●	●	

● möglich   ◐ bedingt möglich

Bild E2. Eingabearten und Eingabegeräte für CAD-Systeme

Eingabearbeitsplatz: *s. GKS*

Eingabeart: Die Eingabeart kennzeichnet die Daten, die das *CAD-System* vom Benutzer erwartet. Im Rahmen des graphischen Kern - systems (*GKS*) wurde die Eingabeart mit Eingabeklasse bezeichnet und unterteilt in Lokalisierungs-, Werte-, Auswahl-, Identifi - zierungs-, Text- und Punktfolgeeingabe. Diese grundsätzlichen Eingabearten können unterschiedlichen *Eingabegeräten* zugeord - net werden (s. Bild E2).
Eingabemöglichkeiten sind beispielsweise:
- *Angabe von Namen, die für bestimmte Elemente bereits vergeben wurden. Die Namen können bei der Erzeugung der Elemente optional (mit Schlüsselwort) vergeben werden und aus einer beliebigen Buchstaben- und Ziffernkombination be - stehen.*
  Beispiel:
  ERZEUGE GERADE PP P1; P2!
- *Anpicken/Identifizieren von sichtbaren Elementen. Hierfür soll im folgenden jeweils der Ausdruck <DIG> verwendet werden.*
  Beispiel:
  ERZEUGE GERADE PP <DIG>;
  <DIG>!

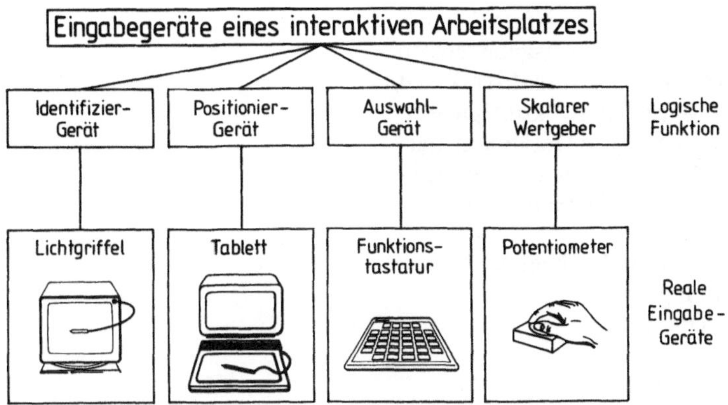

Bild E3. Logische Funktionen für Eingabegeräte von CAD-Systemen

- *Angabe der Elementnummer; wenn jedes Element rechnerintern mit einer Nummer abgespeichert ist, kann auch die Nummer zur Identifizierung herangezogen werden. Die Nummer wird bei der Erzeugung des Elements angezeigt oder kann mit dem Kommando: GIBINFO GERADE GEO <DIG>! erfragt werden.*
Beispiel:
ERZEUGE GERADE PP 17;18!
- *Angabe von Koordinatenwerten; da immer in einem Koordinatensystem gear - beitet wird, können Punkte in kartesischen Koordinaten durch ihren X- und Y-Wert eingegeben werden.*
Beispiel:
ERZEUGE GERADE PP 20,20;30,30!

Seiler, W.: Technische Modellierungs- und Kommunikationsverfahren für das Konzipieren und Gestalten auf der Basis der Modell-Integration. Fort - schrittsber. Reihe 10, Nr. 49. Düsseldorf: VDI 1985

Eingabegeräte (input device): Eingabegeräte sind periphere Geräte, über die der Benutzer Informationen in ein *CAD-System* eingeben kann. Eingabegeräte können nach den logischen Eingabefunktionen in Anlehnung an *GKS* den Eingabearten zugeordnet werden (s. Bild E3).
Neben diesen Eingabegeräten, die haupt - sächlich zur Eingabe graphischer Informa - tionen eingesetzt werden, dienen Tastaturen zur Eingabe von Texten. Verschiedene

Eingabegeräte, z.B. *Tastatur, Digitalisier-tablett* und *Maus* werden mit Ausgabegeräten (graphisch-interaktiver Bildschirm) zu einem sog. CAD-Arbeitsplatz konfiguriert. Er stellt dann eine integrierte Gerätekonfiguration zur graphisch-interaktiven Kommunikation dar. Typische Eingabegeräte sind:
- *Lichtgriffel* (light pen),
- *Rändelschrauben* (thumb wheels),
- *Rollkugel* (tracking ball),
- Steuerknüppel (*joy stick*),
- *Maus* (mouse),
- Funktionstastatur (function keybord) (*s. auch Funktionstasten*),
- alphanumerische *Tastatur* (keybord),
- Eingabetablett (tablet) (*s. auch Tablett*).

Um bei der graphischen Eingabe eine Abhängigkeit zwischen den einzugebenden Daten und der Reaktion am Bildschirm ständig sichtbar darzustellen, wird analog zur Bewegung von graphischen Eingabegeräten ein Echo am Bildschirm mitbewegt. Dieses Echo kann ein Fadenkreuz oder ein Cursor sein. Das Fadenkreuz oder der Cursor wird dann mit dem Steuerknüppel (joy stick), der Rollkugel (Ballroller) oder der Maus (mouse) gesteuert. Zur Markierung einer Position wird jeweils eine Taste des Eingabegerätes gedrückt. Die angefahrenen x-, y-Werte werden dadurch vom Rechner registriert, interpretiert und die entsprechenden Aktionen ausgeführt.

Einzelteil: Teil, das nicht zerstörungsfrei zerlegt werden kann (s. auch DIN 199 T2).

Elementarfläche, ebene: Eine berandete ebene Fläche, die durch genau einen geschlossenen Linienzug definiert ist.

Elementarobjekt: Elementarobjekte stellen im *CAD-System* Grundeinheiten dar, die nicht ohne Verlust ihrer (meist mathematischen) Bedeutung weiter zerlegt werden können. Manipulationsfunktionen wirken stets auf Elementarobjekte. Bei Manipulation komplexer Objekte werden die Manipulationsfunktionen intern auf die Elementarobjekte zurückgeführt. Jede mit dem CAD-System erzeugte graphische Darstellung ist aus Elementarobjekten aufgebaut. Die Elementarobjekte werden nach ihrer Dimension (Ausdehnung) unterschieden. Die Ausdehung bzw. Dimension von Elementarobjekten wird durch die Mindestanzahl der notwendigen Parameter zu ihrer Beschreibung bestimmt. Unterschieden werden die folgenden Elementarobjekte:

Dimension 0:
- Punkt

Dimension 1:
- Gerade,
  (endlich langes Geradenelement
  (Strecke), einseitig unendlich lange
  Gerade, beidseitig unendlich lange
  Gerade)
- Kreisbogen,
- Kreislinie.

Dimension 2:
(Planimetrische Elementarobjekte)
- *Rechteck,*
- *Dreieck,*
- Kreisfläche,
- *n-Eck,*
- *Trapez.*

Ellipse: Die Ellipse ist eine der Kegelschnittkurven. Mathematisch ist sie beschrieben als geometrischer Ort aller Punkte einer Ebene, für die die Summe der Abstände von zwei festen Punkten dieser Ebene gleich ist. Aus dieser Definition läßt sich die Mittelpunktsgleichung der Ellipse herleiten. Sie lautet: (s. Bild E4).

Mit Hilfe konzentrischer Kreise über der großen und kleinen Ellipsenachse ist eine Ellipsenkonstruktion möglich, sofern Punkte auf der Ellipsenperipherie konstruiert werden sollen (s. Bild E5).

Beweis: (s. Bild E6).

Emulator: Der Begriff Emulator bezeichnet die Menge aller Mikroprogramme für die interpretative Implementierung des Operationsprinzips einer Rechnerarchitektur. Programm, durch das ein Rechner ein anderes System nachahmen kann, wodurch ver-

$$\frac{x^2}{a^2} + \frac{y^2}{b^2} = 1$$

Bild E4. Mittelpunktsgleichung

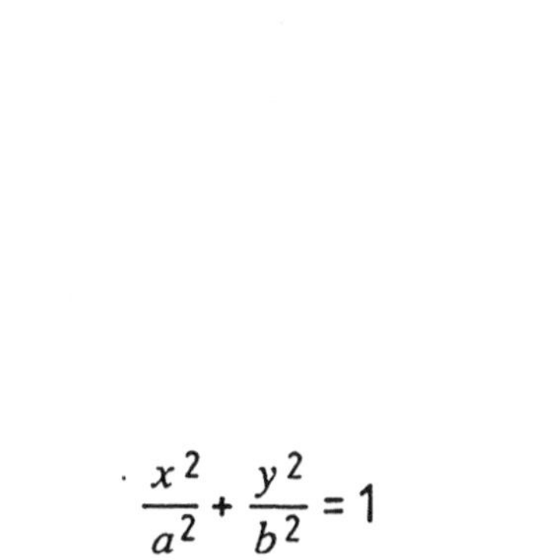

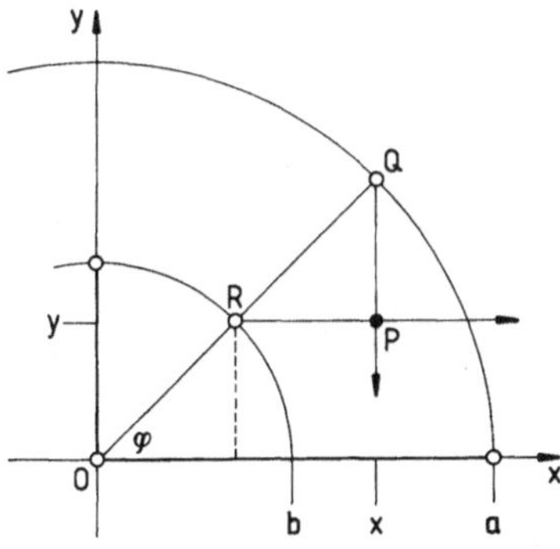

Bild E5. Ellipsenkonstruktion mit Hilfe konzentrischer Kreise

$x = \overline{OQ} \cos\varphi = a \cos\varphi$
$y = \overline{OR} \sin\varphi = b \sin\varphi$

d.h.

$\frac{x}{a} = \cos\varphi$

$\frac{y}{b} = \sin\varphi$ oder $\frac{x^2}{a^2} + \frac{y^2}{b^2} = 1$

Bild E6.

schiedene Rechner gleiche Programme und Daten verarbeiten können . Eigner, M.; Maier H.: Einstieg in CAD. Hanser 1985. Schneider, H.-J.: Lexikon der Informatik und Datenverarbeitung. Oldenbourg 1983

Enthalten sein: Enthalten sein kennzeichnet die Zugehörigkeit eines Informationsele-ments zu einer Informationsmenge.

Um die geometrische Struktur einer Zeich-nung eindeutig bestimmen zu können, muß es möglich sein, festzustellen, ob ein Elementar-objekt der Dimension 0, 1 oder 2 oder ob eine beliebige *Fläche* innerhalb, teilweise innerhalb oder außerhalb eines Objektes der Dimension 1 oder 2 liegt (s. Bild E7).

Das Problem, ob ein Punkt in einer Fläche enthalten ist, kann durch folgenden Algo-rithmus gelöst werden:

Voraussetzung: Die Fläche darf nur aus geschlossenen Linienzügen bestehen. Der äußerste Linienzug stellt die Berandung der Fläche dar. Ineinanderliegende Linienzüge bilden abwechselnd die Begrenzung einer Fläche bzw. die einer Aussparung. Teilflä-chen dürfen sich nicht überlappen.

Algorithmus:
- Durch den zu untersuchenden Punkt wird ein Strahl gelegt.
- Es werden die Schnittpunkte zwischen dem Strahl und sämtlichen Elementar-objekten der Dimension 1 der Fläche berechnet.
- Die Lage des Punktes läßt sich aus der Anzahl dieser Schnittpunkte ermitteln:
  - gerade Anzahl:
    Der Punkt liegt außerhalb der Fläche.
  - ungerade Anzahl:
    Der Punkt ist in der Fläche enthalten (s. Bild E8).

Entity: Elementarobjekt einer strukturierten Informationsmenge. Ähnliche Elementarob-jekte können zu sog. Entityklassen zusam-mengefaßt werden. Entities können durch Beziehungen untereinander verknüpft sein.

Entity label display: Darstellung der Ele-mentbezeichnung.

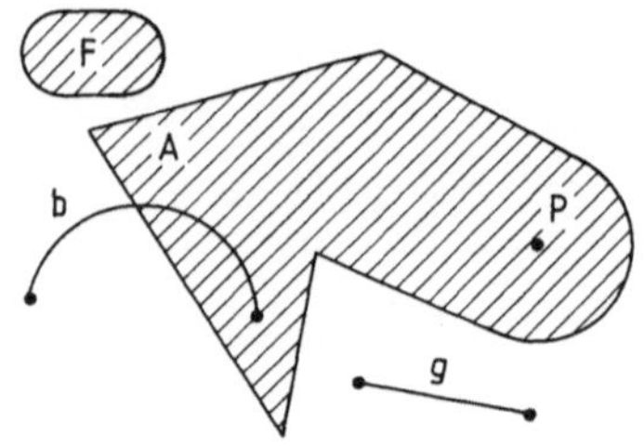

P liegt innerhalb von A
g liegt außerhalb von A
b liegt teilweise in A
F liegt außerhalb von A

Bild E7. Lagebestimmung des Punktes P, der Geraden g, des Bo-gens b und der Fläche F

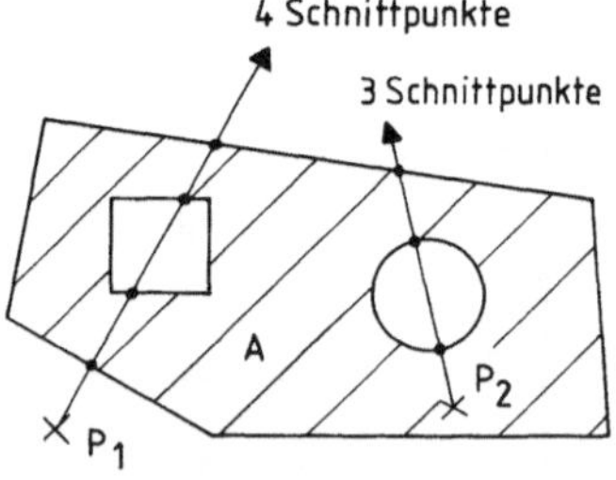

Bild E8. Lage der Punkte P1 und P2 gegenüber der Fläche A

Entspiegelung: Verfahren zur Vermeidung von Spiegelungseffekten an Bildschirmen. Folgende Verfahren werden zur Entspiegelung eingesetzt:
- Kontrastscheiben: Kontrastscheiben bestehen aus polarisierenden Scheiben, die eine Abdunklung bewirken. Da das Licht die Scheibe zweimal durchläuft, ist der Abdunkelungseffekt größer als beim direkt abgestrahlten Licht des Bildschirms. Nachteil ist die Verminderung des Kontrastes.
- Ätzung der Bildschirmoberfläche: Die Ätzung bewirkt eine diffuse Reflexion. Durch die Ätzung erscheint das Bild jedoch weniger scharf.
- Netze: Netze werden als Reflexionsdämpfung eingesetzt. Durch eine Gitterstruktur wird nur direktes Licht ein- und ausgelassen; schräg einfallendes Licht gelangt nicht zum Bildschirm.

Entwurfszeichnung: Eine Entwurfszeichnung ist die vorwiegend maßstäbliche Darstellungsform eines Erzeugnisses als Ergebnis kreativer und methodischer Konstruktionsarbeit (s. auch DIN 199 T1). VDI-Richtlinie 2217 (Entwurf): Datenverarbeitung in der Konstruktion - Begriffserläuterungen. Düsseldorf: VDI 1979

Epsilon-Umgebung: Auch Fang-Umgebung genannt. Methode, die dazu dient, bei Identifizierungsfunktionen Ungenauigkeiten in vordefinierten Grenzen zuzulassen. Wie in der numerischen Mathematik üblich, wird die Gültigkeit von Gleichungen näherungsweise mit Hilfe von Ungleichungen überprüft. Bei der Überprüfung, z.B. ob ein Punkt auf einer Geraden liegt, gilt die Gleichung: $ax + b = 0$ bereits dann als erfüllt, wenn $-\varepsilon < ax + b < +\varepsilon$ ist.

Ereignis: *s.GKS*

Erfragefunktionen: *s.GKS*

Erzeugnis: Ein durch Produktion entstandener gebrauchsfähiger bzw. verkaufsfähiger Gegenstand (s. auch DIN 199 T2).

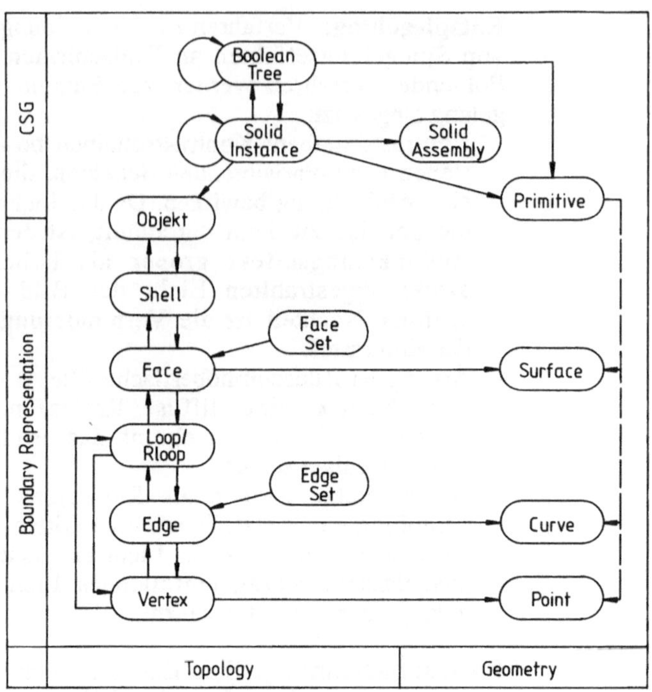

Bild E9. ESP-Modellschema mit CSG- und B-Rep-Anteilen

ESP (experimental solids geometry): Spezi -
fikation einer Schnittstelle zum Austausch
von Volumenmodelldaten zwischen *CAD-
Systemen.* Die ESP-Spezifikation berück -
sichtigt die Übertragung von *Volumen -
modellen* auf der Basis des CSG-Modell -
schemas (CSG = constructive solids geo -
metry) wie auch die Übertragung von
Volumenmodellen nach dem B-Rep-Mo -
dellschema (*s. Boundary-Representation*).
Bild E9 verdeutlicht den Aufbau des ESP-
Modellschemas mit CSG- und B-Rep-
Anteilen sowie der strukturierten Abbildung
topologischer und geometrischer Daten.

**ESPRIT (European Strategie Programme for
Research and Development in Information
Technology):** ESPRIT ist ein Forschungs-
und Entwicklungsprogramm der Euro -
päischen Gemeinschaft (EG) zur Förderung
der Informationstechnologie; ESPRIT ent -
hält fünf Schwerpunkte:

- Advanced Micro-Electronics,
  (Höhere Mikroelektronik)
- Software Technology,
  (Software Technologie)
- Advanced Information Processing,
- Office Systems und
  (Bürosysteme)
- Computer Integrated Manufacturing
  (Rechnerintegriertes Fertigen).

An den Forschungs- und Entwicklungsar-beiten sind Industrieunternehmen, For-schungsinstitutionen und Universitäten aus den Ländern der Europäischen Gemeinschaft beteiligt. N.N.: ESPRIT Technical Week. IT Forum and Press Conference Commission of the European Communities, Sept. 1985

Ethernet: Netzwerk (*s. LAN*), das ursprüng-lich von der Firma Rank Xerox entwickelt wurde. Unter der Bezeichnung IEEE 802.3 (IEEE = institute of electrical and elec-tronical engineers) wurde ein Standard für lokale Netze erstellt, der mit Ethernet nahezu identisch ist. Charakteristische Merkmale sind

- die Verwendung von Koaxialkabeln,
- Datenübertragungsrate von maximal 10 Mbit/s,
- Geräteanschluß über Tranceiver sowie eine
- festgelegte Netzspezifikation, durch die unterschiedliche Rechner auf physikali-scher Ebene *Bit* austauschen können.

Zur Realisierung einer Kommunikation zwi-schen Rechnersystemen ist ein zusätzliches Kommunikationsprotokoll erforderlich. Grabowski, H.; Röder, J.; Diehl, R.: Schnittstellen, eine Notwendigkeit für die Integration von Produk-tionsprozessen. Produktionstechnisches Labor, Uni-versität Karlsruhe 1985

Euler-Operation: Die sog. Euler-Opera-tionen basieren auf dem Satz von Euler: Sei eine beliebige räumlich gekrümmte *Fläche F* in f Teilflächen, e Kanten und v Ecken zer-legt, dann gilt: $f - e + v = s - h$. Der Ausdruck $s - h$ wird als Eulersche Charakteristik von F bezeichnet. Dabei bedeutet s die Anzahl der Komponenten in f, und h ist die Zahl der "Löcher" in F. Die Euler-Operationen

bestehen u.a. aus den Grundoperationen:
- Aufteilen einer Fläche in zwei verschie -
  dene;
- Verschmelzen von zwei Flächen in eine
  einzige;
- Aufteilen von Ecken in zwei verschiedene;
- Verschmelzen von zwei Ecken in eine
  einzige.

Für diese und andere Euler-Operationen gelten Invarianztheoreme, welche die Euler-Operationen zum Aufbau von Bildern besonders hilfreich werden lassen. Nowacki, H.; Gnatz, R.: Goemtrisches Modellieren. Informatik-Fachber. Nr. 65. Berlin: Springer 1983. Proc. "Computer Graphics Tokyo". 1984. Mantyla, M.: Euler Operations. Vortrag auf der SIGGRAPH 84 unter dem Leitthema "Advanced topics in solid modelling". Hagen, P.J.W.(ed.): Eurographics Tutorials 83. Berlin: Springer 1984

Event: *s. GKS*

F

Faltungsschema: Das Faltungsschema bezeichnet eine Vorgehensweise zum Falten
technischer Zeichnungen von einem Format,
das größer als DIN A4 ist auf DIN A4. Das
Faltungsschema berücksichtigt auch einen
erforderlichen Heftrand, so daß eine auf DIN
A4 gefaltete Zeichnung ohne ausgeheftet zu
werden, wieder entfaltet werden kann.

Fangen: Fangen ist eine Funktion zur
Identifizierung von Objekten, wobei eine
vordefinierte Ungenauigkeit zulässig ist.
Objekte auf dem Bildschirm können durch
die Eingabe eines Fangpunktes identifiziert
werden. Die Eingabe des Fangpunktes erfolgt
mit dem *Cursor* oder dem *Lichtgriffel*. Um
ein Elementarobjekt überhaupt fangen zu
können, muß der Fangpunkt wenigstens in
der *Fangumgebung* dieses Objektes liegen.
Die Fangumgebung für die einzelnen
Elementarobjekte ist in dem Bild F1 dargestellt. Die in diesen Bildern verwendete
Größe "ε" ist abhängig von der Identifi-
kationsart.

Fangpunkt: Der Fangpunkt ist der eingegebene Punkt, dessen Koordinatenwerte zur
Identifizierung eines Objektes benutzt werden.

Fangumgebung: Die Fangumgebung charakterisiert einen vordefinierten Bereich, in dem
der Fangpunkt zur Identifizierung eines
Objektes liegen muß.

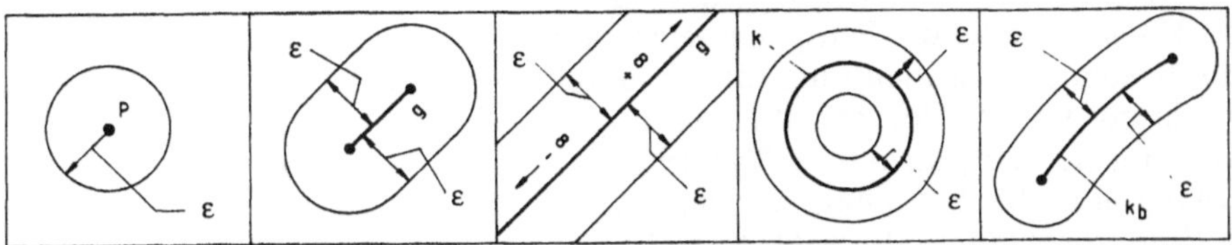

Bild F1. Fangumgebung einzelner Elementarobjekte

FDC (floppy disk controller): Steuer- und Kontrolleinheit zum Betrieb von Disketten - geräten als periphere Massenspeichergeräte.

Fenster-Technik, Window-Technik: Die Fen - ster-Technik ist ein Kommunikationsverfah - ren, bei dem graphische und/oder *alpha - numerische* Daten in vordefinierten Darstel - lungsbereichen am Bildschirm (Fenster, Ausschnitt) dargestellt werden.

Festplatte (syn.: Winchester-Magnetplatte): Peripheres Speichermedium, das als *Massen - speicher* dient. Festplatten sind nicht wechsel - bare Magnetplattenspeicher, die fest in das Speichergerät eingebaut sind. Der Vorteil von Festplatten liegt darin, daß eine Ver - schmutzung der Magnetplatte (z.B. durch Staub) weitgehend ausgeschlossen werden kann. Dies wiederum führt zu einer höheren Betriebssicherheit der Festplatten verglichen mit Wechselplatten, bei der die Verschmut - zungsgefahr erhöht gegeben ist.

Fertigungsmittelzeichnung: *Technische Zeichnung* eines Fertigungsmittels, das zur Herstellung eines Produktes, einer *Bau - gruppe* oder eines *Einzelteiles* benötigt wird (s. auch DIN 199). Hoischen, H.: Technisches Zeichnen. Essen: Giradet 1982

Fertigungszeichnung: Eine Fertigungszeich - nung ist eine *technische Zeichnung,* die alle für die Fertigung erforderlichen teilspe - zifischen Informationen enthält. Neben der Darstellung der fertigungsspezifischen Teil - geometrie in Ansichten und Schnitten enthält die Fertigungszeichnung insbesondere technologische Angaben wie Toleranzen, Form- und Lagetoleranzen sowie Angaben über Oberflächenbeschaffenheit und -güte. Das *Maßbild* ist bei der Fertigungszeichnung von besonderer Bedeutung, da es unter Beachtung von betriebsspezifischen Ferti - gungsabläufen zu erstellen ist. Typische Be - maßungsarten für Fertigungszeichnungen ist die *Bezugsbemaßung.* Hauck, M.: CAD-Systeme für den Einsatz im Elektronik/ Elektrotechnik-Bereich. CAD-CAM Report 8/85.

File: (dt.: Datei); auf *digitalen* Speichermedien gespeicherte Datenmenge, die über einen Namen angesprochen werden kann.

File Server: Softwarebausteine, die meist Teil des *Betriebssystems* sind, um Ein- und Ausgabeprozesse zu ermöglichen.

Fill Area: *s. GKS*

Filter: Methoden zur Ermittlung der Zugehörigkeit von geometrischen Objekten zu geometrischen Objekten höherer Objektdimensionen. Sie werden in *Flächenmodellen* und *Volumenmodellen* benötigt. Es handelt sich dabei um Entscheidungskriterien. Mit Filtern wird festgestellt, ob ein beliebiger Punkt, Element einer Fläche bzw. eines Körpers ist oder nicht. Hagen, P.J.W. (ed.): Eurographics Tutorials 83. Berlin: Springer 1984

Finite Elemente: Geometrisch-einfache Grundelemente, auf die komplexe Bauteilgeometrien zurückgeführt werden können, um Deformations- und Spannungszustände nach der *Finite Elemente Methode* (FEM) zu berechnen. Finite Elemente können nach ihrer Dimensionalität in
- eindimensionale finite Elemente (z.B. Stab, Balken),
- zweidimensionale finite Elemente (z.B. Scheiben, Platten, Schalen) und
- dreidimensionale finite Elemente (z.B. Tetraeder, rotationssymmetrische Elemente)

unterschieden werden (s. Bild F2). Buch, E.; Winkler, K.: Computergestützte Festigkeitsberechnungen. BBC-Nachrichten 12, 1973

Finite Elemente Methode (FEM): Numerisches Verfahren um Deformations- und Spannungszustände eines Bauteils rechnerisch vorherzubestimmen. Die Finite Elemente Methode basiert auf der Aufteilung einer Bauteilgeometrie in eine endliche Anzahl geometrischer Grundelemente (*Finite Elemente*), die mathematisch-mechanisch einfach zu handhaben sind. Komplexe Bau-

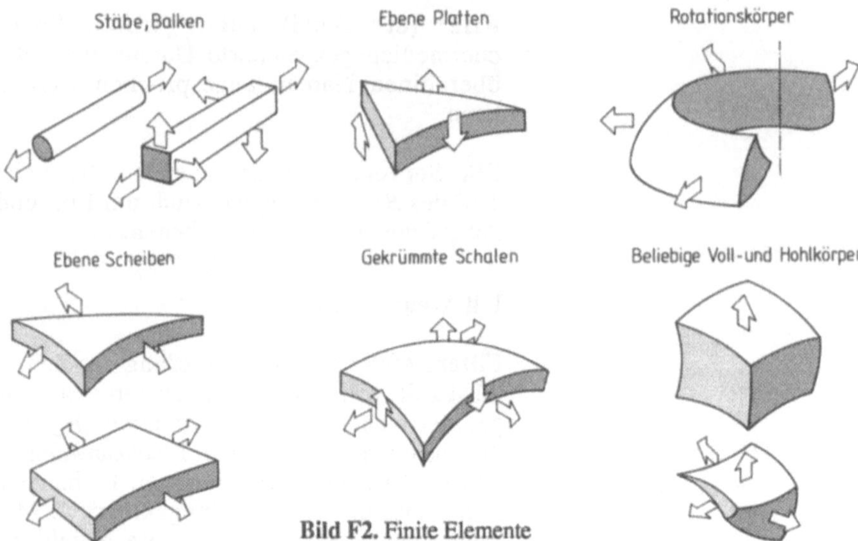

Bild F2. Finite Elemente

teilstrukturen können dadurch auf einfache
Strukturen zurückgeführt und analysiert
werden. Dadurch lassen sich Verformungen
und Spannungen an jeder beliebigen Stelle
des Bauteils berechnen. Zur Aufteilung der
Bauteilgeometrie stehen unterschiedliche
finite Elemente (z.B. Stab, Balken, Platten,
Scheiben sowie räumliche Elemente) zur
Verfügung.

Finite Elemente Systeme (FEM-Systeme):
Programmsysteme zur Berechnung von Bau -
teildeformations- und -spannungszuständen
nach der *Finite Elemente Methode*. Finite
Elemente Systeme bestehen aus drei charak-
teristischen Bauteilen:
- FEM-Preprozessor;
  Der FEM-Preprozessor ermöglicht die
  Erstellung eines Rechenmodells auf der
  Basis *finiter Elemente*.
- FEM-Berechnungssystem;
  Das FEM-Berechnungssystem übernimmt
  die Aufbereitung des Rechenmodells, die
  Erstellung von Elementsteifheitsmatrizen
  und Gesamtsteifigkeitsmatrizen, den Auf -
  bau von Last- und Verformungsvektoren
  sowie die Lösung des Gleichungssystems
  für die Gesamtstruktur.
- FEM-*Postprozessor*;

Der FEM-Postprozessor erlaubt die Ausgabe des Rechenergebnisses in alphanumerischer und graphischer Form.
Insbesondere die graphische Ausgabe der
verformten Bauteilstruktur bzw. der
Spannungsdarstellung ermöglicht eine
schnelle Beurteilung des Verformungs-
und Spannungsverhaltens.

Firmware: Mikroprogramme zur Steuerung
von Peripheriegeräten und der *Zentraleinheit*
eines Rechnersystems. Firmware ist die
Menge an Mikroprogrammen, die in elektronischen Speicherelementen (PROM, pro-
grammabel read only memory oder *ROM*,
read only memory) gespeichert werden.
Schneider, H.-J.: Lexikon der Informatik und
Datenverarbeitung. Oldenbourg 1983. Eigner, M.;
Maier, H.: Einstieg in CAD. Hanser 1985

Fläche: Eine Fläche ist eine zusammen-
hängende Punktmenge im dreidimensionalen
euklidschen Raum, in der es zu jedem ihrer
Punkte eine Umgebung mit der Eigenschaft
gibt, die beinhaltet, daß alle in der Umgebung
liegenden Punkte eine Parameterdarstellung
als Flächenstück haben. Die Parameterdarstellung erfolgt durch :

$$r = r\,(u,v) = (x\,(u,v),\, y\,(u,\,v),\, z\,(u,v))$$

wobei *r* den Ortsvektor vom Nullpunkt zu
einem beliebigen Flächenpunkt darstellt. Der
Zusammenhang zwischen einer Fläche und
den flächenberandenden Linien wird meist
durch den Umlaufsinn der Berandungslinien
definiert. Neuber, S.: Lexikon der Mathematik.
Leipzig: VEB Bibilographisches Institut 1977. DIN
199 Teil 1, 2, 3, 4, 5, 100. Begriffe im Zeichnungs-
und Stücklistenwesen. Berlin: Beuth 1978

Flächenelement: Flächenelemente sind
Elementarobjekte wie z.B. Rechtecksfläche,
Dreiecksfläche, n-Ecksfläche, Kreisfläche
u.a..

Flächenmodell: Digitales Abbild eines technischen Objektes durch die Speicherung der
Objektoberfläche. Zur mathematischen Beschreibung der Objektfläche können analy-

tisch beschreibbare *Flächen* (z.B. Ebene,
Zylinder-, Kugelmantelfläche, Kegel- und
Torusfläche), durch Bildungsgesetze be -
schreibbare Flächen (z.B. Regelflächen und
Profilflächen) sowie Freiformflächen ver -
wendet werden. Kennzeichen des Flächen -
modells ist, daß die Flächenbeschreibung die
Berechnung von jedem Punkt auf der Fläche
erlaubt.
Beispiel:
Die Abbildung einer Kugeloberfläche in
einem Flächenmodell kann durch die Spei -
cherung des Kugelmittelpunktes

$$\mathbf{Mp} = (x, y, z)$$

und des Kugelradius r erfolgen. Die Punkte
der Kugeloberfläche errechnen sich dann
nach den folgenden Gleichungen:

$$x = \mathbf{M}_{px} + r\cos\gamma\cos\vartheta$$

$$y = \mathbf{M}_{py} + r\cos\gamma\sin\vartheta$$

$$z = \mathbf{M}_{pz} + r\sin\gamma$$

mit: $r = \sqrt{(x^2 + y^2 + z^2)}$
bzw. vektoriell mit: $r^2 = (Pi - Mp)^2$
Anhand dieser mathematischen Beschreibung
der Kugeloberfläche wird deutlich, daß das
Flächenmodell zur Abbildung der Kugeloberfläche die Abbildung des Kugelmittel -
punktes und des Kugelradius enthalten muß.
Durch die Variation der Parameter γ und ϑ
kann dann jeder Punkt der Kugeloberfläche
errechnet werden (s. Bild F3).

Flächensysteme: Klasse von *CAD-Systemen*,
die die Modellierung von Objektoberflächen
erlauben. Flächensysteme zeichnen sich
insbesondere durch Fähigkeiten zur Frei -
formflächenmodellierung und -verarbeitung
aus.

Flächenverknüpfung: Der Begriff Flächen -
verknüpfung bezeichnet die Anwendung
mengentheoretischer *Operatoren* auf *Ope -
randen* vom Typ *Fläche*. Die Grundbausteine
der Flächenverknüpfung sind Elementar -
objekte der Dimension 2. Die Flächenver -
knüpfung erlaubt die Bildung von Differenz -
flächen, Schnittflächen und Vereinigungs -
flächen. Die resultierenden Flächen, die aus
einer Flächenverknüpfung entstehen, können

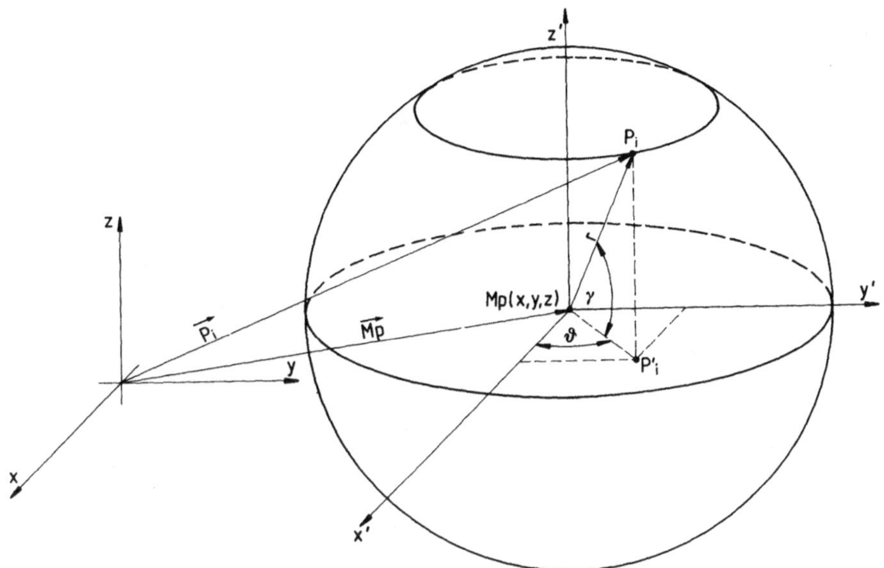

Bild F3. Kugeldefinition in der analytischen Geometrie

wieder mit Elementarobjekten der Dimension 2 oder mit resultierenden Flächen verknüpft werden. Ergebnis einer Flächenverknüpfung kann
- eine leere Menge,
- ein oder mehrere Elementarobjekte der Dimension 1 oder
- ein Objekt der Dimension 2 sein (s. Bild F4).

Flag note: Hinweissymbol

Flash: Geschlossen berandete ebene Fläche, die insbesondere für elektrotechnische Anwendungen definiert wurde, um Lötpunkte zu symbolisieren. Flash-Elemente werden besonders zur Beschreibung von Lötmasken benötigt.

Floppy-Disk: (dt.: Diskette); mit einer magnetischen Schicht versehene Plastikscheibe, die als peripherer *Massenspeicher* verwendet wird. Floppy-Disk-Speicher werden insbesondere bei *Personal Computer* Systemen (PC-Systemen) genutzt. Die Speicherkapazität von Floppy-Disk-Speichern reicht bis etwa 1 *MByte*.

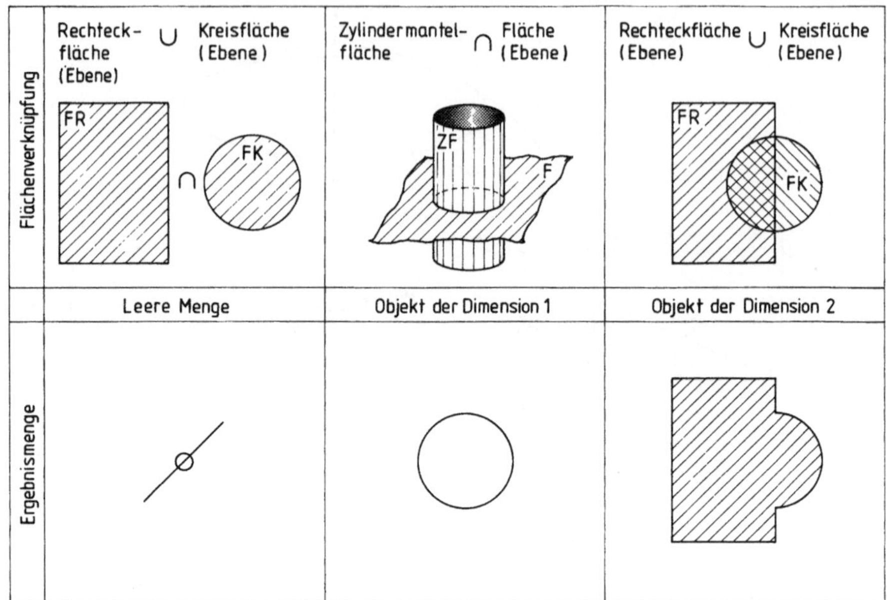

Bild F4. Beispiele der Flächenverknüpfung

Formate: Formate sind vordefinierte Schemata zur Bemessung von charakteristischen Größen abstrakter und realer Sachverhalte. Formate werden für eine Vielzahl von Sachverhalten gebildet, wie z.B. Papier - formate, Bildformate, Datenformate.

FORTRAN (formula translating system): Eine der ältesten problemorientierten Programmiersprachen, welche von IBM in den Jahren 1954-1957 entwickelt wurde. FORTRAN basiert auf einer mathematischen Symbolik. Wesentliche Kennzeichen von FORTRAN sind:
- Vereinbarungen für skalare Größen und Datenfelder,
- die Datentypen INTEGER, REAL, DOUBLE PRECISION, COMPLEX LOGICAL und CHARACTER,
- Wertzuweisungen,
- Schleifenbildung,
- Prozeduraufrufe,
- Ein- und Ausgabeanweisungen,
- Formulierung arithmetischer und logischer Ausdrücke sowie
- die Unterprogrammtechnik.

FORTRAN ist die Programmiersprache, auf deren Basis die meisten CAD-Systeme konzipiert und implementiert (*s. Implementierung*) worden sind.

Frame buffer: *s. bit-map-memory*

Freihandlinie: Linien, die von einem Menschen gezeichnet werden, ohne daß er Führungswerkzeuge wie Lineale, Schablonen, etc. anwendet. In *technischen Zeichnungen* symbolisieren Freihandlinien nach DIN 5 T1 Bruchlinien sowie Bereichsberandungen, um z.B. Schnittdarstellungen zu begrenzen. Im Rahmen des Kommunikationsverfahrens *Handskizzentechnik* sind Freihandlinien von besonderer Bedeutung. Der Anwender skizziert dabei seine graphische Eingabe "freihändig", d.h. ohne Nutzung von Funktionen zur Eingabe spezieller Linientypen und ohne Nutzung eines Rasters, mit Hilfe eines Digitalisierstiftes. Die so eingegebenen Punktfolgen werden zu Linienstücken (Freihandlinien) kombiniert, interpretiert und ausgerichtet, so daß daraus eine exakte Liniendarstellung bestimmt wird.

Füllgebiet: *s. GKS*

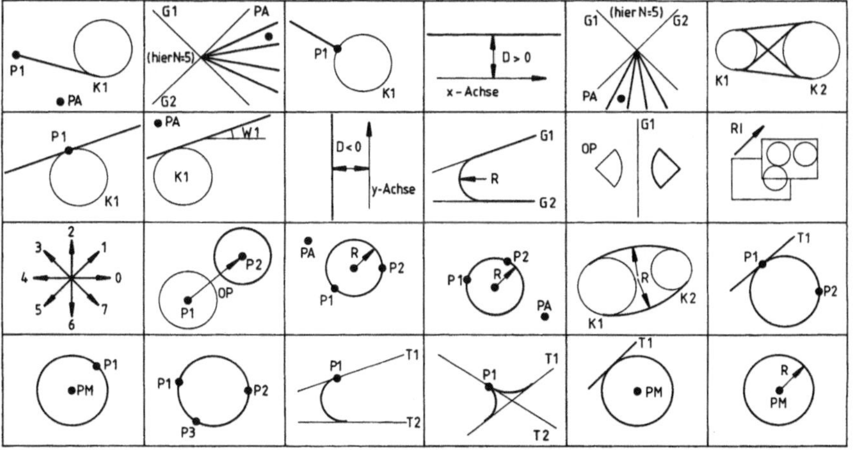

Bild F5. Auswahl von Funktionen in einem Funktionsmenü (Beispiel aus SIS CAD-M)

Funktionsmenü: *s. auch Digitalisiertablett, Benutzerschnittstelle;* Zuordnung von Funktionen zu Identifizierungsbereichen eines *Digitalisiertabletts* oder Bildschirms. Der Benutzer wählt aus der Menge (=> Funktionsmenü) der zur Verfügung stehen - den Funktionen diejenige aus, welche aus - geführt werden soll (s. Bild F5). Auf einem Bereich des *Digitalisiertabletts* sind die in Bild F5 angegebenen Funktionen angeordnet.

Funktionstastatur: Bei einer Funktions - tastatur können die einzelnen Tasten mit immer wiederkehrenden Funktionen wie *Kommandos*, Kommandofolgen oder gra - phischen Symbolen belegt sein oder vom Anwender durch programmtechnische An - weisungen belegt werden (s. Bild F6).

Bild F6. Funktionstastatur (Werk - foto: IBM)

G

Gabel: Eine Bezugslinie kann durch eine Gabel ergänzt werden. Hoischen, H.: Techni - sches Zeichnen. Essen: Giradet 1982

Gegenstand: Sammelbegriff für technische Objekte des Produktionsprozesses. Gegen - stände im Sinne des Zeichnungs- und Stück - listenwesens sind z.B. *Erzeugnisse, Bau - gruppen* oder *Einzelteile*. Sie können materiell oder immateriell sein. Als iden - tifizierendes Merkmal kann der Gegenstand eine Sachnummer erhalten (s. auch DIN 199 T2).

Generalized Drawing Primitive: *s. GKS*

General label: Texthinweis mit Bezugslinie

General note: Texthinweis

Generierungsprinzip: Verfahren zur Be - schreibung technischer Objekte durch eine Erzeugungsvorschrift, die eine Sequenz von Operationen und logischen Entscheidungs - schritten enthält. Zur Beschreibung sind zwei- und/oder dreidimensionale Grundele - mente verfügbar. Durch die Variation von Parametern können maß- und formvariable Varianten der technischen Lösung bestimmt werden.

Geometrisches Modell: *Rechnerinterne Darstellung* technischer Objekte durch die Objektgeometrie. Geometrische Modelle können nach ihrer Dimensionalität, der mathematischen Beschreibungsverfahren und nach der Klasse verfügbarer Geometrie - elemente unterschieden werden (s. Bild G1). Entsprechend der Unterscheidung nach der Klasse verfügbarer Geometrieelemente wird häufig nach Linien-, *Flächen-* und *Volumen - modell* unterschieden:

Linienmodell: *Kantenmodell, Drahtmodell*

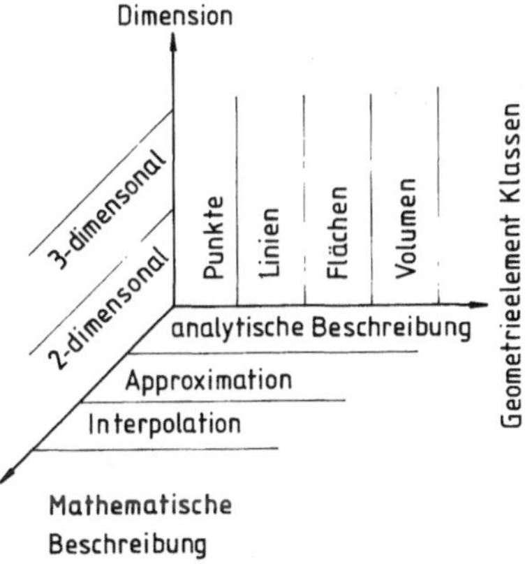

Bild G1. Klassifizierung geo - metrischer Elemente

(engl.: wire frame model): Die rechnerinterne Darstellung technischer Objekte in Form eines Linienmodells beinhaltet die Speicherung von Linien, wie z.B. Strecken, Kreise, Kegelschnittkurven, Splinekurven (*s. Spline*), etc.. Gespeichert werden neben den Objektkanten (Schnittkurven zwischen Objektoberflächen) auch Sichtkanten (z.B. Umrißlinien). Bei der Erstellung von Ansichten und Schnitten können die gewünschten Projektionen automatisch durchgeführt werden, die verdeckten Kanten (engl.: hidden lines) müssen jedoch *interaktiv* ausgeblendet werden. Sichtkanten, insbesondere Umrißkanten müssen bei 3-dimensionalen Linienmodellen für jede Ansicht neu interaktiv angegeben werden.

Eine spezielle Anwendung des Linienmodells wird durch die rechnerinterne Darstellung von Konturen, Konturzügen sowie gerichteten Konturzügen erreicht. Diese Art der Objektdarstellung wird insbesondere für die Bereitstellung der Objektgeometrie zur Erstellung von Steuerdaten für *NC*-Werkzeugmaschinen für Rotationsteile benötigt (s. Bild G2).

Flächenmodell (engl.: surface model): Die rechnerinterne Darstellung technischer Objekte durch Flächenmodelle basiert auf der Speicherung der Objektoberfläche. Die Objektoberfläche kann dabei durch *Flächen* beschrieben werden:
- die analytisch,
- die durch Bildungsgesetze und
- die durch interpolierende bzw.
  approximierende Verfahren

beschreibbar sind. Flächenmodelle ermöglichen eine automatische Ermittlung von verdeckten Kanten. Bei Schnittdarstellungen können neben Schnittpunkten auch Schnitt -

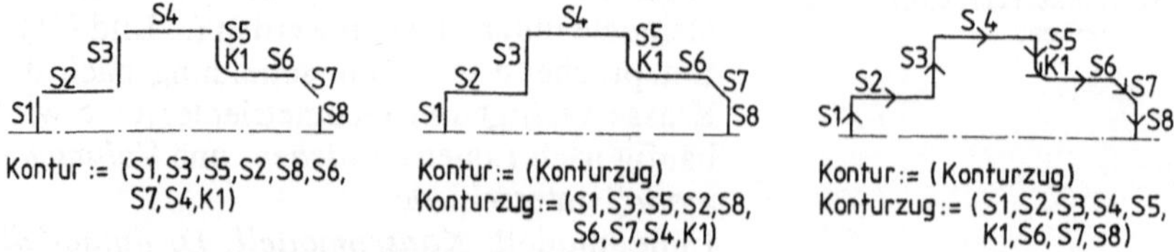

Kontur := (S1,S3,S5,S2,S8,S6, S7,S4,K1)

Kontur := (Konturzug)
Konturzug := (S1,S3,S5,S2,S8, S6,S7,S4,K1)

Kontur := (Konturzug)
Konturzug := (S1,S2,S3,S4,S5, K1,S6,S7,S8)

Bild G2. Beispiel einer Konturbeschreibung eines Rotationsteils

linien automatisch berechnet werden. Eine interaktive Aufbereitung von Schnittdarstellungen, wie das Entfernen von Innenkanten oder die Spezifikation von Schraffurbereichen, ist aufgrund fehlender Information über die Materiallage noch erforderlich. Berechnungen, die sich aus der Flächencharakteristik ableiten, wie die Berechnung von Flächeninhalt, Flächenschwerpunkt oder Flächenträgheitsmoment, können automatisch durchgeführt werden. Besondere Bedeutung erhalten Flächenmodelle insbesondere durch die Nutzung von Oberflächendaten zur Programmierung NC-Werkzeugmaschinen, beispielsweise zur Herstellung von Werkzeugen für die Blechbearbeitung (Karosseriebau) oder im Formenbau zur Herstellung von Kunststoffteilen. Volumenmodell (engl.: solid model): Die *rechnerinterne Darstellung* technischer Objekte durch Volumenmodelle basiert auf der Speicherung des Objektvolumens. Zur Speicherung des Objektvolumens werden unterschiedliche Speicherungsverfahren angewendet, die sich in generative und akkumulative Speicherungsverfahren unterteilen lassen (s. Bild G3).

Für technische Anwendungen besitzen die topologisch-geometrischen Strukturmodelle aus der Klasse der akkumulativen Volumenmodelle die größte Bedeutung. Die Bedeutung des Volumenmodells liegt darin,

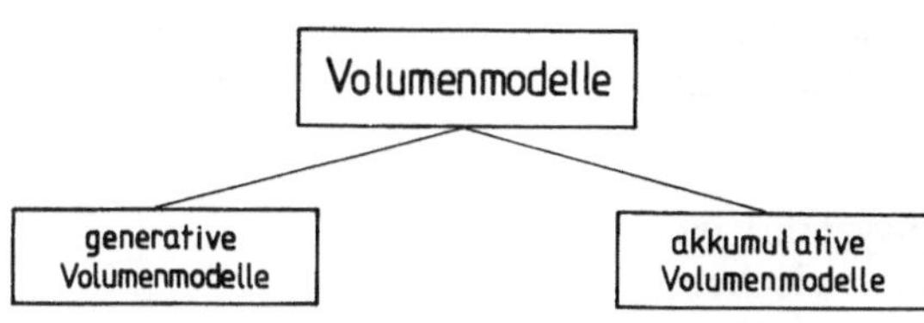

Bild G3. Klassifizierung von Volumenmodellen

daß diese Art der rechnerinternen Darstellung eine vollständige Objektbeschreibung besitzt und damit den höchsten Grad der Automatisierung der Geometrieweiterverarbeitung zuläßt. Ansichten und Schnitte können automatisch erzeugt werden, Konturzüge können automatisch ermittelt werden, etc.. Daneben können Berechnungen des Volumeninhalts, Schwerpunkt- und Trägheitsmoment automatisch durchgeführt werden.

Gerade: Elementarobjekt der Dimension 1. Eine Gerade wird durch einen Aufpunktvektor, der zu einem beliebigen Punkt auf der Geraden zeigt, und einen Richtungsvektor definiert (s. Bild G4).
Eine Gerade besitzt keine Begrenzung. Wird die unendliche Ausdehnung einer Geraden einseitig begrenzt, so entsteht ein Strahl. Wird eine Gerade beidseitig begrenzt, so entsteht eine Strecke. Die Strecke stellt die kürzeste Verbindung zwischen den beiden Begrenzungspunkten dar.

Gerätetransformation: *s. GKS*

Gerätetreiber: *s. Treiber*

Gesamtzeichnung: (auch Hauptzeichnung, *Zusammenbauzeichnung*, Anordnungsplan); Alle *technischen Zeichnungen*, die eine Anlage, ein Bauwerk, eine Maschine, ein Gerät, *Baugruppen* und andere technische Objekte in zusammengebautem Zustand oder als Explosionszeichnung darstellen.

GKS: GKS (Graphisches Kernsystem) ist eine Schnittstelle (*s. Interface*) zwischen Anwendungsprogrammen und graphischen Arbeitsplätzen (s. auch DIN ISO 7942 sowie DIN 66 252); (s. Bild G5).
GKS umfaßt Kernfunktionen zur interaktiven und passiven graphischen Datenverarbeitung für 2-dimensionale Linien- und Rastergraphik mit der Zielsetzung, Graphikprogramme portabel zu machen. Die Geräteunabhängigkeit ermöglicht es, Anwendungsprogramme zwischen den verschiedenen

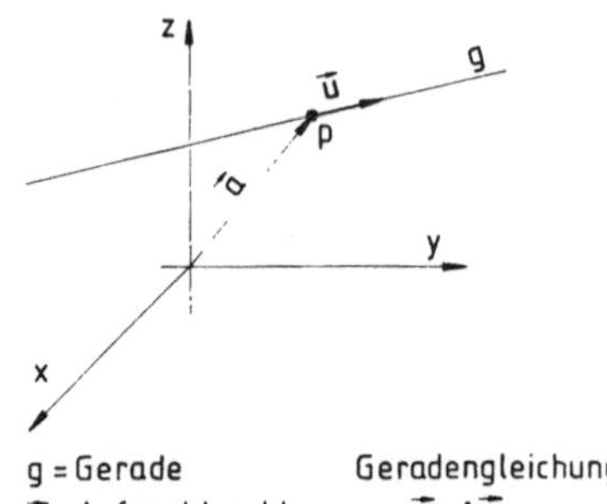

g = Gerade   Geradengleichung:
$\vec{a}$ = Aufpunktsvektor $g = \vec{a} + \lambda\,\vec{u}$
$\vec{u}$ = Richtungsvektor
P = Aufpunkt $g = \begin{pmatrix} ax \\ ay \\ az \end{pmatrix} + \lambda \begin{pmatrix} ux \\ uy \\ uz \end{pmatrix}$

Bild G4. Definition des Elementarobjekts Gerade

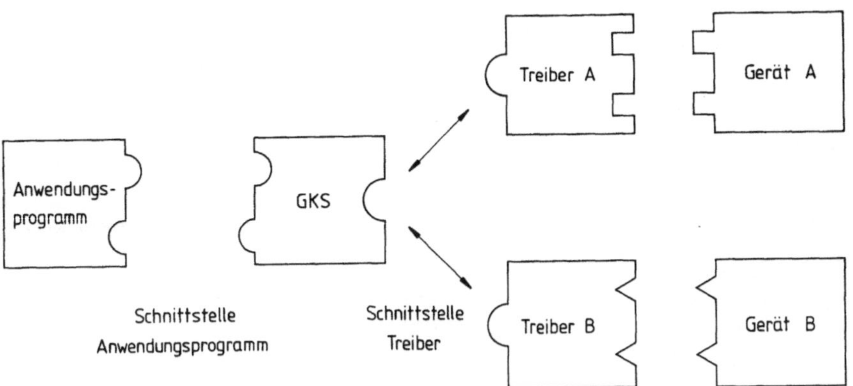

Bild G5. GKS als graphische Schnittstelle zwischen Anwenderprogrammen und graphischen Geräten (Quelle: GKS-Verein)

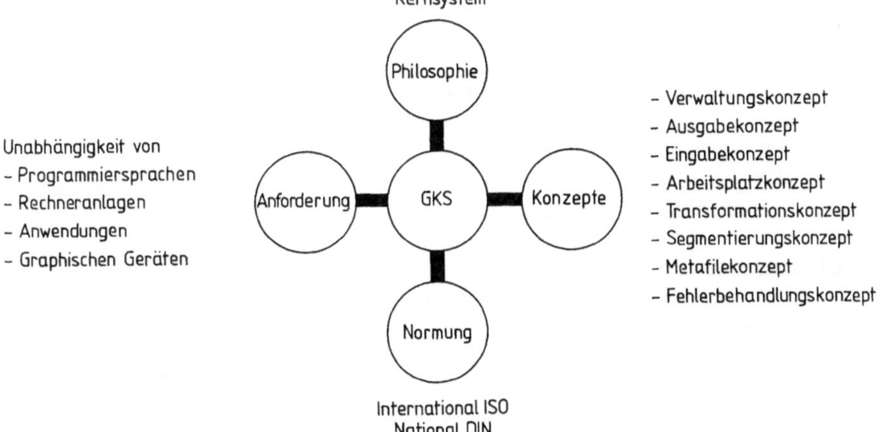

Bild G6. Philosophie, Anforderung, Konzepte und Normung des GKS (Quelle: RPK)

GKS-Installationen ohne Änderung austau-schen zu können. Die GKS-Konzepte berück-sichtigen *Darstellungselemente, Attribute, Graphische Arbeitsplätze, Transformatio-nen, Bildstruktur, graphische Eingabe* , GKS-Bilddatei und die Fehlerbehandlung (s. Bild G6).

Der Entwurf des GKS als Kernsystem be-deutet, daß Graphikfunktionen, die aus Kern-funktionen aufgebaut werden können, nicht selbst zum Kernsystem zählen.

Darstellungselemente in GKS: Die elemen-taren Einheiten, aus denen ein Bild aufgebaut

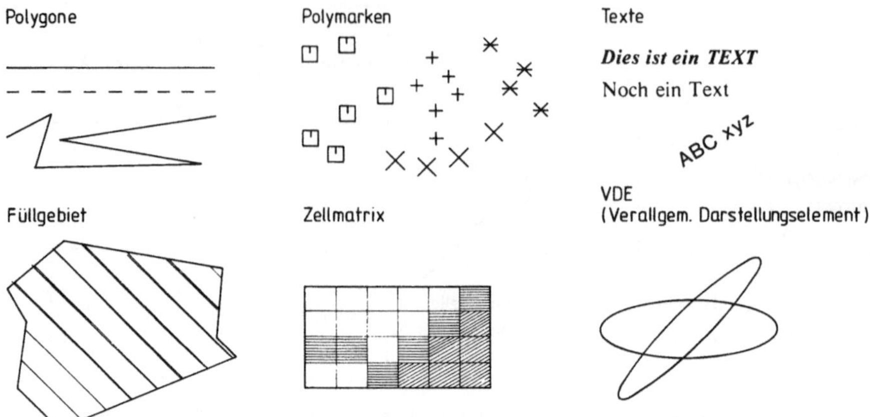

Bild G7. Ausgabeprimitive des GKS (Quelle: Enderle)

wird, werden als graphische Ausgabe-primitive (Darstellungselemente) bezeichnet. Das GKS kennt die folgenden Elemente (s. Bild G7):

- Streckenzug (polyline):
  Eine Folge von Punkten wird durch Strecken zu einem Streckenzug verbunden.
- Polymarke (polymarker):
  An einer gegebenen Folge von Punkten wird jeweils ein zentriertes Symbol erzeugt, z.B. +, * x, o.
- Text (text):
  An einer gegebenen Position wird eine Zeichenkette dargestellt.

Diese Elemente reichen für graphische Liniendarstellungen aus. Alle höheren Funktionen, wie Koordinatenachsen oder *Spline*-Funktionen, werden in der, auf GKS aufsetzenden, anwendungsorientierten Schicht realisiert. Für Ausgabegeräte, die auf dem Rasterprinzip beruhen, gibt es darüberhinaus die Fähigkeit, flächige Darstellungen zu erzeugen oder aber jedem Rasterpunkt einzeln einen Wert zuzuweisen. Für Rastergraphik-Anwendungen sind zwei weitere Elemente festgelegt:

- Füllgebiet (fill area):
  Eine durch einen geschlossenen Polygonzug umrandete Fläche wird einschließlich der Punkte auf dem Rand mit einer ein-

heitlichen Farbe (Farbton, Intensität, Farbsättigung) gefüllt.
- Zellmatrix (cell array):
  Eine Rechteckmatrix von Rasterpunkten wird auf die Darstellungsfläche abgebil - det, wobei jedem Matrixelement eine eigene Farbe zugewiesen werden kann.

Die Rastergraphik-Elemente erlauben die Nutzung der speziellen Fähigkeiten von Rastergeräten, insbesondere der Fähigkeit, Flächen farbig darzustellen und einzelne Bildpunkte mit unterschiedlichen Farben zu belegen.

Verallgemeinertes Darstellungselement (ge - neralized drawing primitive): Dieses Grund - element erlaubt es, Hardwarefähigkeiten von Geräten anzusprechen, um bestimmte Ausga - beelemente, wie z.B. Kreise, Interpolations - kurven, etc. am Bildschirm zu erzeugen. Das Verallgemeinerte Darstellungselement er - laubt es, die Parameter, die ein solches Ausgabeelement beschreiben, direkt an das Gerät (z.B. einen Kreisgenerator) weiterzu - reichen.

Segmente: Das GKS verfügt über die Fähig - keit der Segmentbildung. Segmente werden zum Aufbau von Strukturen in Bildern angewendet. Graphische Ausgabeprimitive können zu Segmenten zusammengefaßt, be - nannt und dann als Segment addressiert und manipuliert werden. Jedes Segment ist an allen GKS-Arbeitsplätzen verfügbar, die bei der Segmenterzeugung aktiv waren. Nach Abschluß der Segmenterzeugung können die Ausgabeprimitive des Segments nicht mehr manipuliert werden. Eine Erweiterung des Segments ist dann ebenfalls nicht mehr möglich. Auf Segmente können die folgenden Operationen wirken:
- Transformation,
- Sichtbarkeit,
- Hervorhebbarkeit,
- Prioritätenvergabe,
- Detektierbarkeit,
- Benennung,
- Löschen,
- Einfügen und
- Kopieren.

Attribute in GKS: Ein Darstellungselement

wird durch seine geometrische Form, und durch die Art, wie es auf der Darstellungsfläche eines Gerätes optisch in Erscheinung tritt, gekennzeichnet. Die Art der Darstellung wird durch einen Satz von Darstellungsattributen beschrieben. *Attribute* (Darstellungsattribute) sind also Eigenschaften von graphischen Objekten, die zugeordnet und abgefragt werden können. In GKS gibt es zwei Arten von Attributen: globale Attribute, die überall gültig sind, und arbeitsplatzspezifische Attribute, die nur auf einem Arbeitsplatz Gültigkeit haben. Die globalen Attribute werden sofort an die Darstellungselemente gebunden und sind nicht mehr manipulierbar. Die wichtigsten globalen Attribute für Darstellungselemente sind:

- für Streckenzug (polyline) die Attribute: Linienart, Linienbreitefaktor, Streckenzugfarbindex und Streckenzugindex,
- für Polymarke (polymarker) die Attribute: Markenart, Markenvergrößerungsfaktor, Polymarkenfarbindex und Polymarkenindex,
- für Text (text) die Attribute: Zeichengröße, Zeichenaufwärtsrichtung, Schreibrichtung, Textausrichtung, Schriftart und -qualität, Zeichenverzerrungsfaktor, Zeichenabstand, Textfarbindex und Textindex,
- für Füllgebiet (fill area) die Attribute: Füllgebietsausfüllung, Füllgebietsausfüllungsindex, Füllgebietsfarbindex, Mustergröße und Musterreferenzpunkt,
- für Zellmatrix (cell array) gibt es keine separaten Attribute, da die benötigten Größenparameter und Farbindizes Teil der Zellmatrix-Funktion sind,
- für das verallgemeinerte Darstellungselement (Generalized Drawing Primitve) werden, wenn sinnvoll, geeignete Attribute anderer Darstellungselemente übernommen.

Die arbeitsplatzspezifischen Attribute werden über eine sog. Stiftnummer aus einer Stifttabelle ausgewählt. GKS hat aus diesem Grund die Attribute Streckenzugindex, Polymarkenindex, Textindex und Füllgebietsindex vorgesehen, die bei der Darstellung des Darstellungselementes auf einem bestimmten Arbeitsplatz durch einen Satz von Attributen ersetzt werden. Diese werden einer Attributetabelle entnommen, die für jeden Arbeitsplatz unterschiedlich mit Attributwerten gefüllt werden kann. Der Satz von Attributen wird "Bündel" genannt und die Tabelle "Bündeltabelle". Jedes Darstellungselement, außer Zellmatrix und verallgemeinertem Darstellungselement, hat seine eigene Bündeltabelle. Neben diesen Bündeltabellen besitzt jeder Arbeitsplatz eine Farbtabelle und eine Mustertabelle. Die Tabelle in Bild G8 enthält alle Indizes zusammen mit den arbeitsplatzspezifischen Attributen, die diesen Indizes zugeordnet sind.

Wie man dieser Tabelle entnehmen kann, zeigen einige Indizes wiederum auf Attribute, die selbst Indizes sind, so daß eine mehrstufige Adressierung von Attributen entstehen kann. Die arbeitsplatzspezifischen Attribute sind in Tabellen unabhängig von den Darstellungselementen gespeichert und können auch unabhängig davon gesetzt werden. Dies ermöglicht dynamisches Verändern von Darstellungsattributen, wie z.B.

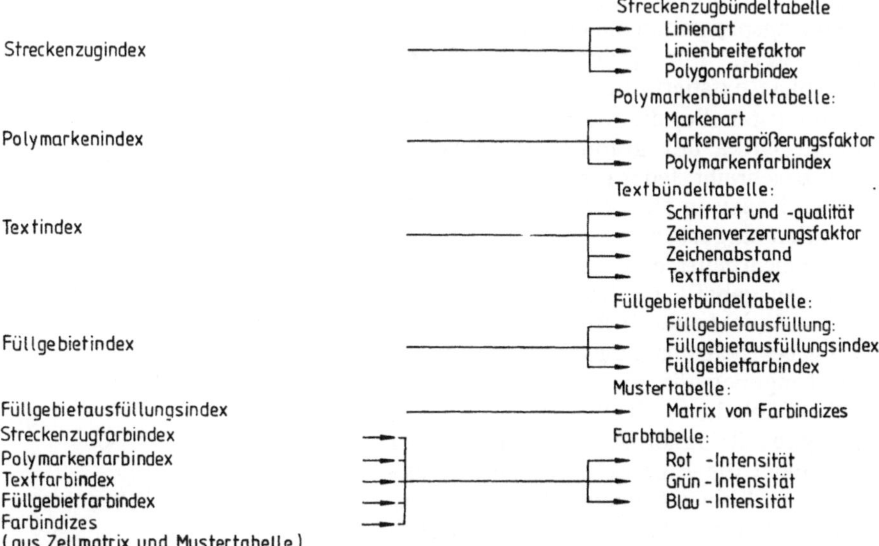

Bild G8. Indizes mit den zugehörigen arbeitsplatzspezifischen Attributen

Farbe. Die Segmentattribute wirken auf alle Darstellungsattribute in einem Segment.

Die Segmentattribute sind:
- Sichtbarkeit:
  Nur sichtbare Segmente werden darge-stellt.
- Detektierbarkeit (Ansprechbarkeit):
  Nur detektierbare Segmente können durch die *PICK*-Eingabe-Operation ausgewählt werden.
- Dynamisches Hervorheben:
  Ein Segment kann, z.B. durch Blinken oder durch erhöhte Intensität, hervorge-hoben werden.
- Segmentpriorität:
  Ein Segment höherer Priorität überdeckt ein anderes, wenn sie sich gegenseitig überlappen, und es genießt höhere Priori-tät in Zweifelsfällen beim Identifizieren (PICK).
- Segmenttransformation:
  Aktuelle Transformationsmatrix; mit der Segmenttransformation kann Verschie-ben, Skalieren und Drehen eines Segments als Ganzes ausgeführt werden.

Graphische Arbeitsplätze in GKS: GKS ba-siert auf der Konzeption abstrakter graphischer Arbeitsplätze. Diese liefern die logische Schnittstelle, über die das Anwendungsprogramm die tatsächlichen Ge-räte steuert. Für jeden vorhandenen Arbeitsplatz existiert eine Arbeitsplatz-Be-schreibungstabelle, die die Fähigkeiten und Charakteristika des graphischen Arbeits-platzes beschreibt. Jeder graphische Arbeits-platz wird dazu in eine der folgenden sechs Kategorien eingeordnet:
- Ausgabearbeitsplatz; dieser besitzt genau eine Ausgabefläche, hat aber keine Ein-gabemöglichkeiten (z.B. *Digitalisierer*).
- Eingabearbeitsplatz; dieser hat mindestens ein Eingabegerät, bietet aber keine Aus-gabefähigkeiten (z.B. *Plotter*).
- Ausgabe-/Eingabe-Arbeitsplatz; dieser verbindet die Eigenschaften eines Aus-gabe- und eines Eingabe- Arbeitsplatzes, besitzt also mindestens ein Eingabegerät und eine Fläche zur graphischen Ausgabe (z.B. graphische Bildschirmgeräte mit

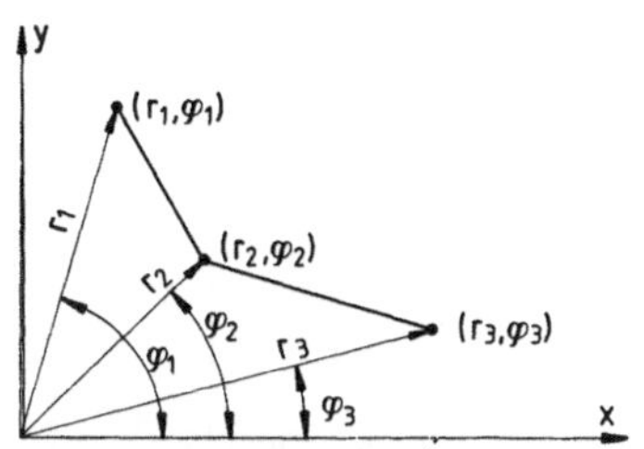

Linienzug im allgemeinen, benutzerdefinierten Weltkoordinatensystem

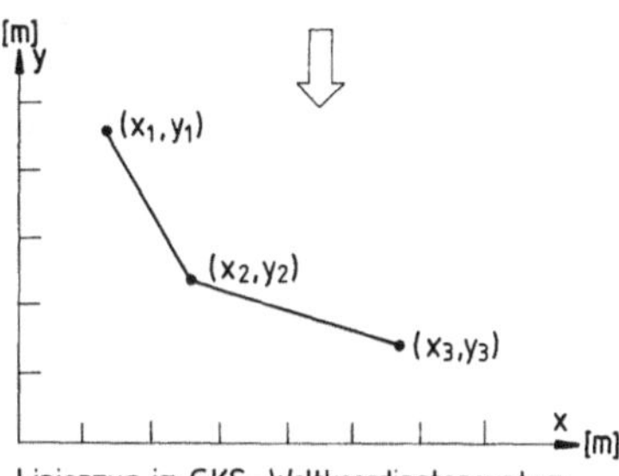

Linienzug im GKS-Weltkoordinatensystem

Bild G9. Allgemeines, benutzerdefiniertes Weltkoordinatensystem und Darstellung im GKS-Weltkoordinatensystem

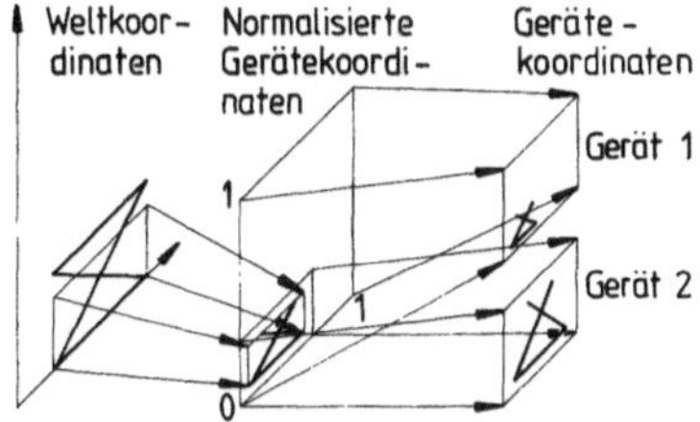

Bild G10. Koordinatensysteme und Transformationen im GKS (Quelle: Schauer)

Tastatur).
- Arbeitsplatz-unabhängiger Segmentspeicher; dieser dient zur temporären Speicherung von GKS-Segmenten.
- GKS-Bilddatei (metafile) Ausgabe; die GKS- Bilddatei dient der Langzeitspeicherung graphischer Daten in einem standardisierten Datenformat.
- GKS-Bilddatei Eingabe; der GKS-Bilddatei-Eingabearbeitsplatz dient zum Einlesen und Interpretieren einer GKS-Bilddatei.

Koordinatensystem und Transformation: Das GKS behandelt drei verschiedene Koordinatensysteme:
- ein Weltkoordinatensystem (WK),
- ein normalisiertes Koordinatensystem (NGK),
- eine Reihe von Gerätekoordinatensystemen (GK).

Das Weltkoordinatensystem ist als ein zweidimensionales kartesisches Koordinatensystem definiert. Es ist das vom Benutzer festgelegte Koordinatensystem. Logarithmische und Polarkoordinaten müssen vom Anwender selbst behandelt werden (s. Bild G9).

Im normalisierten Koordinatensystem werden Weltkoordinaten in das Einheitsquadrat $[0,1] \cdot [0,1]$ abgebildet.

Das Gerätekoordinatensystem beschreibt die Darstellungsfläche und/oder die Eingabefläche auf einem konkreten Arbeitsplatz (s. Bild G10).

Transformationen in GKS: Die Abbildung von Weltkoordinaten auf normalisierte Koordinaten wird von der *Normalisierungstransformation*, die Abbildung von normalisierten Koordinaten auf Gerätekoordinaten von der Gerätetransformation durchgeführt. Alle Darstellungselemente müssen diese Abbildung durchlaufen. Koordinateneingaben durchlaufen die Abbildung rückwärts, so daß die Koordinaten in Weltkoordinaten geliefert werden, die dadurch unmittelbar zur Definition von neuen Darstellungselementen verwendet werden können. Beide Transformationen werden mit Hilfe von achsenparallelen Rechtecken definiert, die

Normalisierungstransformation durch ein "Fenster" (*window*) in Weltkoordinaten und ein "Darstellungsfeld" (*viewport*) in normalisierten Gerätekoordinaten , die Gerätetransformation durch ein "Gerätefenster" in normalisierten Gerätekoordinaten und ein "Gerätedarstellungsfeld" in Gerätekoordinaten". Der Funktionsumfang der Transformation beschränkt sich auf Skalieren in x- und y-Richtung und Translation. Die Arbeitsplatztransformation ist insofern noch eingeschränkt, da bei ihr der Skalierungsfaktor in x- und y-Richtung gleich sein muß (s. Bild G11).

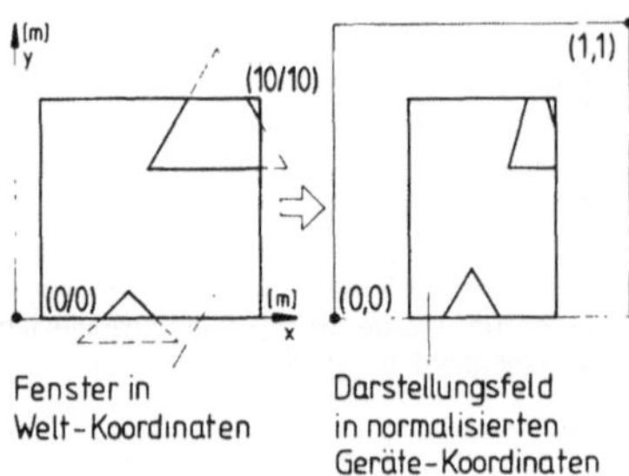

Bild G11. Normalisierungstransformation

Bildstruktur: In GKS können graphische Ausgabeelemente in Segmenten zusammengefaßt sowie außerhalb von Segmenten definiert werden. Elemente außerhalb von Segmenten werden an alle aktiven Arbeitsplätze gesandt, das Anwenderprogramm hat keinen Zugriff mehr zu ihnen, nachdem sie erzeugt worden sind. Nur in einem Segment zusammengefaßte Elemente können später noch verändert werden. Die Identifizierung von Segmenten erfolgt durch den Segmentnamen. Ein Segment wird durch die CREATE-SEGMENT-Funktion erzeugt und durch die CLOSE-SEGMENT-Funktion abgeschlossen. Danach können weder Elemente zum Segment hinzugefügt, noch Elemente gelöscht werden. Allerdings kann das Segment als Ganzes transformiert werden, die TRANSFORM-SEGMENT-Funktion erlaubt die Lineartransformation des Segmentes. Auch die dynamischen Segment-Attribute Sichtbarkeit, dynamisches Hervorheben, Detektierbarkeit und Segmentpriorität können jederzeit geändert werden. Jedes Segment wird auf allen Arbeitsplätzen dargestellt, die bei seiner Erzeugung aktiv waren. Segmente können in einem Segment-Speicher gespeichert werden und dort in ein offenes Segment oder in die Reihenfolge zur Elementausgabe außerhalb von Segmenten eingefügt werden (INSERT-SEGMENT-Funktion).

Graphische Eingabe in GKS: Die graphischen *Eingabegeräte* können zu verschiedenen Eingaben benutzt werden. In GKS ist die graphische Eingabe in sechs Eingabe-klassen und jede Eingabeklasse in drei *Eingabearten* gegliedert. Jeder Eingabeklasse können an einem graphischen Arbeitsplatz verschiedene Eingabegeräte zugeordnet sein. Die sechs Eingabeklassen sind:

- Picker (pick):
  Die Eingabeklasse Picker liefert Namen von (begrenzten) Teilbildern und zusätz-lich eine Kennzeichnung des ausgewählten Elements innerhalb des Segments, das beim Auswählen auf der Darstellungs-fläche des Arbeitsplatzes identifiziert wurde.
- Lokalisierer (locator):
  Die Eingabeklasse Lokalisierer liefert Punktepositionen (Koordinatenwerte in Weltkoordinaten).
- Textgeber (string):
  Die Eingabeklasse Textgeber liefert Zei-chen oder Zeichenketten aus einem defi-nierten Alphabet.
- Auswähler (choise):
  Die Eingabeklasse Auswähler liefert eine Auswahl aus n-Möglichkeiten (z.B. eine von mehreren Funktionen, die auf einer Funktionstastatur verfügbar sind).
- Wertgeber (valuator):
  Die Eingabeklasse Wertgeber liefert Wer-te aus einer kontinuierlichen Zahlenreihe, deren Randwerte vom Anwenderpro-gramm gesetzt werden können.
- Strichgeber (stroke):
  Die Eingabeklasse Strichgeber liefert eine Folge von Positionen (Koordinaten) in Weltkoordinaten und die Nummer der Normalisierungstransformation, in deren Darstellungsfeld alle Positionen liegen.

Jede dieser Eingabeklassen kann durch unterschiedliche Eingabegeräte realisiert sein. Beispielsweise kann eine Koordinaten-eingabe (LOCATOR) durch einen Digitali-sierstift, ein Potentiometergerät (z.B. *Maus*) oder durch Eingabe eines Zahlenpaares über die *Tastatur* verwirklicht werden. Die sechs Eingabeklassen können von einem *gra-phischen Arbeitsplatz* auf drei verschiedene Arten angesprochen werden:

- Anforderung (request) - Eingabeart: Bei

dieser Eingabeart wartet GKS, bis von dem angesprochenen Arbeitsplatz die ver - langte Zahl von Eingabedaten eingegeben wird.

- Abfrage (sample) - Eingabeart:
  Es kann der aktuelle Wert einer Eingabe - klasse abgefragt werden. Das System war - tet nicht auf eine Aktion des Anwenders.
- Ereignis (event) - Eingabeart:
  Bei dieser Eingabeart können eine oder mehrere Eingabeklassen vom Anwender am Arbeitsplatz bedient werden, ohne daß eine Reihenfolge vorgeschrieben ist. In GKS ist eine Warteschlange realisiert, in die alle Eingabeelemente eingeordnet werden. Diese Warteschlange wird dann sequentiell abgearbeitet.

GKS-Bilddatei (metafile): GKS enthält Funktionen zum Beschreiben und Wieder - einlesen einer Bilddatei, die "GKS-Bilddatei" (metafile) oder kurz "GKSB" genannt wird. Eine Bilddatei wird zum digitalen Speichern und Übertragen von graphischen Darstel - lungen in einer anwendungs- und geräteun - abhängigen Weise benötigt. Eine Bilddatei hat folgende Aufgaben:

- Speicherung graphischer Information zum Zwecke der Archivierung in maschi - nenlesbarer Form,
- Transport graphischer Information an einen anderen Ort,
- Austausch von Bildern zwischen verschie - denen graphischen Systemen und
- Ausgabe eines Bildes auf verschiedenen Ausgabegeräten (z.B. Plottern).

Eine typische Anwendung der GKS-Bilddatei liegt dann vor, wenn von unterschiedlichen *CAD-Systemen* aus unterschiedliche *Plotter* betrieben werden sollen (s. Bild G12).

Erfrage-Funktionen: Alle Werte in den GKS-Zustandslisten und GKS- Beschrei - bungstabellen können vom Anwender - programm über Erfrage-Funktionen abge - fragt werden.

GKS-Leistungsstufen: Die GKS-Leistungstu - fen stellen ein aufwärtskompatibles Klassifi - zierungsschema zur Einordnung von GKS- Funktionen dar. Die Festlegung von Lei - stungsstufen erlaubt es, GKS-Systeme

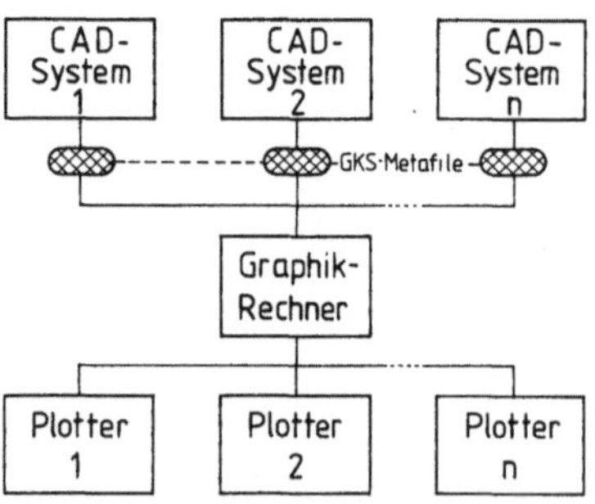

Bild G12. Organisation der graphi - schen Ausgabe auf Plottern zwi - schen mehreren CAD-Systemen

Ausgabe-leistungs-stufe	Eingabeleistungsstufe		
	a	b	c
0	Keine Eingabe, einf. Steuerfkt., nur vordefiniert. Bündel, mehrere Normalisierungstransformationen möglich, aber nur eine braucht setzbar zu sein, alle Darstellungselemente, Bilddatei wahlweise.	Anforderungeingabe, Setzen der Modi und Initialisieren der log. Eingabegeräte, kein Picker und keine Eingabepriorität des Darstellungsfeldes.	Abfrage-und Ereigniseingabe, kein PICKER
1	Vollständige Ausgabefähigkeiten, vollständiges Bündelkonzept, mehrere Arbeitsplätze, einfache Segmentierung (alles außer d. arbeitsplatzunabhängigen Segmentspeicher), Bilddatei gefordert.	Anforderungeingabe, Setzen der Modi und Initialisieren des PICKER	Abfrage-und Ereigniseingabe, für PICKER
2	Arbeitsplatzunabhängiger Segmentspeicher.		

Bild G13. Konzeption der GKS-Leistungsstufe

unterschiedlicher aber festgelegter Leistungsfähigkeit zu entwickeln, von der reinen Bildausgabe bis zur dynamischen Bildänderung und Echtzeitinteraktion. Im GKS werden Leistungsstufen definiert, um die gebräuchlichsten Gerätetypen und Anwendungen anzusprechen (s. Bild G13).

Jede Leistungsstufe (0a - 2c) enthält die Funktionalität der bezüglich Zeile und Spalte vorhergehenden Stufe, ergänzt um die Funktionen, die explizit in der jeweiligen Stufe angegeben werden. Flegel, H.: Ein Beitrag zur rechnerunterstützten Entwurfs- und Detail/Zeichnungserstellung im Maschinenbau mit Hilfe von schlüsselfertigen CAD-Stationen. Diss. Univ. Karlsruhe 1979. Grabowski, H.; Anderl, R.: Die Bedeutung von GKS für die CAD-Anwendersoftware. Dokumentation CAMP 83. Düsseldorf: VDI 1983. Informatik Spektrum 6 (1983) 55-75

GKS-Bilddatei: *s.GKS*

GKS-Bilddatei-Ausgabe: *s.GKS*

GKS-Bilddatei-Eingabe: *s.GKS*

GKS-Leistungsstufen: *s.GKS*

Globale Attribute: *s.GKS*

Globales Koordinatensystem: Das globale Koordinatensystem ist ein im *CAD-System* initialisiertes kartesisches linear geteiltes Koordinatensystem, auf das technische Ob - jekte bezogen werden.

Gourard: Name des Verfassers eines Schat - tierungsverfahrens, bei dem eine glatte Oberfläche durch ein Polyhedron angenähert wird. Das Schattierungsverfahren ist durch den "Mach-band-effekt" geprägt. Newman, W.M.; Sproull, R.F.: Principles of interactive computer graphics. New York: Mc Graw-Hill 1979. Gourard, H.: Continuous shading of curved surfaces. IEEE Trans. Computers C-20 1971

Graham-Yao-Algorithmus: Dient zur Berechnung der komplexen Hülle eines *Polygons*. Guibas, L.; Ramshaw, L.; Stolfi, J.: A kinetic framework for computational geometry. Vortrag auf der SIGGRAPH 84 unter dem Leitthema "The mathematics of computer graphics".

Graphische Arbeitsplätze: *s.GKS*

Graphische Darstellung:
- Bildliche Repräsentation eines technischen Objektes in Form einer *technischen Zeichnung* bzw. eines technischen Sach - verhaltes als Diagramm, Plan oder Schema (s. auch DIN 199),
- Menge aller Darstellungselemente, die auf einer Darstellungsfläche sichtbar sind.

Graphische Datenverarbeitung: Oberbegriff für alle Anwendungen, bei denen Rechner - systeme "Bilder" lesen, speichern und ausgeben. Diese "Bilder" können Land - karten, *technische Zeichnungen*, Schaubilder oder andere Graphische Darstellungen sein. Ebenfalls zählt dazu das graphische Rechnen, die Ermittlung und bildliche Darstellung von Lösungen mathematischer Gleichungen. Schaubilder (Diagramme) findet man unter anderem im Bereich der betriebswirt - schaftlichen Anwendung, die auch als business graphics, Geschäfts-Grafik, Büro-Grafik und Präsentations-Grafik bezeichnet wird. Chip Special Nr. 12 Computergrafik II. Würzburg: Vogel

Graphische Eingabe: s. *GKS*

Graphische Symbole: Bildhafte, abstrahierte Darstellungen, stellvertretend für technische Objekte oder Sachverhalte, deren inhaltliche Bedeutung einen Zusammenhang aufzeigen. Graphische Symbole sollten nach DIN 32830V gestaltet sein. Hoischen, H.: Technisches Zeichnen. Essen: Girardet 1982

Graphisches Tablett: Das graphische Tablett, auch als Digitalisiertisch bezeichnet, ist ein Gerät zur Koordinateneingabe. Das graphische Tablett wird in unterschiedlichen Maßen angeboten und ist vom Prinzip her ein "elektronisches" Gerät, das aus einer Matrix von sich kreuzenden Leitungen mit z.B. 1024·1024 Kreuzungspunkten besteht. Berührt der Digitalisierstift die Oberfläche des Tisches, so werden von den, dem Berührungspunkt am nächsten liegenden Leitungen Impulse aufgenommen, die die Stelle der Berührung lokalisieren. Diese Informationen werden dann zur Koordinateneingabe benutzt. CAD/CAM Lehrgang der Zeitschrift CAD CAM; Dokumentation der CAMP 83 Computer Graphics. Anwendungen für Management und Produktivität. Berlin 14.-17.03.83. Düsseldorf: VDI

Graphisches Terminal: Arbeitsplatz, der Daten von einem Rechner empfängt und aus diesen Daten, meist mit Hilfe eigener *Prozessoren*, graphische Darstellungen auf seiner Darstellungsfläche (Bildschirm) erzeugt.

Grenzmaße: Maßangaben, die die Abmaßtoleranzen festlegen. Um die Maßabweichungen eines Werkstückes zu begrenzen, können zwei Grenzmaße festgelegt werden, zwischen denen das *Istmaß* liegen darf. Das größere ist das *Größtmaß*, das kleinere das *Kleinstmaß*. Die Grenzmaße dürfen an keiner Stelle des Werkstückes über- bzw. unterschritten werden (*s. auch Abmaß*); (s. auch DIN 7182 T1). Böttcher, P.; Forberg: Technisches Zeichnen. Stuttgart: Teubner 1982

Group: Gruppe (Bildgruppe)

Group without backpointers: Gruppe ohne Rückwärtszeiger.

Größtmaß: Das Größtmaß legt für ein Nennmaß die Grenze fest, bis zu der das Nennmaß überschritten werden darf (s. auch DIN 7182 T1).

Grundraster: *s. auch Raster;* einstellbare Aufteilung einer Darstellungsfläche oder eines Darstellungsraumes. Grundraster werden durch hervorgehobene Rasterlinien in einem Raster angezeigt.

Gruppen (Baugruppen): *s. auch Teilever-bund*; eine Gruppe im Sinne des Zeichnungs- und Stücklistenwesens ist ein aus zwei oder mehr Teilen und/oder Einzelteilen und/oder Gruppen niedrigerer Ordnung bestehender Gegenstand (s. auch DIN 199 T2).

Gruppenteilzeichnung (Baugruppenteilzeich-nung): Darstellung einer *Gruppe* und ihrer *Einzelteile.*

Gruppenzeichnung: Eine Gruppenzeichnung stellt eine *Gruppe* eines *Erzeugnisses* in zusammengebautem Zustand dar (s. auch DIN 199). Hoischen, H.: Technisches Zeichnen. Essen: Girardet 1982

H

Halbbild: *s. Sichtgeräte*

Halblogarithmisches Raster: Aufteilung einer Darstellungsfläche, wobei eine Dimension linear und eine Dimension logarithmisch geteilt werden.

Halbzeug: Sammelbegriff für Gegenstände mit bestimmter Form, bei denen mindestens noch ein Maß unbestimmt ist. Halbzeuge sind insbesondere durch Walzen, Ziehen, Pressen oder durch Schmieden hergestellte Bleche, Stangen, Rohre oder Seile (s. auch DIN 199 T2).

Handskizzentechnik: Graphische Eingabetechnik, bei der der Benutzer Geometrieelemente nicht explizit anspricht. Der Benutzer kann das technische Objekt durch kontinuierliches Führen des Digitalisierstiftes beschreiben. Die Analyse und Interpretation der eingegebenen Punktfolgen wird in den in Bild H1 angegebenen Schritten durchgeführt.
Nach Bestimmung der exakten Darstellung der Handskizze wird die so beschriebene Geometrie als Basis für die anschließende Objektdimensionierung genutzt. Durch die Kombination der beiden Eingabetechniken, Handskizzentechnik und parametrische Beschreibungstechnik wird ein leistungsfähiges Kommunikationsverfahren verfügbar.

Hardcopy:
- Peripheres Gerät zur schnellen Ausgabe des Bildschirminhaltes auf Papier.
- Verfahren, bei dem der Inhalt des *Bildwiederholspeichers* punktweise an ein Aufzeichnungsgerät (vornehmlich Drucker) ausgegeben wird. Die Ausgabe erfolgt, im Gegensatz zur Plotausgabe (*s. auch Plotprozessor*), zeilenweise. In jeder Zeile werden dabei einzelne Zeichen

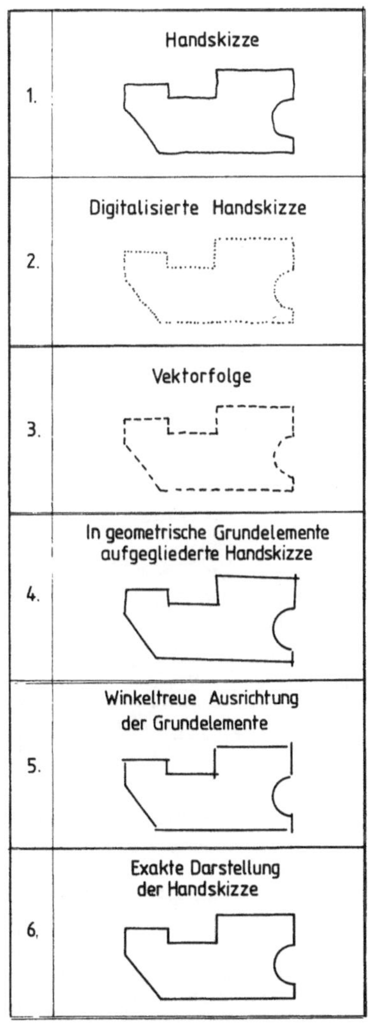

Bild H1. Analyse und Interpretation der Handskizzeneingabe punktweise ausgegeben. Es sind ein- und mehrfarbige Verfahren verfügbar. Der Vorteil einer Hardcopy gegenüber einer herkömmlichen Ausgabe über einen *Plot - ter* liegt in der kurzen Ausgabezeit (unter 1 min.). Der Nachteil einer Hardcopy liegt in der niedrigen *Auflösung* der Graphik, der niedrigen Qualität der Ausgabe und dem nicht einstellbaren Ausgabeformat.

Hardware: Sammelbegriff für alle physika - lischen Komponenten eines Rechnersystems. Zur Hardware zählen insbesondere mechanische und elektronische Bauteile eines Rechnersystems. Wesentliche Hardwarebau - steine von Rechnersystemen sind die Zentraleinheit und die peripheren Geräte zur Speicherung und Ein- und Ausgabe von Daten. Zusammen mit der Software und der Firmware bildet die Hardware die Grundbausteine von *CAD-Systemen*.

Hauptspeicher: Speichereinheit eines Rech - ners, aus der die *Zentraleinheit Programme* und Daten schnell abrufen und zur Aus - führung bringen kann. Während Haupt - speicher früher aus Magnetkernspeichern bestanden, werden sie heute überwiegend als Halbleiterspeicher ausgeführt. Die Zugriffs - zeiten für Hauptspeicher auf Halbleiterbasis liegen zwischen 1 µs und 300 ns. Für *CAD*- Anwendungen werden Hauptspeicherkapa - zitäten ab etwa 1 *MByte* empfohlen.

Haupt-Stückliste: Benennung für eine Bau - kasten-Stückliste der höchsten Strukturstufe eines Erzeugnisses (s. auch DIN 199 T2).

Heftrand: Bereich auf einer *technischen Zeichnung* zum Abheften der Zeichnung. Um ein Zeichenblatt abzuheften, muß an seiner linken Seite ein Heftrand von 20 mm gelassen werden (*s. auch Ablageformat*).

Hidden Line (verdeckte Kanten): Eigen- und/oder fremdverdeckte Kanten bei drei - dimensionalen Geometrieobjekten. Hidden lines können ausgeblendet oder gestrichelt dargestellt werden. Sie sind ansichtspezifisch

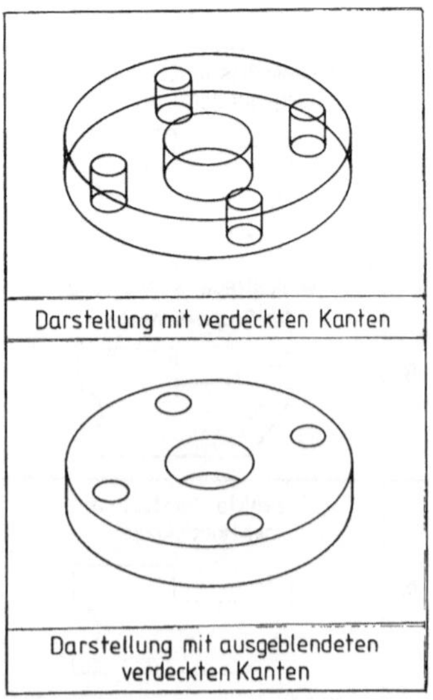

Bild H2. Darstellung mit verdeckten und mit ausgeblendeten verdeckten Kanten

und müssen bezogen auf eine Ansicht jeweils neu berechnet werden (s. Bild H2). Eigner, M.; Maier H.: Einführung und Anwendung von CAD-Systemen. München: Hanser 1984

Hidden Line Removal: Verfahren zur Darstellung von 3-dimensionalen Objekten, bei dem die verdeckten Kanten berechnet und danach unterdrückt oder mit einer Strichlinie dargestellt werden.

Hierarchie in CAD-Systemen: Hierarchische Strukturen in *CAD-Systemen* betreffen Datenstrukturschemata, nach denen rechner - interne Modelle aufgebaut werden. Hierzu werden die folgenden Datenstrukturansätze unterschieden:
- hierarchische Strukturen (Baumstrukturen),
- netzwerkartige Strukturen und
- relationale Strukturen.

Die hierarchischen Strukturen werden dadurch gekennzeichnet, daß jedes Datenele - ment genau einen Eingang (einmündender Pfeil) und mehrere Ausgänge (wegzeigende Pfeile) besitzt (s. Bild H3).

In hierarchischen Strukturen existieren Wurzelelemente, die keinen Eingang besitzen und Terminale, die als Elemente unterster Stufe keine Ausgänge besitzen. Charakte - ristisch ist für hierarchische Strukturen, daß von jedem Element, insbesondere von jedem Terminal genau ein Weg zum Wurzelelement führt.

Eine weitere kennzeichnende Eigenschaft wird durch die Art der Beziehungen (Zeiger) zwischen den Datenelementen deutlich. Hierarchische Strukturen besitzen ausschließ - lich Beziehungen vom Typ 1:n (s. Bild H4).

Hierarchische Strukturen werden angewen - det, um Datenkomplexe auch strukturell abzubilden. Diese strukturelle Abbildung ermöglicht eine einfache Weiterverarbei - tung, z.B. bei *Transformationen*, Löschope - rationen, Ableiten von Zusammenhängen wie bei der Stücklistenerstellung, etc.. Enderle, G.; Kansy, K.; Prester, F.-J.: Die Funktionen des Graphischen Kernsystems. Informatik-Spektrum Nr. 6. 1983

Wurzel

○Knoten   ●Blätter   —Äste

Bild H3. Beispiel einer hierarchischen Datenstruktur

Beziehungsart allgemein

1 : n

Beispiel:

1 : 2

1 : 3

○ Knoten   ● Blätter   → Zeiger

Bild H4. Beziehungsart einer hierar - chischen Datenstruktur

Hilfselement: Elemente mit geometrischen Eigenschaften, die zur Beschreibung von Position, Lage und/oder Orientierung geo - metrischer Objekte (z.B. Achse eines Zylinders) dienen. Meist sind *Hilfselemente Hilfslinien, Hilfskreise* oder Hilfsflächen. Hilfselemente sind nicht Bestandteil der Geometrie eines in einer *technischen Zeichnung* dargestellten Bau-Teiles; sie dienen lediglich dem Aufbau einer derartigen Darstellung. Daher werden Hilfselemente in technischen Zeichnungen gemäß DIN 15 gestrichelt dargestellt. Spur, G.; Krause, F.-L.: CAD-Technik. München: Hanser 1984

Hilfskreis: *s. Hilfselement*

Hilfslinie: *s. Hilfselement* und Hoischen, H.: Technisches Zeichnen. Essen: Girardet 1982

Hilfsraster: *s. auch Raster;* zusätzliche fei - nere Unterteilung eines Grundrasters.

Hintergrundverarbeitung: Art der Pro - grammabarbeitung, bei der mehrere Pro - zesse praktisch gleichzeitig ablaufen. Bei *Betriebssystemen*, die die Fähigkeit haben, die zur Verfügung stehende Prozessorzeit auf mehrere Prozesse (Abarbeitung von Pro - grammen) zu verteilen, können mehrere Prozesse im Hintergrund bearbeitet werden. Ihre Bearbeitung läuft vom Benutzer nahezu unbemerkt. Die Hintergrundverarbeitung wird besonders für Stapelverarbeitungs - prozesse angewandt, z.B. zum Ausdrucken von Texten. Der Druckprozeß wird im Hin - tergrund abgearbeitet, wobei dem Benutzer trotzdem alle Funktionen des Betriebssystems voll zur Verfügung stehen. Betriebssysteme, die eine Hintergrundverarbeitung ermög - lichen, sind z.B. sämtliche *UNIX*-Versionen (Urversion von AT&T), CCP/M von DIGITAL RESEARCH und CONCURRENT DOS von MICROSOFT.

Hinweislinie: Hinweislinien referenzieren textuelle Erklärungen zu einem technischen Objekt. Sie werden schräg aus der Darstellung herausgezeichnet. Bei Platz - mangel dürfen sie auch als Bezugslinie für

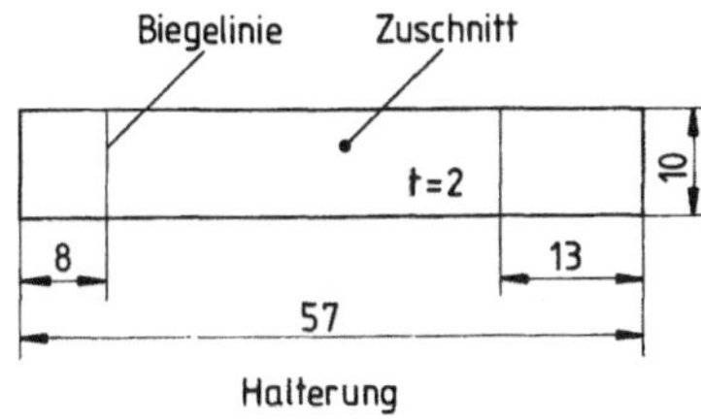

Bild H5. Hinweislinien

Maße angewendet werden. Hinweislinien werden durch schmale Vollinien dargestellt und enden (s. Bild H5)
- mit einem Pfeil an der Körperkante,
- mit einem Punkt in einer *Fläche* oder
- ohne Begrenzung an allen anderen Linien, z.B. *Maßlinien* und *Mittellinien*.

Hoischen, H.: Technisches Zeichnen. Essen: Girardet 1982

History-Funktion: (Historie, Erzeugungsgeschichte, Konstruktionsweg); Methode zur Speicherung des Konstruktionsweges. Dabei werden systemintern die Kommandosequenzen der graphisch-*interaktiven* Konstruktionsprozesse mitprotokolliert. Jedes *Kommando*, das vom Benutzer eingegeben und abgeschlossen wird, wird als Kommandozeile abgespeichert und durchnumeriert. Durch die Speicherung der Kommandosequenz wird es möglich, alle Kommandos, die zu einer Konstruktion gehören, zu manipulieren, um die technische Lösung, z.B. mit veränderten Parametern oder *Attributen* als Variante zu erzeugen. Das bedeutet, daß eine neue Variante automatisch erstellt werden kann. Dieses Verfahren wird programmtechnisch so realisiert, daß die Befehlszeilen in eine Datei geschrieben werden, und zur Ausführung diese Datei gelesen, gegebenenfalls modifiziert und ausgeführt wird.

Höhere Programmiersprache: Programmiersprachen, deren Sprachelemente und Sprachkonstrukte an der Struktur bestimmter Problemkreise (z.B. mathematisch-technische Merkmale) orientiert wurden. Gegenüber Maschinensprachen und maschinennahen Sprachen verfügen höhere Programmiersprachen für den Anwender die folgenden Vorteile:
- Problemorientierung,
- problemstrukturierter Aufbau,
- maschinenunabhängig und
- Reduktion der Befehlsvielfalt.

Die Programmierung in einer höheren Programmiersprache (z.B. in *FORTRAN*, *PASCAL*, PL/1, etc.) führt zu einem *Quell*-

programm, das mit Hilfe eines Übersetzers
(*compiler*) in die *Maschinensprache* über -
tragen werden muß. Zur Integration des in
Maschinensprache übersetzten Programms
(auch als object code oder object program
bezeichnet) in ein Softwaresystem ist ein
Binden des Programmes mit bereits vor -
handenen Programmen erforderlich. Hierzu
steht ein weiteres Dienstprogramm, das als
Binder (engl.: link program) bezeichnet
wird, zur Verfügung.

Hz: Nach dem Physiker Heinrich Hertz
benannte physikalische Einheit der Frequenz,
Angabe in 1/s.

I

IC (integrated circuit): Integrierter Schalt -
kreis; Anordnung von elektronischen Schalt -
elementen, die alle auf einem Silikonstück
integriert sind.

ICAM (integrated computer aided manu -
facturing): *s. auch IGES*

ICAP (integrated computer aided produc -
tion): Rechnerintegration in der Produktionstechnik.

IEC (international electrotechnical com -
mission): Internationale Kommission für
Elektrotechnik.

IEEE (institute of electrical and electronic
engineers): Vereinigung der Elektrotechnik-
und Elektronikingenieure.

IFIP (international federation of information
processing): Internationale Vereinigung von
Institutionen der Datenverarbeitung. Die
Arbeit der IFIP zeichnet sich insbesondere
durch den internationalen Charakter der
Tagungen, Kongresse und Arbeitsgruppen -
treffen aus.

IGES (initial graphics exchange specifi -
cation): *(s. auch: Modellaustausch zwischen
CAD-Systemen);* standardisierte Schnitt -
stelle zum Austausch von Produktdaten
zwischen verschiedenen *CAD-Systemen.*
IGES ist eine Spezifikation, die als allgemein -
gültige Schnittstelle in USA standardisiert
wurde (ANSI Y 14.26M). IGES ist ein
Projekt des ICAM- (integrated computer
aided manufacturing) Programms. Es wird
durch die US Air Force, Army, Navy und
durch die NASA unterstützt. Im IGES-
Komitee sind alle namhaften CAD/CAM-
Hersteller vertreten.
Der Modelldatenaustausch auf der Basis

IGES wird nach folgendem Ablauf durchgeführt: Ein *Pre-Prozessor* erzeugt aus dem rechnerinternen Modell eines CAD-Systems "1" ein Zwischen- oder Übertragungsmodell nach den Festlegungen der IGES-Spezifikationen. Ein weiterer Programmbaustein, der *Post-Prozessor*, generiert aus dem standardisierten IGES-Modell das rechnerinterne Modell für System "2". Die einzelnen Werkstücke werden durch Produktgestalt, Produktabmaß und Anmerkungen, die das Werkstück direkt oder dessen Herstellung betreffen, in einem Datenformat dargestellt (s. Bild I1).

Zur Beschreibung des Übertragungsmodells stellt IGES drei Elementklassen zur Verfügung:
- Geometrieelemente (*Punkt*, Linie, Kreisbogen, *Splines, Flächen* usw.),
- Symbolische Elemente (Texte, Bemaßung, Schraffur usw.),
- Strukturelemente (Assoziation, Linienartdefinition, Subfigur, Schriftart, Transformationsmatrix usw.).

Die Grundeinheit der Information in einer IGES-Datei ist das Grundelement (*Entity*). Geometrische Grundelemente repräsentieren die Gestalt eines Produktes und umfassen Punkte, Kurven und Flächen. Nichtgeometrische Grundelemente sind z.B. Ansichten, Zeichnungsmaße oder Erläuterungen. Die IGES-Spezifikation sieht die in Bild I2 zusammengefaßten Grundelemente vor.

Zur Abbildung von Beziehungen zwischen Grundelementen sind die nachstehenden Elemente verfügbar:
- Property Entity (Eigenschaftselement): Gestattet, nichtgeometrische *numerische* oder Text-Information in Bezug zu anderen Elementen zu setzen.
- Associativity Entity (assoziatives Element): Dient zur Beschreibung der logischen Beziehungen zwischen verschiedenen Elementen.
- View Entity (Darstellungs- oder Ansichtselement): Eine Zeichnung oder eine entsprechende Darstellung eines geometrischen Modells eines Objektes ist die zweidimensionale Projektion eines Bau-

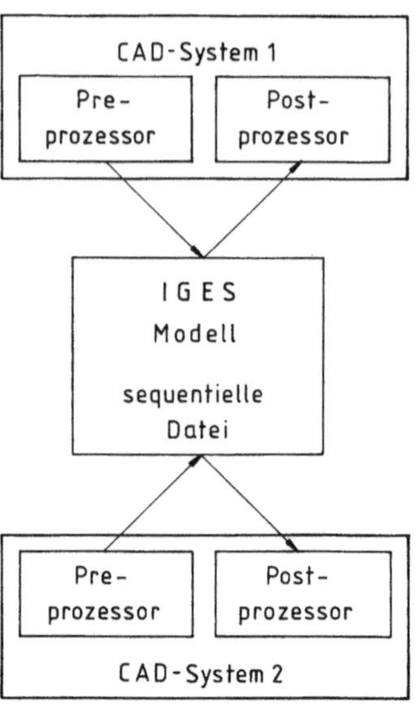

Bild I1. Modellaustausch mit IGES

Vordefinierte Beziehungen

Gruppe
sichtbare Darstellung
Darstellungshinweise zur Plotausgabe
Liniendicke
Darstellung der Elementbezeichnung
Darstellungsliste
Gruppe ohne Rückwärtszeiger
Signalverkettung
Signalzusammenhänge über Beziehungszeiger
Textaufsetzpunkt (absolut positioniert)
Textaufsetzpunkt (relativ positioniert)

Strukturelemente

Definition von Assoziationen
Ausprägung einer Assoziation
Zeichnungselement
Linientypdefinition
Makrodefinition
Makroausprägung
Eigenschaften
Teilbilddefinition
Teilbildausprägung
Teilbildmuster
Schrifttyp- und Textgrößendefinition
Ansicht

Maßbildinformationen

Winkelmaß
Mittellinie
Durchmessermaß
Hinweissymbol
Texthinweis mit Bezugslinie
Texthinweis
Maßlinie mit Maßpfeil
Längenmaß
Bezugsmaß
Koordinatenmaß
Radienmaß
Schraffurfläche
Maßhilfslinie

Geometrieelemente

Kreisbogen
zusammengesetzter Konturzug
Kegelschnittkurvenbogen
Datenkomplex
Ebene
Strecke
parametrische Splinekurve
parametrische Splinefläche
Punkt
Regelfläche
Rotationsfläche
Verschiebefläche
Transformationsmatrix
Verfahrweg
berandete ebene Fläche
geschlossen berandete ebene Fläche
rationale B-Spline Kurve
rationale B-Spline Fläche
Geometrischer Punkt der zur Definition finites Element benutzt wird
Finites Element

Bild I2. Elemente in IGES Version 2.0

teils in Verbindung mit nichtgeome-
trischen Daten wie z.B. Text. Das View
Entity definiert diese Darstellung mit
Angaben wie Richtung, Unterdrücken von
Linien und anderen Charakteristika, die
die Ansicht definieren, jedoch nicht das
Bauteil selbst.
- Drawing Entity (Zeichnungselement): Das
Drawing Entity gestattet es, eine Reihe
von Views zu definieren und zu grup-
pieren. Man beachte: View und Drawing
Entity enthalten nur Regeln und Parameter für die zeichnerische Darstellung
eines Teiles, jedoch nicht die Objekt-
definition.
- Transformation Matrix Entity (Transformationsmatrix): Die Transformationsmatrix beschreibt die Translation und
Rotation, die auf ein beliebiges Element
angewandt werden kann, um das Modell
zu beschreiben oder Ansichten des
Modells festzulegen.
- Macro Entity: Das Macroelement gestattet
die Definition neuer Grundelemente, deren Erzeugungslogik in einem Programm
(IGES-Macroprogramm) formuliert werden kann. Die IGES-Macrospezifikation
erlaubt die Anwendung sämtlicher IGES-
Grundelemente im Macroprogramm und
enthält Kontrollmechanismen, die auch
höhere Programmiersprachen anbieten.
Neben dieser Methode, graphische Informationen zu definieren, erlaubt IGES auch
die Festlegung und Übertragung von
Strukturen. Da die formale Spezifikation von
IGES noch nicht vorliegt, müssen CAD-
Systemanwender z.Zt. noch Zusatzarbeit
leisten, um den Informationsverlust beim
Austausch rechnerinterner Modelldaten zu
minimieren, insbesondere sind die folgenden
Fragen zu klären:
- Welche Elemente des *CAD-Systems* wer-
den auf IGES-Elemente umgesetzt und
umgekehrt?
- Welche Einschränkungen und Sonderfälle
gibt es?
- Wie werden systeminterne Assoziationen
und andere Zusammenhänge im IGES-
Format dargestellt?

Das Übertragungsmodell wird auf einer sequentiellen Datei mit fester Satzlänge von 80 Zeichen im 7-*Bit-ASCII*-Format erstellt. Diese Datei unterteilt sich in fünf Abschnitte:

- Start-Section (Prolog): Enthält in Klartext Kommentare, Mitteilungen oder Nachrichten, die den Modellaustausch betreffen usw..
- Global-Section: Enthält Informationen über den Pre-Prozessor, Trennzeichen, Maßeinheiten, Erstellungsdatum usw..
- Directory Entry Section (directory entry): In diesem Abschnitt sind alle IGES-Grundelemente, aus denen das Pro - duktmodell besteht, verzeichnet. Dabei sind für jedes Element zwei aufeinander - folgende Datenzeilen vorgesehen. Der Satzaufbau ist für alle Elementtypen gleich. Ein Pointer zeigt auf die zum Element gehörenden Daten in der Para - meter Data Section .
- Parameter Data Section (parameter data): Enthält die Parameterwerte der Grund - elemente. Das Satzformat ist variabel und vom Elementtyp abhängig.
- Terminate Section (Terminator): Ende der IGES-Datei mit Prüfsummen für die Abschnitte 1 - 4.

(s. Bild I3). Eigner, M.; Maier H.: Einführung und Anwendung von CAD-System. München: Hanser 1984. Dokumentation der CAMP 83 Computer Graphics Anwendungen für Management und Produktivität. Berlin 14.-17.03.83. Düsseldorf: VDI. Eigner, M.: Semantische Datenmodelle als Hilfsmittel der Informationshandhabung in CAD-Systemen und deren programmtechnische Realisierung auf Klein - rechnern. Fortschrittsber. Reihe 10 Nr. 5. Düssel - dorf: VDI 1980. Lang, R.; Schmälzle, E.; Walcher, E.: Rechnerunterstütztes Konstruieren und Finite-Element-Berechnung. VDI-Ber. 492 (1983) 137. Digital representation of product definition data. ANSI-Standard Y 14.26 M, Jan. 1981. Grabowski, H.; Glatz, R.: Schnittstellen zum Modellaustausch - Auf dem Weg zum internationalen Standard STEP. VDI-Z 10 (1986). Dassler, R.; Germer, H.-J; Krause, F.-L.; Pohlmann, G.: Databases for geometric modelling and their application. Fraunhofer Institut für Produktionsanlagen und Konstruktions - technik. Berlin 1982

IGES-Übersetzer: *CAD*-systemspezifische Softwarebausteine, die dazu dienen, *IGES*-Modelldaten zu erzeugen, bzw. zu verar -

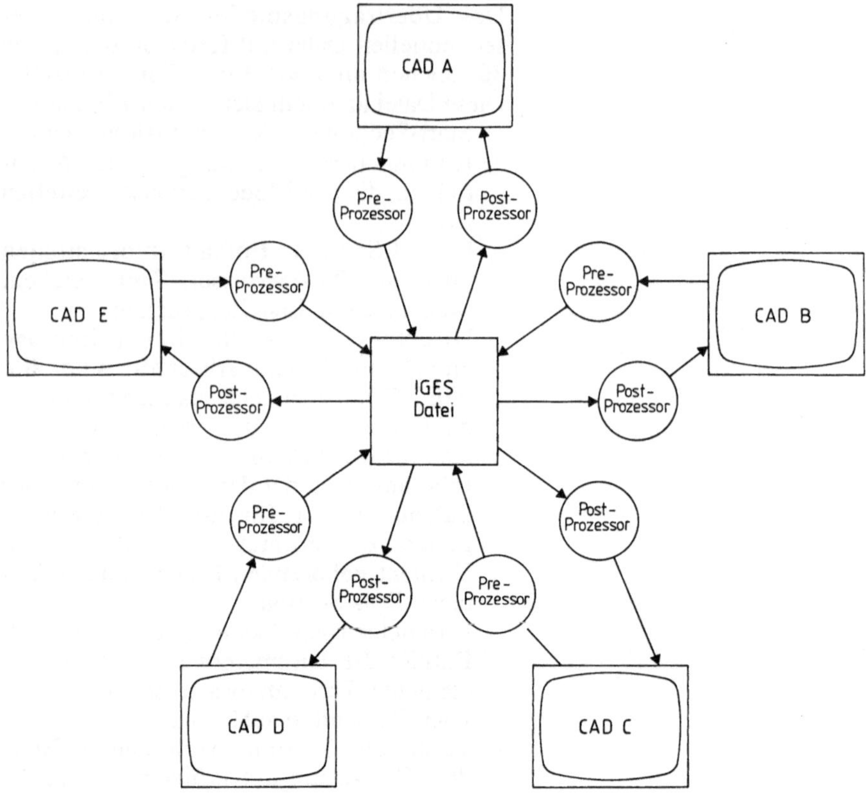

Bild I3. Modellaustausch zwischen CAD-Systemen (Quelle: Schuster)

beiten. Unterschieden werden:

- IGES-*Preprozessoren*: Dies sind IGES-Übersetzer, die aus dem rechnerinternen Modell eines *CAD-Systems* IGES-Modell -daten erzeugen.
- IGES-*Postprozessoren*: Dies sind IGES-Übersetzer, die IGES- Modelldaten inter -pretieren und daraus ein *CAD-System* spezifisches rechnerinternes Modell auf -bauen.

Dokumentation der CAMP 83 Computer Graphics Anwendungen für Management und Produktivität. Berlin 14.-17.03.86. Düsseldorf: VDI. Grabowski, H.; Glatz, R.: Schnittstellen zum Modellaustausch - Auf dem Weg zum internationalen Standard STEP. VDI-Z 10 (1986). Anderl, R.; Tröndle, K.: Modell -austausch-Notwendigkeit für die Integration von CAD/CAM-Anwendungen. VDI-Z (1983)

Ikon: Bildzeichen, das auf einem Graphikbildschirm in einem graphischen Bildschirmmenü eine Funktion zur Auswahl durch den Bediener darstellt.

Implementierung: Implementierung bezeichnet die Umsetzung eines Lösungskonzeptes in ein fehlerfrei lauffähiges Programmsystem oder auch einzelnes *Programm*. Der Vorgang der Implementierung umfaßt dabei die folgenden Schritte:
- Programmentwurf,
- Programmspezifikation,
- Programmerstellung mit -dokumentation,
- Programmtest und
- Programmabnahme.

Implementierungsarbeiten beziehen sich dabei nicht nur auf die Programmierung eines konzpierten Lösungswegs sondern berücksichtigen darüberhinaus auch die Einbettung eines Programms in eine Systemumgebung und das Programmverhalten in dieser Systemumgebung.

Inhalt einer Linie: (Syn.: *Attribute*, Properties, Eigenschaften); jede Linie kann als geometrisches Objekt einer *technischen Zeichnung* nicht geometrische Inhalte haben, z.B.
- "virtuelle Trägergerade" der Dachreiter sein,
- Dachrinne sein,
- Regenabfluß sein,
- Elektroleitung sein,
- Kraftlinie sein,
- "Dampftransport" sein.

Diese Inhalte können allgemein gültig oder vom Anwendungsgebiet abhängig sein.
Hoischen, H.: Technisches Zeichnen. Essen: Girardet 1982.

Inhalt eines Rechtecks: (Syn.: *Attribute*, Properties, Eigenschaften); jedes Rechteck (*Flächenelement*) kann als geometrisches Objekt einer *technischen Zeichnung* nicht geometrische Inhalte haben, z.B.
- Fenster sein,
- Türe sein,
- Stellplatz für Küchenherd sein,

- Zimmer sein,
- Gang sein,
- Balkon sein.

Diese Inhalte können allgemein gültig oder vom Anwendungsgebiet abhängig sein.

Inhalt einer technischen Zeichnung: Der Inhalt einer *technischen Zeichnung* umfaßt neben der eindeutigen Darstellung der Geometrie des technischen Objektes weitere Informationsmengen, die das technische Objekt in Bezug auf seine

- Fertigung, oder
- Montage, oder
- Prüfung (Qualitätswesen) oder
- Anwendung

beschreiben. Diese Informationsmengen können graphische und/oder *alphanumeri-sche* Darstellungsformen besitzen. Symbol-hafte graphische Darstellungen sowie die Anordnung alphanumerischer Zeichen impli-zieren zusätzlich die semantische Bedeutung der geometrieergänzenden Informationen. Der Inhalt einer technischen Zeichnung wird beispielhaft anhand einer Fertigungszeich-nung in technologischen und organisato-rischen Inhalt unterschieden (s. Bild I4). Ein *CAD-System* muß verschiedenartige Informationen enthalten und diese Infor-mationen explizit im rechnerinternen Modell bereitstellen (Informationssystem). Die fol-gende Aufzählung zeigt beispielhaft die Verschiedenartigkeit der Informationsmen-gen auf:

- Elementarobjekte, z.B. Linien.
- Objekte, die aus Elementarobjekten zu-sammengesetzt sind, z.B. ganze Zeich-nungen oder Teile daraus.
- Eigenschaften von Objekten, z.B. Länge einer Geraden, Inhalt einer Fläche, Größe eines Winkels, Umfang einer Kontur.
- Allgemeine Eigenschaften von Objekten, z.B. Linienbreite, Nummer des Linien-ziehgerätes, Element der Gruppe Nr. xxx sein, Element der Ebene Nr. yyy sein.
- Objekte aus der Metaebene zu den Elementarobjekten und der Potenzmenge über der Menge der Elementarobjekte;

Inhalt einer Fertigungszeichnung					
Technologischer Inhalt				Organisatorischer Inhalt	
Bildliche Darstellung des Gegenstandes	Bemaßung und Darstellungsangaben	Güte- und Qualitätsangaben	Behandlungsangaben	Sachbezogene Angaben	Zeichnungsbezogene Angaben
Schnitte Ansichten	Maßzahlen	Werkstoff	Fertigungsvorschrift	Ident-Nr.	Zeichnungs-Nr.
Grundelemente (Kurve,Gerade)	Maßpfeile	Härte/Vergütung	Wuchtvorschrift	Klassifizierungs Nr.	Bearbeiter
Formelemente	Maßhilfslinien	Strukturgüte (Faserverlauf)	Kennzeichn.-vorschriften	Benennung	Erstellungsdatum
Schraffur	Toleranzangaben	Gewicht	Prüfvorschrift	Änderungsstand	Maßstab
	Schnittangaben		Abnahmevorschr.	Ursprungshinweis	Mikroverfilmung
	Ansichtsangaben		Liefervorschrift	Pos.Nummer	Zeichnungsformat
Graphisch dargestellte Information					
	Alphanumerisch dargestellte Information				

Bild I4. Inhalt einer technischen Zeichnung nach VDI-Richtlinie 2211

diese Objekte enthalten Informationen über die dargestellten Gegenstände.

- Objekte mit weiterführenden Informationen aus dem Umfeld der auf einem Bild dargestellten Gegenstände, z.B. Materialangabe, Stücklistennummer, Werkstücknummer, Bearbeitungshinweise, Namen von Lieferanten, Bezeichnung der Oberflächengüte.
- Die innere geometrische Struktur eines einzelnen Teiles, z.B. Schraube, Zahnrad usw., und die innere Struktur einer Zeichnung, z.B. Schraube, Mutter und Unterlagsscheibe, liegen alle auf einer Achse.
- Löcher, Senkungen, Gewinde, Schraubenverbindungen, Nietverbindungen, Muttern.
- Schweißnähte
- *Toleranzen* und Passungen.

Ink-Jet-Plotter (Tintenstrahlplotter): *s. auch Plotter;* Plotterarten, die nach dem physikalischen Prinzip des Sprühens von Tinte auf Papier, das sich auf einer Trommel bewegt, arbeiten (s. Bild I5).

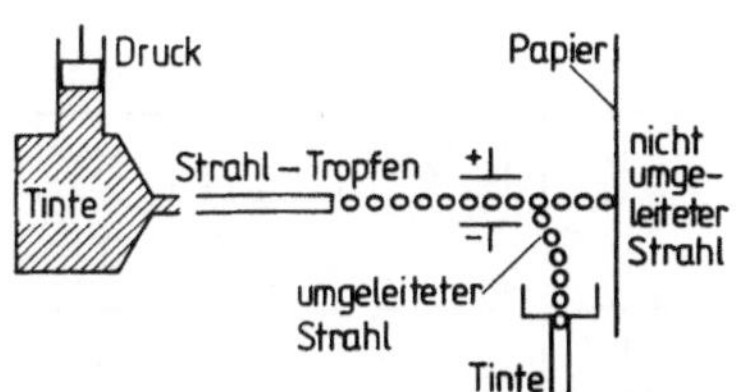

Bild I5. Arbeitsprinzip eines Ink-Jet-Plotters

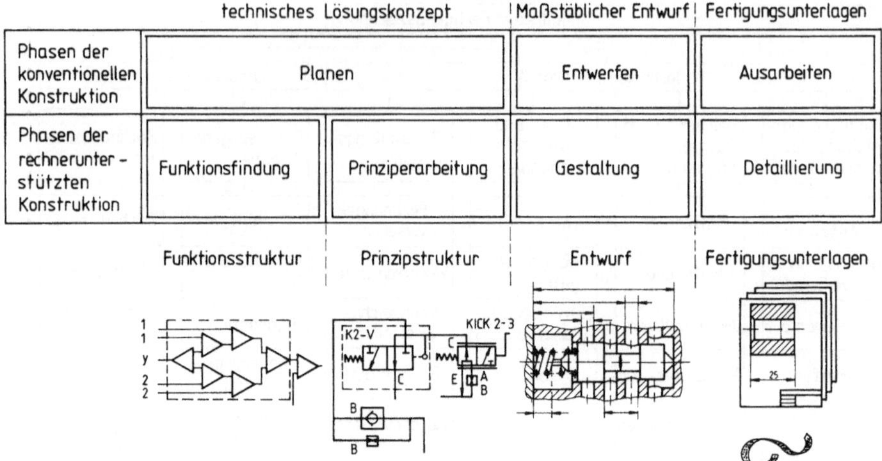

	technisches Lösungskonzept		Maßstäblicher Entwurf	Fertigungsunterlagen
Phasen der konventionellen Konstruktion	Planen		Entwerfen	Ausarbeiten
Phasen der rechnerunter-stützten Konstruktion	Funktionsfindung	Prinziperarbeitung	Gestaltung	Detaillierung
	Funktionsstruktur	Prinzipstruktur	Entwurf	Fertigungsunterlagen

Bild I6. Strukturelle Eigenschaften technischer Objekte in Abhängigkeit der Konstruktionsphasen

Ink-Jet-Plotter besitzen insbesondere die Fähigkeit, *Flächen* mit beliebiger Farbe darzustellen. Die Farbe wird dabei durch additive Farbmischung aus den Grundfarben erzeugt.

Innere Struktur einer Zeichnung: Funktionale, physikalische und geometrische Struktureigenschaften der auf der technischen Zeichnung dargestellten Objekte. Bild I6 veranschaulicht mögliche strukturelle Eigenschaften als Ergebnis der Konstruktionsphasen.
Funktionale Struktureigenschaften beinhalten Aussagen wie z.B. "Stromkreis sein", "Schaltung sein" etc.. Physikalische Struktureigenschaften kennzeichnen z.B. die Übertragung von Momenten, Kräften, Schwingungen etc..

Innere, geometrische Struktur eines technischen Objektes: Topologischer Zusammenhang zwischen geometrischen Objekten. Bilden beispielsweise vier Linien ein Viereck, dann stellt der Zusammenhang "Viereck bilden" die innere geometrische Struktur der vier Linien, d.h. des Objektes "Viereck" dar. Daneben bestehen Nachbarschaftsbeziehungen zwischen den Linien, die sich insbesondere durch gemeinsame Begrenzungspunkte ausdrücken (s. Bild I7).

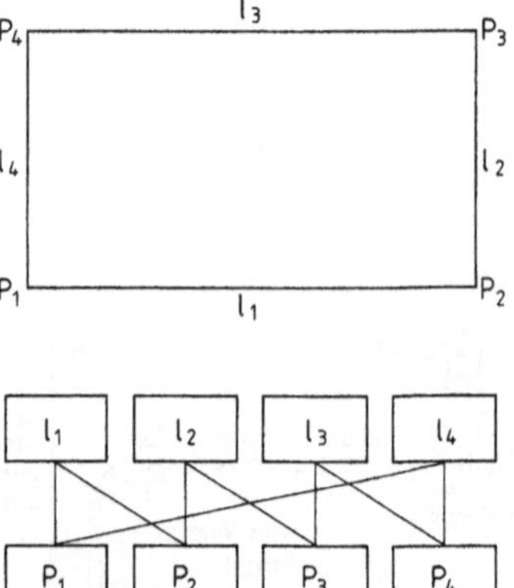

Bild I7. Innere geometrische Struktur eines Vierecks

Bei einer Manipulation dieser vier Linien, insbesondere bei Verzerrungen, darf diese innere Struktur nicht verlorengehen. Ein Beispiel für eine innere geometrische Struktur ist eine Strukturausprägung, bei der die Mittelachse einer Schraube, die Mittelachse einer Beilagscheibe, die Mittelachse eines Bohrloches identisch sind. Auswirkungen, die sich aus dem expliziten Vorhandensein der inneren geometrischen Struktur ergeben, zeigen die folgenden Beispiele:

- Zwei Linien kreuzen sich, d.h. haben einen Punkt gemeinsam. Die innere geometrische Struktur dieser beiden Linien wird durch den gemeinsamen Schnittpunkt gebildet. Wird auf dem Bildschirm eine der kreuzenden Linien transformiert, so ermöglicht die innere geometrische Struktur die automatische Folgeänderung des Schnittpunktes.
- Zwei Linien liegen aufeinander. Die innere geometrische Struktur dieser beiden Linien besteht in dem Zusammenhang des "Aufeinanderliegens". Wird eine Linie geändert, so ermöglicht die innere geometrische Struktur eine automatische Folgeänderung der anderen Linie.

Installation: Übertragung und lauffähige Anpassung eines implementierten Programmsystems auf ein Rechnersystem. Zur Installation zählen insbesondere die Anpassung eines Programmsystems an bestehende Systemparameter sowie die Einstellung von Systemparametern selbst. Je nach Rechnersystem und Programmsystem können auch Programmänderungen und -anpassungen zu zusätzlichem Implementierungsaufwand führen, der erheblich sein kann.

Interaktion: Wechselwirkung zwischen Aktionen, die zwischen Mensch und Rechnersystem ausgeführt werden. Interaktionen ermöglichen eine ständige *Kommunikation* des Benutzers mit dem System während des Programmlaufes. Hierzu sind Betriebssystemfähigkeiten zur *Interrupt*-Verar-

beitung (Unterbrechungsprinzip) erforderlich. Mallgreen, W.R.: Formal-specification of
interactive graphics programming languages.
Cambridge: MIT Press 1983

Interaktiv: Fähigkeit eines Systems *Interaktionen* zuzulassen. Wechseln beim Ablauf
eines *Programms* Aktionen des Benutzers mit
Reaktionen des Programms ab, so spricht
man von Interaktivität.

Interface: (dt.: Schnittstelle); Verbindungs-
stelle, über die die Komponenten eines
Rechnersystems zusammenwirken. Schnittstellen können in Hardware- und Software-
schnittstellen unterschieden werden. Aufgabe
von Schnittstellen ist es, einheitlich
spezifizierte Festlegungen über Funktionalität, Datenflüsse, Zustandsbeschreibungen und
Fehlermeldungen bereitzustellen. Der
Vorteil der Verfügbarkeit von Schnittstellen
liegt in der Erhöhung der Erweiterbarkeit
und Flexibilität des Gesamtsystems, der
Reduzierung von Abhängigkeiten von
einzelnen Bausteinen und der Reduzierung
des Entwicklungs-, Wartungs- und Pflege-
aufwandes.

Interlaced: (Zeilensprungverfahren); Technik zum Bildaufbau bei Rasterbildschirmen
(*Raster-scan-Bildschirmen*). Der Bildaufbau
erfolgt für die Menge der Bildpunkte (z.B.
1024·1024 *Pixels*) etwa 60 - 70 mal pro s.
Die Interlaced-Technik erlaubt dabei die
Belastung der Digital- und Analogbausteine
des Rasterbildschirms um die Hälfte zu
reduzieren, indem anstelle eines vollständigen Bildaufbaus alternierende
Halbbilder dargestellt werden. Dabei werden
abwechselnd die ungeraden und geraden
Zeilen dargestellt. Nachteile der Interlaced-
Technik liegen in auftretenden Flimmer-
effekten, insbesondere bei der Darstellung
vieler Details. Diese Nachteile werden durch
die Non-interlaced-Technik vermieden, bei
der pro Bildaufbau jeweils das ganze Bild
dargestellt wird. Schuster, R.; Trippner, D.:
Erfahrungen beim CAD/CAM-Datentransfer mit der
IGES-Schnittstelle. CAD/CAM 4 (1984)

Interpreter: *Programm* zur Übersetzung und Ausführung von Anweisungen einer Programmiersprache oder einer Beschreibungssprache. Der Funktionsumfang von Interpretern umfaßt die syntaktische Prüfung, die Entschlüsselung, Interpretation und Ausführung von Anweisungen; im Gegensatz zu *Compilern* übersetzt ein Interpreter nicht das gesamte *Quellprogramm*, sondern Anweisung für Anweisung, und führt sie danach direkt aus. Tritt ein Fehler auf, so meldet der Interpreter diesen Fehler direkt nach der Anweisung. Dies bedeutet, daß das Programm nach der Korrektur erneut vollständig interpretiert werden muß. Compiler dagegen zeigen nach einer Programmübersetzung sämtliche Fehler auf, die im Programm enthalten sind.

Interrupt: (dt.: Unterbrechung); wesentliche Eigenschaft von Digitalrechnern (*s. auch Computer*), nämlich die Fähigkeit, Programmunterbrechungen zuzulassen. Der Prozeß der Programmunterbrechung ist insbesondere zur *Implementierung* interaktiver Systeme und für einen Multi-Tasking-Betrieb (*s. Multi-Tasking*) erforderlich. Die Interruptverarbeitung erfolgt in folgenden Schritten:
- Erkennen des Interruptsignals,
- Vermerken der Programmstelle, an der das Interruptsignal aufgetreten ist,
- Interruptbearbeitung, z.B. durch Ausführen eines Programms und
- nach Beendigung des unterbrochenen Programms, Fortführung ab der vermerkten Programmstelle.

Besondere Bedeutung erhält die Interruptverarbeitung durch die Anforderung graphisch-interaktiver Systeme (z.B. *CAD-Systeme*), die ein hohes Maß an Interaktivität (*s. auch Interaktiv*) mit schnellen Reaktionszeiten fordern.

Invertierte Darstellung: Die invertierte Darstellung von Text auf Papier ist entgegengesetzt der allgemeinen Darstellung (s. Bilder I8, I9), also helle Schrift auf dunklem Hintergrund.

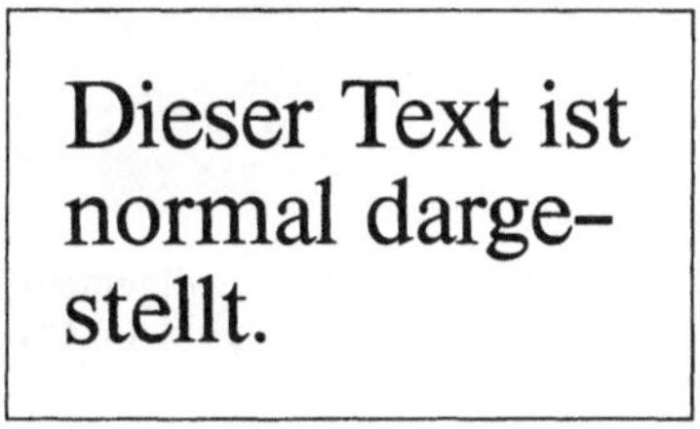

Dieser Text ist normal dargestellt.

Bild I8. Allgemeine Darstellung eines Textes

Dieser Text ist invertiert dargestellt.

Bild I9. Invertierte Darstellung eines Textes

Die allgemeine Darstellung von Bildern auf Papier ist entsprechend der allgemeinen Darstellung von Text auf Papier, also dunkle Linien auf hellem Hintergrund.

Die invertierte Darstellung von Bildern auf Papier ist entsprechend der invertierten Darstellung von Text auf Papier, also helle Linien auf dunklem Hintergrund.

In den Bildern I10 und I11 ist jeweils die allgemeine und die invertierte Darstellung desselben "Bildes" nebeneinander gestellt.

Bild I12 zeigt die invertierte Darstellung eines Autos als 3D-Drahtmodell.

Die allgemeine Darstellung auf dem Bildschirm (von Bildern und Text) entspricht der invertierten Darstellung auf Papier, weil am Bildschirm auf dunklem Hintergrund hell geschrieben oder gezeichnet wird. Die invertierte Darstellung auf dem Bildschirm ist entgegengesetzt der allgemeinen Dar-stellung auf dem Bildschirm, also dunkle Schrift oder Graphik auf hellem Hinter-grund.

I/O (input/output): I/O steht für Ein- und Ausgabe und wird als Kurzform ins-besondere in Zusammenhang mit Eigen-schaften, wie z.B. Funktionalität (I/O-Funktionalität) verwendet.

IPS: inches per second.

IRDATA (industrial robot data): Verein-heitlichte Datenschnittstelle für Industrie-roboter, die es ermöglicht, Steuerdaten unabhängig von bestimmten Roboter-steuerungen bereitzustellen. Die IRDATA-Anweisungen werden von Softwarebau-steinen, den sog. *Postprozessoren* in roboter-steuerungsspezifische *NC*-Steuerdaten über-setzt. IRDATA liegt derzeit als VDI-Entwurf 2864 vor und wurde bereits zur Normung vorgeschlagen. Bild I13 zeigt den Satzaufbau der IRDATA-Schnittstelle.

Die Satznummer bezeichnet die fortlaufende Nummerierung der Steuerdatensätze. Der Haupttyp beschreibt durch einen Nummern-code die Anwendungsklasse. Die Anweisung (Subtype) bezeichnet eine auszuführende

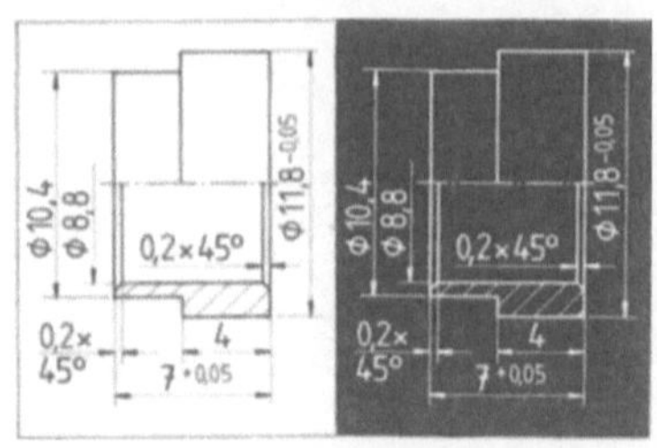

Bild I10. Invertierte und allgemeine Darstellung einer technischen Zeichnung

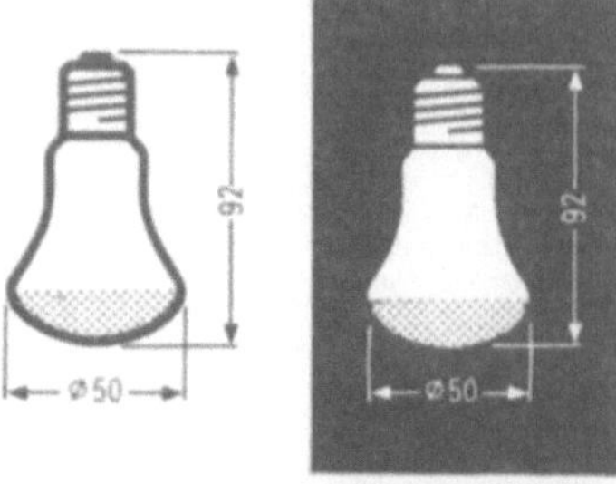

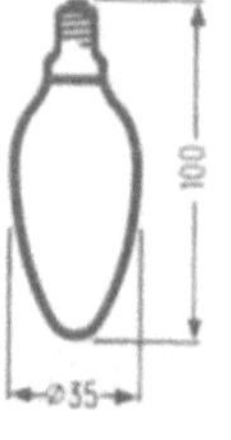

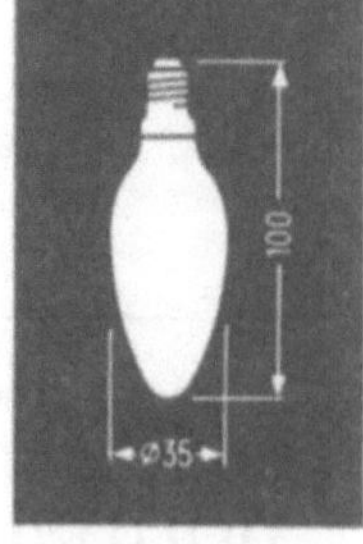

Bild I11. Invertierte und allgemeine Darstellung einer Graphik (Werk-bild: OSRAM)

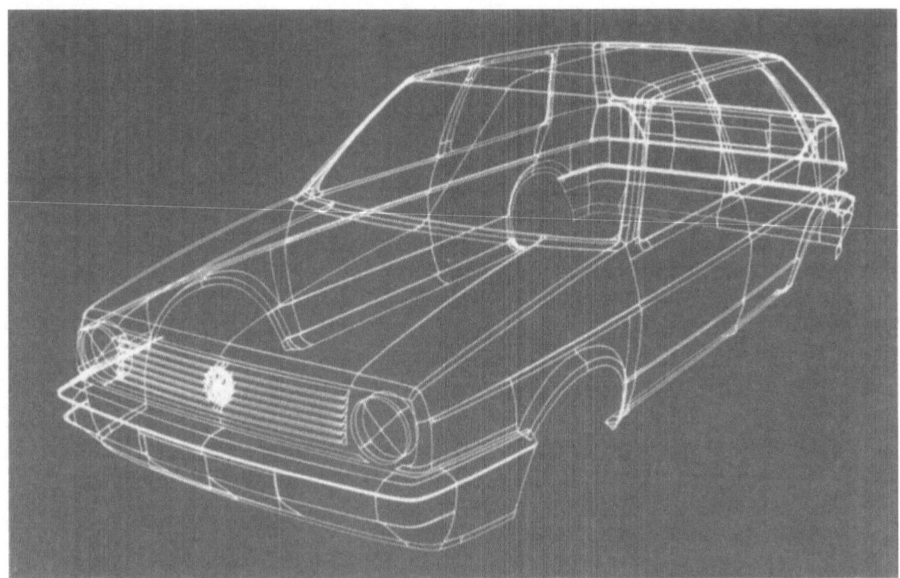

Bild I12. Invertierte Darstellung eines 3D-Drahtmodells (Werkbild: Volkswagen AG)

Satz-nummer	Haupt-typ	Anwei-sung (Subtyp)	Parame-ter	Satz-ende-zeichen
0017	2000	OPENGR	1, 270,	Cr/Lf

Bild I13. Satzaufbau der IRDATA-Schnittstelle

Operation, während die Parameter die Werte für die auszuführende Operation liefern. Das Satzendezeichen terminiert einen IRDATA-Steuerdatensatz. Zühlke, D.: Benutzerfreundliche Roboterprogrammierung durch standardisierte Schnittstellen. VDI-Z 125, Nr. 4. 1984

ISO: international organization for standard-ization; internationale Normungsorganisa-tion:

ISO 3098/2:   Technical drawings-Lettering Part 2: Greek characters

ISO 5457:   Technical drawings-Sizes and Layout of drawing Sheets

ISO 6983/1:   Numerical control of machines- Programformat and definition of address words

ISO 7083:   Technical drawings-Symbols for geometrical tolerancing Proportions and dimensions

ISO 7200:   Technical drawings-Title blocks

ISO 7573:   Technical drawings - Item lists

ISO128-1982: Technical drawings - General
principles of presentation.

Isolinien: Höhenlinien, Schnitte und Linien
konstanter Differentialparameterwerte in
räumlichen, geometrischen Objekten.
Nowacki, H.; Gnatz, R.: Geometrisches Modellieren.
Informatik-Fachber. Nr. 65. Berlin: Springer 1983

ISO/TC: Steht für international organization
for standardization/technical committee und
bezeichnet ein internationales Komitee.
ISO/TC 10 -   für *Technische Zeichungen*
ISO/TC 184 - für Industrielle Automation

Istmaß: Durch Messen an einer Stelle des
Werkstückes ermitteltes Maß. Wegen Form -
abweichungen können Istmaße an verschie -
denen Stellen eines Werkstückes unterschied -
lich sein (s. auch DIN 7182 T1).

J

Joy Stick: (Steuerhebel); *analoges* Eingabe -
gerät zur graphischen Eingabe von Posi -
tionen (Koordinatenpaare). Wird der Steuer -
hebel bewegt, entstehen elektrische
Spannungen (Analogsignale), die in *digitale*
Werte umgewandelt und in ein Register
abgespeichert werden. Mit dem dadurch
dargestellten Koordinatenpaar wird auf dem
Bildschirm ein Fadenkreuz erzeugt, das den
Steuerhebel mit dem angesteuerten Punkt
sichtbar macht. Durch das Bewegen des
Steuerhebels läßt sich das Fadenkreuz an
beliebige Stellen auf dem Bildschirm
bringen. Die Übertragung eines gewünschten
Koordinatenpaares zum Rechner erfolgt
durch das Drücken einer Steuertaste, die das
Übertragen der entsprechenden Koordinatenwerte aus dem Register in den Rechner
auslöst (*s. auch Rollkugel*).

K

K: K steht als Abkürzung für **K**ilo und bezeichnet den Faktor 1000.

Kalkulations-Stückliste: Stückliste, die mit Angaben zur Kostenermittlung ergänzt ist (s. auch DIN 199 T2).

Kantenmodell: Klasse von rechnerinternen Modellen. Die rechnerinterne Abbildung der Geometrie technischer Objekte als Kan - tenmodell beinhaltet die Abbildung der Objektkanten. Objektkanten sind dabei zunächst die Umrandungslinien, die aus der Verschneidung der Objektflächen entstehen. Diese Objektkanten können in jede Ansicht automatisch projiziert werden, müssen dann allerdings um ansichtsspezifische Sichtkanten (z.B. Umrißlinien) ergänzt werden. Ver - deckte Kanten können bei Kantenmodellen nicht automatisch ermittelt werden.

Kaufteil (Zukaufteil): Gruppen oder Einzel - teile, die von einem Zulieferer bezogen werden und in einer Gruppe oder einem Erzeugnis als Teilkomponenten verwendet werden.

KByte: (Abkürzung für Kilo Byte); KByte bezeichnet 1000 *Byte.* In der Rechnertechno - logie wird der Begriff Kilo als Bezeichnung des Faktors 1000 gebraucht, obwohl damit der Faktor $2^{10} = 1024$ gemeint wird. Der Be - griff KByte drückt insbesondere die *Spei- cherkapazität* von *Hauptspeichern,* periphe - ren *Massenspeichern* (z.B. Disketten) sowie die Angabe eines *Programm-* und Datei - umfangs aus.

Kegelschnitte: Menge aller Punkte, die einer Ebene und einem geraden Kreiskegel gehören. In Abhängigkeit der Lage der Ebene relativ zum Kreiskegel ergeben sich die Kegelschnittkurven *Kreis, Ellipse,*

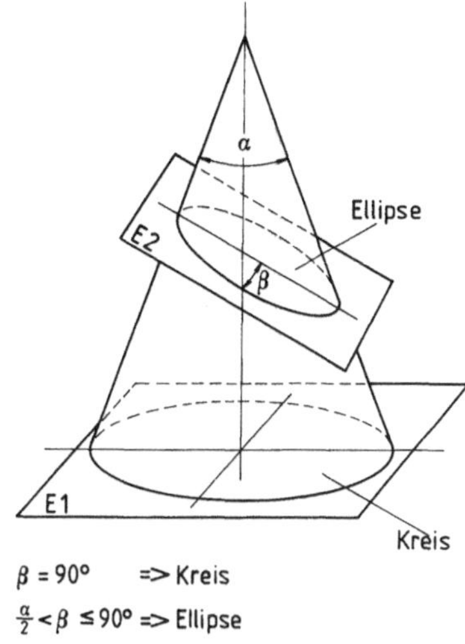

$\beta = 90°$ => Kreis

$\frac{\alpha}{2} < \beta \leq 90°$ => Ellipse

$\beta = \frac{\alpha}{2}$ => Parabel

$0 \leq \beta < \frac{\alpha}{2}$ => Hyperbel

Bild K1. Kegelschnitt

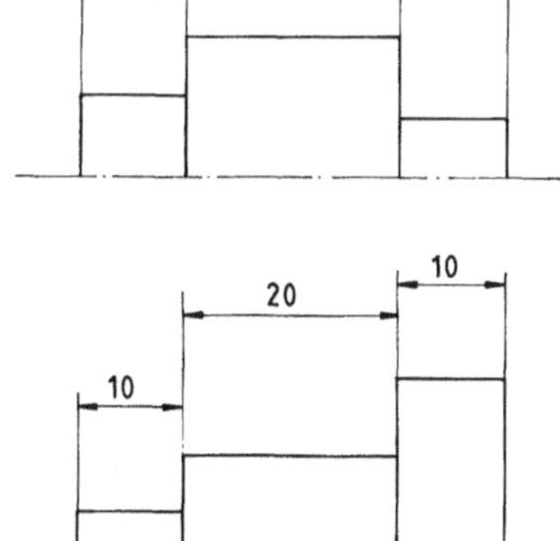

Bild K2. Beispiel für kettenbemaßte Bauteile

Hyperbel und Parabel. Die Lage der Ebene relativ zum Kreiskegel läßt sich durch die Parameter

α =   Öffnungswinkel des Kreiskegels und

β =   Neigungswinkel der Ebene gegen die Kreiskegelachse

beschreiben. In Abhängigkeit von α und β ergeben sich die Kegelschnittkurven (s. Bild K1).

Kennzeichen: (Modifikator, engl.: modifier); Ein Kennzeichen ist eine ergänzende (determinierende) Erzeugungsvorschrift für die Erzeugung geometrischer Objekte. Man kann z.B. eine Strecke mit den als Kennzeichen anzugebenden Erzeugungsvor - schriften

- durch Angabe eines Punktes, der Steigung und der Länge,
- als Tangente von einem Punkt an einen Kreis oder aber
- durch Angabe von 2 Punkten

erzeugen.

Kettenbemaßung: Bemaßungsverfahren, bei dem Längenabmessungen fortlaufend anein - ander gereiht werden. Maßbilder mit Kettenbemaßungen enthalten aneinanderge - reihte Längenmaße, deren *Maßlinien* ent - weder auf einer Linie oder versetzt angeordnet sind. Bild K2 zeigt Beispiele für Kettenbemaßung.

Keyboard: (dt.: Tastatur); *alphanumerisches* Eingabegerät, über das Buchstaben, Ziffern und Sonderzeichen eingegeben werden können. Tastaturen werden insbesondere zur Texteingabe, Werteeingabe und zur Auswahl von Funktionen verwendet.

Kinematikfunktion: Kinematikfunktionen erlauben es, die äußeren geometrischen Zusammenhänge von technischen Objekten , d.h. die Lage relativ zueinander zu verändern, wobei die relative Lageänderung aufgrund kinematischer Zusammenhänge zwischen den technischen Objekten durch -

geführt wird. Mit Hilfe dieser Funktionen werden kinematische Untersuchungen durchgeführt, indem einzelne Objekte z.B. entlang von Bahnkurven bewegt werden.

Klarschriftleser: Eingabegerät, das in der Lage ist, Klarschrift, d.h. vom Menschen lesbare Schrift, die nicht codiert oder DV-technisch aufbereitet wurde, zu lesen und in einen Verarbeitungscode umzusetzen.

Kleinstmaß: Das Kleinstmaß einer Abmessung legt das untere Grenzmaß fest und ergibt sich aus der durch das untere *Abmaß* beschriebenen zulässigen Abweichung des *Istmaßes* vom *Nennmaß* (s. auch DIN 7182/1 Nr. 3.1.51).

Knotenpunktraster: *s. auch Raster;* Teilung einer *Fläche* durch sog. Knotenpunkte, die als Schnittpunkte von Teilungslinien entstehen.

Kommando: *Sprachliche Formulierung einer Eingabe an einem CAD-System in Befehlsform. Die Kommandosyntax wird dabei am grammatikalischen Aufbau eines Imperativsatzes einer natürlichen Sprache orientiert. Unabhängig von der Eingabeart und der Bedeutung haben Kommandos den folgenden Aufbau:*
OPERATOR - OPERAND -
KENNZEICHEN - SPEZIFIKATION
Zu jeder Benennung gehört eine Tabelle, in der das zugelassene Vokabular für diese Benennung festgelegt ist. Die Wirkungsweise eines Kommandos soll anhand eines Beipieles erläutert werden:
ERZEUGE STRECKE PP <DIG>;<DIG>!
Dieses Kommando bewirkt, daß eine Strecke zwischen 2 Punkten, die mittels Cursorpositionierung festgelegt wurden, auf dem Bildschirm erzeugt wird.
Der "Operator" ERZEUGE bestimmt, welche Aktion ausgeführt werden soll (Beispiele: ERZEUGE, DREHE, SCHIEBE, etc.).
Der "Operand" STRECKE bestimmt, auf welches Element der Operator angewendet werden soll (Beispiele: PUNKT, GERADE,

RECHTECK, etc.).
Das "Kennzeichen" legt fest, auf welche Art die STRECKE erzeugt werden soll. Man kann eine STRECKE z.B. durch Angabe eines Punktes, der Steigung und der Länge, als Tangente von einem Punkt an einen Kreis oder, wie im Beispiel, durch Angabe von 2 Punkten erzeugen.
In der "Spezifikation" müssen nun diejenigen Parameter angegeben werden, die nötig sind, damit das Kommando ausgeführt werden kann. Im Beispiel sollte die Gerade durch 2 Punkte erzeugt werden, also sind als Spezifikation diese beiden Punkte einzu- geben. Die verschiedenen Eingabemög- lichkeiten zur Punkteingabe sind z.B.:

- *Angabe von Punktnamen, die der Benut- zer für bestimmte Punkte bereits vergeben hat; die Namen können bei der Punkter- zeugung optional (mit Schlüsselwort) ver - geben werden und aus einer beliebigen Buchstaben- und Ziffernkombination be - stehen. (ERZEUGE GERADE PP P1; P2!)*

- *Anpicken / Identifizieren von Punkten mit Hilfe der Maus oder des Digitalisierstiftes; hierfür soll im folgenden jeweils der Ausdruck <DIG> verwendet werden. (ERZEUGE GERADE PP <DIG>; <DIG>!)*

- *Angabe der Punktnummer; da jeder Punkt rechnerintern mit einer Nummer abge - speichert ist, kann auch diese Nummer zur Identifizierung des Punktes herangezogen werden. Diese Nummer wird angezeigt bei der Erzeugung des Elementes und kann über das Kommando GIBINFO GERADE <DIG>;NR! erfragt werden. (ERZEUGE GERADE PP 17;18!)*

- *Angabe von Koordinatenwerten; da in einem Koordinatensystem gearbeitet wird, ist es auch möglich, Punkte in kartesischen Koordinaten durch ihren X- und Y-Wert einzugeben. (ERZEUGE GERADE PP 20,20;30,30!)*

In den gezeigten Beispielen für Kommandos der Eingabesprache wurden syntaktische Regeln benutzt, die bei der Befehlseingabe unbedingt einzuhalten sind, wie z.B.

- *Operator, Operand, Kennzeichen und
  Spezifikation sind durch Leerzeichen zu
  trennen; das bedeutet, daß z.B. die Ein -
  gabe eines Operators vom Programm als
  abgeschlossen angesehen und interpretiert
  wird, sobald nach dem Schlüsselwort ein
  Leerzeichen eingegeben wird.*
- *Einzelne Parameter sind stets durch ein
  Semikolon als Parametertrennzeichen
  voneinander zu trennen.*
- *Besteht ein Parameter aus mehreren
  Zahlenwerten, so werden diese durch ein
  Komma voneinander getrennt; Beispiel:
  Trennung des x- und y-Wertes bei der
  Eingabe von kartesischen Koordinaten
  eines Punktes.*

*Jedes Kommando muß durch das Ausrufe -
zeichen (!) als Kommandoendezeichen abge -
schlossen werden.*

Kommandoendezeichen: Mit einem Kom -
mandoendezeichen (*z.B. Ausrufezeichen "!"*)
wird ein vollständiges Kommando, bestehend
aus *OPERATOR - OPERAND - KENNZEI -
CHEN - SPEZIFIKATION*, abgeschlossen.

Kommandosprache: *s. auch Benutzerschnitt -
stelle;* formale und inhaltliche Spezifikation
einer Kommunikationsschnittstelle zwischen
Rechnersystem und Benutzer. Zur Fest -
legung der Kommandosprache müssen
Syntax und *Semantik* spezifiziert werden. Die
Syntax der Kommandosprache legt dabei die
grammatischen Regeln zur Formulierung der
Kommandos fest, die Semantik der Kom -
mandosprache bestimmt den inhaltlichen
Zusammenhang zwischen Kommando und
auszuführender Funktion.

Die in Form einer Kommandosprache
spezifizierte Kommunikationsschnittstelle
wird auf die physikalischen Ein- und Aus -
gabegeräte eines *CAD*-Arbeitsplatzes abge -
bildet. Hierzu erfolgt zunächst eine Abbil -
dung auf eine Betriebsart (Stapelverar -
beitung oder Dialogverarbeitung), danach
eine Abbildung auf die Arbeitstechnik
(*alphanumerischer* Dialog, graphisch-*inter -
aktiver* Dialog) und die Gerätekonfiguration
(z.B. Tablett mit Digitalisierstift).

Kommunikation: Vorgang eines ständigen Informationsaustausches zwischen kommunizierenden Partnern. Bezogen auf den Einsatz von Rechnersystemen erfolgt der Informationsaustausch zwischen Mensch (Anwender) und Rechnersystem (z.B. *CAD-System*). Grundlage der Kommunikation ist eine gemeinsame Verständigungsbasis, z.B. in Form einer vorgegebenen *Kommandosprache*. Geprägt wird die Kommunikation auch durch die verfügbare Kommunikationstechnik, also durch die Verfahren und die Hilfsmittel, die zur Kommunikation bereitstehen.

Kompatibilität: Eigenschaft der Austauschbarkeit, Kombinierbarkeit bzw. der Integrierbarkeit. Kompatibilität setzt modulare (*s. Modul*) Systemkomponenten mit Anschlußmöglichkeiten über definierte und meist auch einheitliche Schnittstellen voraus. Kompatibilität wird von Hardware- und Softwarekomponenten gefordert, um ein flexibles System zu erhalten, das durch den Austausch von Systemkomponenten die Erhöhung der Systemleistungsfähigkeit zuläßt.

Komplementfläche: Das Komplement einer *Fläche* wird in Anlehnung an die mengentheoretische Negation definiert.
Gegeben: Fläche A;
               Komplementfläche K = -A;
Die Fläche A wird als Punktmenge aufgefaßt. Die Komplementfläche besteht (gemäß mengentheoretischer Konvention) aus allen Punkten, die nicht zu A gehören, zuzüglich der Randpunkte der Fläche A (s. Bild K3).
Das bedeutet, daß die Komplementfläche K eine unendliche Fläche ist.

Komplexteil: Komplexteile sind in bezug auf ihre Maße variable technische Objekte, die aus Elementarobjekten bestehen und eine vordefinierte technische Funktion erfüllen.

Komplexteilprinzip: Beschreibung technischer Objekte mit Hilfe von Komplexteilen, die aus geometrischen Grundelementen zu -

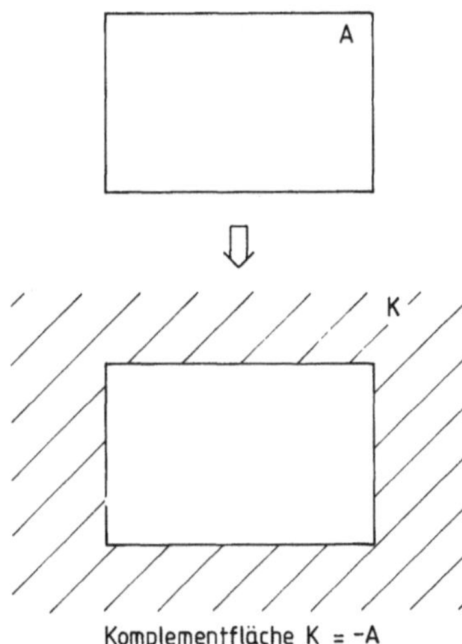

Bild K3. Komplementfläche

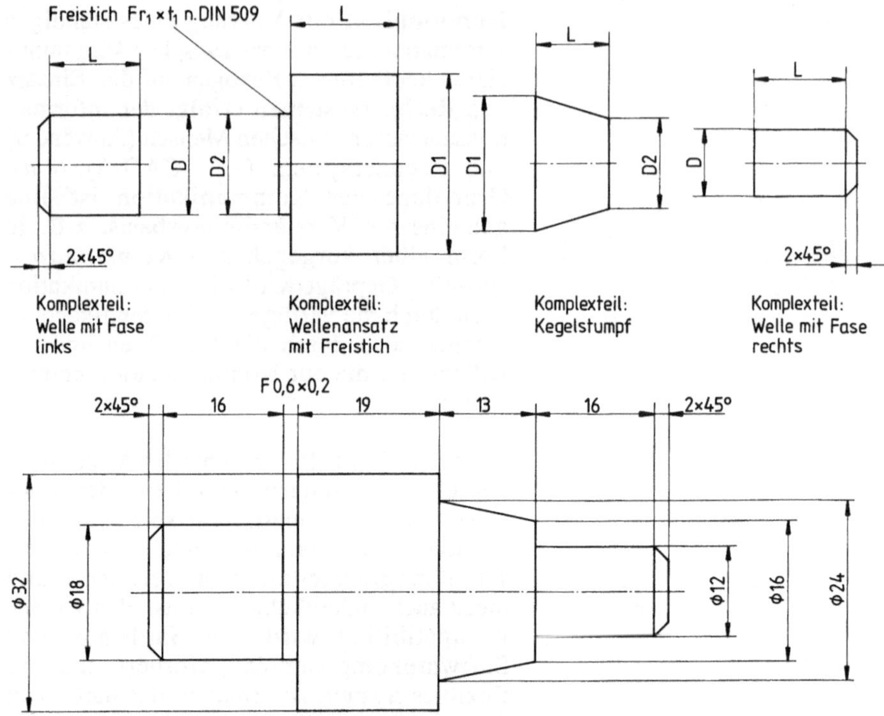

Bild K4. Anwendung des Komplexteilprinzips

sammengesetzt sind *(s. auch Makrotechnik und Variantenprinzip)*; (s. Bild K4). Eigner, M.; Maier, H,: Einführung und Anwendung von CAD-Systemen. München: Hanser 1984

Konsole: Der Begriff Konsole bezeichnet eine Bedienungseinrichtung, die dazu verwendet wird, Arbeiten, die ein System direkt betreffen, durchzuführen. Hierzu zählen z.B. Generierung und Laden des Systems sowie die Protokollierung von Systemmeldungen. Systemkonsolen bestehen meist aus einem *Drucker* mit *Tastatur*.

Konstruktionswegedatei: Datei zur Proto - kollierung von Kommandosequenzen, die der Benutzer zur Beschreibung der technischen Produktlösung im graphisch-*interaktiven* Dialog angewendet hat. In dieser Datei werden die vom Benutzer zum Aufbau einer Zeichnung aufgerufenen *CAD*-System -

befehle in der eingegebenen Reihenfolge abgelegt. Man erhält die Beschrei-bungsgeschichte der erzeugten Elemente. Bei späteren Änderungen kann diese Datei hilfreich sein. Spur, G.; Krause, F.-L.: CAD-Technik. München: Hanser 1984

Konturelement: Nicht weiter zerlegbarer Teil des Umrisses eines geometrischen Objekts. Jeder einfach durchlaufene, ge-schlossene Linienzug einer berandeten ebenen Fläche ist eine innere oder äußere Kontur und besteht aus einer geschlossenen Aneinanderreihung von *Konturlinien*.

Konturlinie: Menge von Linienelementen (z.B. Strecke, Kreisbogen, etc.), die ange-ordnet, ausgerichtet und topologisch ver-knüpft eine Kontur beschreiben.

Koordinatenachsen: Zueinander senkrecht stehende Geraden, auf der die Basis der Achsenteilung durch Einheitsstrecken vorge-geben werden. Durch die lotrechten Abstände eines beliebigen Punktes zu den Koordinatenachsen kann die Lage des Punktes im Koordinatensystem eindeutig bestimmt werden.

Koordinatenbemaßung: Bemaßungsverfah-ren, bei dem die Angabe von Maßen auf den oder die *Bezugspunkte* eines festzulegenden Koordinatensystems oder -systeme bezogen werden (s. Bild K5).
Die Bemaßung durch Koordinaten wird hauptsächlich für die Herstellung von Werkstücken auf *NC*-Werkzeugmaschinen angewandt. Die Koordinatenbemaßung ist jedoch auch für die konventionelle Fertigung geeignet. Es können folgende Arten zur Koordinatenbemaßung angewendet werden:
- Bezugsbemaßung,
- Zuwachsbemaßung,
- Bemaßung mit Hilfe von Tabellen,
- Kettenbemaßung.
Klein: Einführung in die DIN-Normen, 8. Aufl.. Stuttgart und Berlin: Beuth

Koordinatenraster: *s. auch Raster;* ein Koordinatenraster ist die Einteilung einer

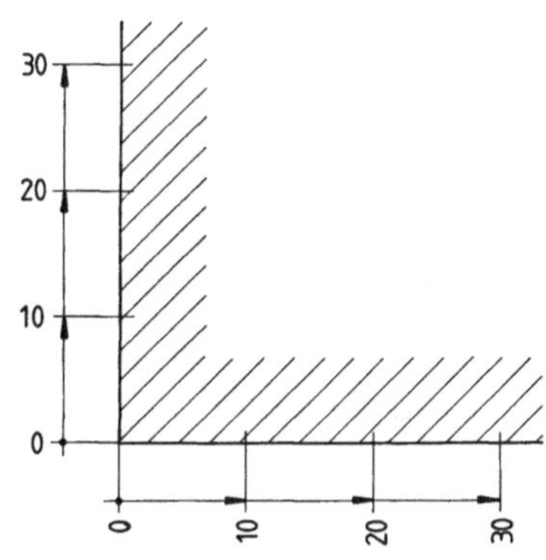

Bild K5. Koordinatenbemaßung nach DIN 406 T3

Fläche oder eines Raumes auf der Basis der dem Bezugskoordinatensystem zugrunde liegenden Teilung, ausgedrückt durch die Einheitsstrecken.

Koordinatensystem: *s. GKS*

Körperkante; sichtbar: Schnittmenge zweier Flächen, die Teile der Oberfläche eines Körpers (technischen Objekts) bilden. Die Sichtbarkeit von Körperkanten muß an - sichtsspezifisch ermittelt werden. Hoischen, H.: Technisches Zeichnen. Essen: Girardet 1982

Kreis: Der Kreis gehört als Kreislinie zu den Linienelementen unter den Elementar - objekten eines *CAD-Systems*, als Kreisfläche zu den Flächenelementen. Der Kreis hat die beiden Parameterdarstellungen:

$$x \quad = \quad R\ \cos(\vartheta) \qquad 0 \le \vartheta \le 2\pi$$
$$y \quad = \quad R\ \sin(\vartheta)$$

oder mit

$$t \quad = \quad \tan(\vartheta/2)$$
$$x \quad = \quad R(1-t^2/1+t^2)$$
$$y \quad = \quad R(2t/1+t^2)$$
$$-\infty \quad < \quad t \quad < \quad \infty$$

Kreisflächen sind Elementarobjekte der Dimension 2. In der rechnerinternen Darstel - lung ist bei Kreisflächen der Flächeninhalt und der Umlaufsinn relevant. Coxeter, H.S.M.: Unvergängliche Geometrie. Basel: Birkhäuser 1981

Kreis-Umgebung: *Parameter* zur eindeutigen Kennzeichnung der Geschlossenheit von Kreisbögen. Ein Kreisbogen gilt als geschlossen und somit als Kreis, wenn sein Zentriwinkel größer oder gleich der Kreis - umgebung ist.

L

Labyrinthproblem: Das Labyrinthproblem stellt eine Optimierungsaufgabe dar, die bei der *Entflechtung von Leiterplatten* zu lösen ist, und umfaßt die logische Verbindung angeordneter Bauelemente sowie die Festlegung der Verdrahtungsbahnen.

Längenmaße: *Abstandsmaß zwischen Geraden, Kreisen, Kreisbögen, Punkten und deren Kombination. Die Variationsbreite zur Erstellung und Anordnung von Längenmaßen in technischen Zeichnungen und die Darstellungsregeln nach DIN führen zu den folgenden Längenbemaßungsfunktionen (s. Bild L1):*
- *Längenmaß parallel zu einer Richtung (LPR),*
- *Längenmaß senkrecht zu einer Richtung (LSR),*
- *Längenmaß senkrecht zu zwei Bezugselementen (LSZ),*
- *Längenmaß senkrecht zu einem Bezugselement (LSE),*
- *Längenmaß zwischen zwei Objekten (LZO),*
- *Längenmaß allgemein (LMA).*

Der Benutzer muß drei Angaben machen, damit ein Längenmaß erzeugt werden kann. Dies ist die Identifizierung zweier Bezugselemente, zwischen denen bemaßt werden soll und die Positionierung der Maßlinie. Optional können weitere Parameter gewählt werden. Diese betreffen:
- *Maßtext (bis zu 6 Optionen),*
- *Bezugsachse bzw. Bezugsgerade,*
- *Maßkennzeichnung,*
- *Maßzahl,*
- *Maßtextlage,*
- *Winkel zwischen Maßlinie und Maßhilfslinie,*
- *Bezugslinienart,*
- *neue Position Maßtext,*
- *Bezugslinienanfangspunkt bzw. Bezugs *

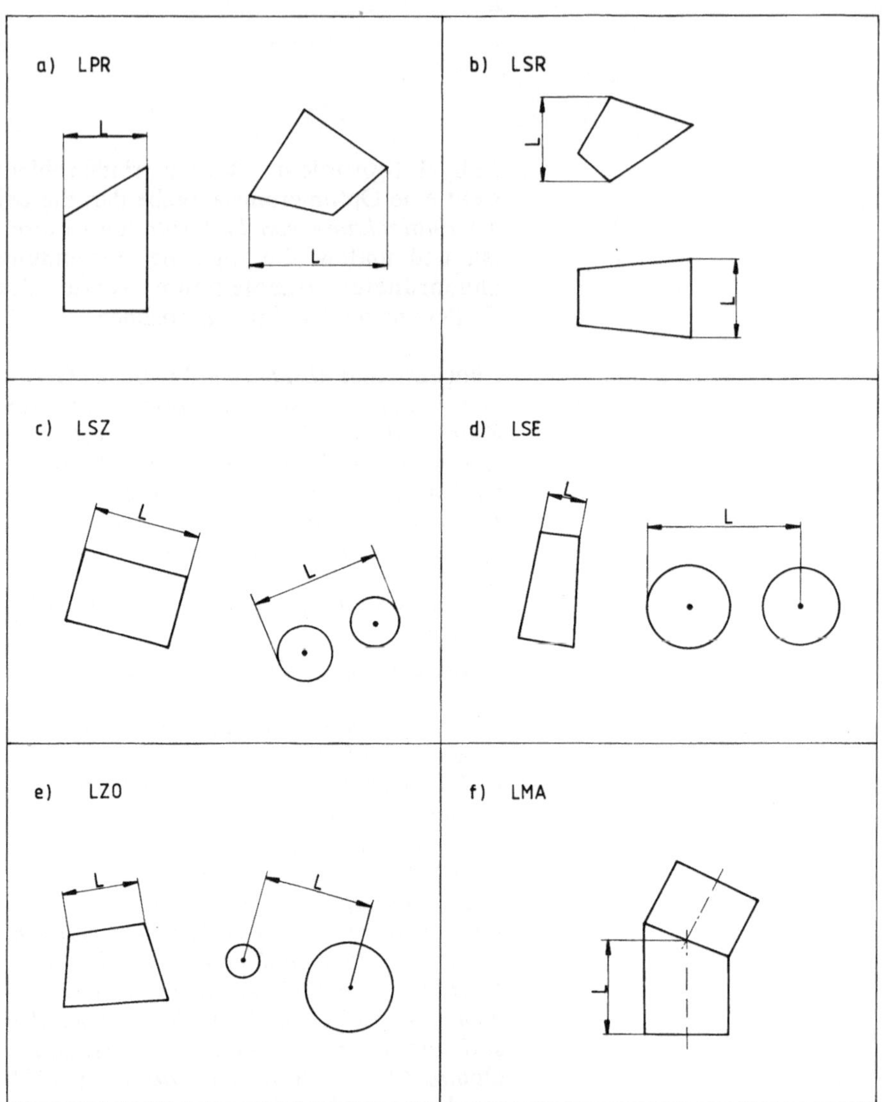

Bild L1. Längenbemaßungsfunktionen (Beispiel aus SIS CAD-M)

linienknickpunkt,
- Bezugslinienendpunkt,
- Winkel des Maßtextes bezüglich der Maß -
  linie.
Weiterhin können voreingestellte Default-
werte der Bemaßung und Bemaßungs -
attribute modifiziert werden, wie z.B.:
- Kantenbezug: Ist das Bezugselement eine

Strecke, so ist die Maßhilfslinie deren Verlängerung oder ein Teil dieser Strecke. Ist das Bezugselement ein Kreis (-bogen), so ist die Maßhilfslinie die Tangente an den Kreis(bogen).

- *Kein Kantenbezug: Ist das Bezugselement eine Strecke, so ist der Aufpunkt der Maßhilfslinie der Endpunkt der Strecke, der dem Identifizierpunkt näher liegt. Ist das Bezugselement ein Kreis(-bogen), so ist der Aufpunkt der Maßhilfslinie der Kreismittelpunkt.*

Definition der möglichen Längenmaßfunk - tionen:

- *LPR: Längenmaß parallel zu einer Rich - tung. Die vordefinierte Richtung ent - spricht 0 Grad zur x-Achse. Mit diesem Befehl können alle Maßlinien, die parallel zur x-Achse oder zu einer beliebig einzugebenden Richtung liegen, erzeugt werden (s. Bild L1a).*
- *LSR: Längenmaß senkrecht zu einer Richtung. Die vordefinierte Richtung entspricht 90 Grad zur x-Achse. Mit diesem Befehl können alle Maßlinien, die senkrecht zur x-Achse oder zu einer beliebig einzugebenden Richtung stehen, erzeugt werden (s. Bild L1b).*

Mit den beiden Befehlen LPR und LSR ist ein großer Teil der in der Praxis benötigten Längenmaße erstellbar. Bei der Anwendung dieser beiden Befehle muß der Benutzer jedoch berücksichtigen, daß bei der Drehung eines so bemaßten Teiles die Richtung der Maßlinien (z.B. parallel oder senkrecht zur x-Achse) erhalten bleibt. Falls sich ein Längenmaß auf die innere Struktur einer Zeichnung beziehen soll, so stehen dem Anwender die folgenden drei Befehle zur Verfügung:

- *LSZ: Längenmaß senkrecht zu zwei Kanten. Die Maßlinie steht senkrecht auf den beiden identifizierten Bezugsele - menten. Falls diese nicht parallel sind, wird eine Fehlermeldung ausgegeben (s. Bild L1c).*
- *LSE: Längenmaß senkrecht zu einer Kante. Die Maßlinie steht senkrecht auf dem zuerst identifizierten Bezugselement*

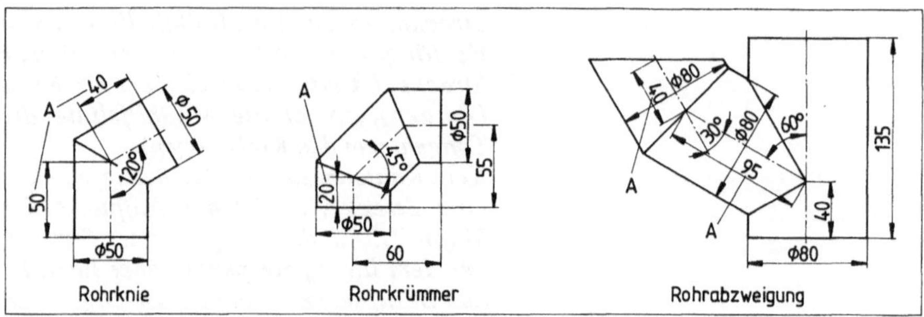

Bild L2. Ausnahmefälle in der Längenbemaßung

(s. Bild L1d).

- *LZO: Längenmaß zwischen zwei Ob-jekten. Dies ist ein Längenmaß zwischen zwei Punkten, wobei die Punkte jedoch nur über Elementarobjekte der Dimension 1 angesprochen werden können. Die Maßlinie läuft parallel zu der Verbindungslinie zwischen diesen Punkten (s. Bild L1e).*

Um auch Ausnahmefälle (s. Bild L2) abdecken zu können, ist zusätzlich eine allgemeine Längenbemaßungsfunktion erforderlich.

- *LMA: Längenmaß allgemein. Hier kann der Abstand zwischen zwei Punkten bemaßt werden. Dies ist beispielsweise erforderlich, wenn bis zu dem Schnittpunkt "Mittellinie-Körperkante" bemaßt werden muß (s. Bild L1f).*

Lamberts-Kosinus-Gesetz: Bei der ebenen Darstellung räumlicher Körper wird dieses Gesetz zum Schattieren von Oberflächen angewendet, um in der ebenen Darstellung eine räumliche Wirkung zu erhalten. Entsprechend diesem Gesetz ist die Intensität eines von der Oberfläche eines Körpers reflektierten Lichtstrahles proportional zum Kosinus des Winkels, der im Reflektierungs-punkt zwischen der Geraden von der Lichtquelle zum Reflektierungspunkt und der Normalen der Oberfläche im Reflektierungs-punkt gebildet wird.

LAN (local area network): Lokales *Netz - werk*. In einem lokalen Netzwerk sind mehrere Rechner und Peripheriegeräte so miteinander verbunden, daß innerhalb des Netzwerkes alle Teilnehmer miteinander kommunizieren können, z.B. *ETHERNET*, GRIDNET, etc..

Laserdrucker: Laserdrucker sind Aus - gabegeräte nach dem Prinzip der Elektro - photographie, wobei die Belichtung eines Fotoleiters mittels Laserstrahlen erfolgt. Laserdrucker zeichnen sich durch schnelle Druckgeschwindigkeiten sowie durch die Einstellbarkeit unterschiedlicher Schrift - typen aus. Laserdrucker erreichen eine Auflösung von 300 x 300 Punkten auf DIN A4- und DIN A3-Format. Eine weitere wichtige Eigenschaft von Laserdruckern liegt in der Fähigkeit, neben der Textausgabe auch graphische Darstellungen ausgeben zu können. Insbesondere für technische Doku - mentationen, bei der die Mischung von Text und Graphik erforderlich ist, gewinnen Laserdrucker zunehmend an Bedeutung.

Laufzeitfehler: Ein Laufzeitfehler ist ein Fehler, der während des Ablaufs eines Programms auftritt. Laufzeitfehler treten auf, beispielsweise bei Zugriff auf nicht verfügbare Speicheradressen, fehlerhafter Parameterübergabe u.a.m..

Layer: Bildebene, *s. Ebenentechnik* . Eigner, M.; Maier, H.: Einführung und Anwendung von CAD-Systemen. München: Hanser 1984

LCD (liquid crystal displays): (dt.: Flüssig - keitskristallanzeige); LCD-Technologie wird benutzt, um Anzeigegeräte herzustellen, die nicht auf dem Prinzip der Elektronenstrahl - steuerung kursieren, sondern auf ein- und ausschaltbaren Elementen, die *digital* adres - sierbar sind.

Leader (Arrow): Maßlinie mit Maßpfeil.

LED (light emitting diode): (dt.: Leucht - diode); Halbleiterdiode, die Licht ausstrahlen kann. Leuchtdioden werden zur Herstellung von Anzeigefeldern hingesetzt.

Lee-Algorithmus: Algorithmus zur Berechnung von Punkt-zu-Punkt Verbindungen für eine automatische *Leiterplattenentflechtung*; wurde nach C.Y. Lee benannt, der den *Algorithmus* 1961 entwickelte.

Level: (dt.: Ebenen, Niveau); der Begriff Level wird sowohl zur Bezeichnung von Bildebenen bei der *Ebenentechnik* verwendet wie auch im Sinne der Unterscheidung verschiedener Niveaus zur Bezeichnung von Leistungsstufen (*vgl. GKS*). Eigner, M.; Maier, H.: Einführung und Anwendung von CAD-Systemen. München: Hanser 1984

Leiterplattenentflechtung: Teilaufgabe der Konstruktion elektronischer Bauteile, die aus der Leiterplatte, den Elektronikkomponenten und der Verbindung zwischen den Elektronikkomponenten besteht. Aufgabe der Leiterplattenentflechtung ist es, aufgrund von Optimierungsstrategien die optimale Anordnung der Elektronikkomponenten und die Verdrahtungsführung zu bestimmen.
Die rechnerunterstützte Leiterplattenentflechtung ist ein Teilgebiet der Rechneranwendung in der Elektrotechnik/Elektronik und ergänzt den rechnerunterstützten Entwurf des Leiterplattenlayouts. Systembausteine zur Leiterplattenentflechtung setzen auf ein entworfenes Leiterplattenlayout (auf einer Leiterplatte plazierte Funktionsbausteine, zwischen denen der funktionale und physikalische Zusammenhang bekannt ist) auf und gestalten die Leiterbahnen. Die Gestaltung der Leiterbahnen kann automatisch oder graphisch-interaktiv erfolgen, wobei die folgenden Anforderungen zur Optimierung der Leiterbahnen zu berücksichtigen sind:
- Minimierung der Leiterbahnenlänge,
- Einhaltung von Mindestabständen zwischen Leiterbahnen,
- Vermeidung von Überlappungen auf einer Ebene.

Zielsetzung der Leiterplattenentflechtung ist

die Ermittlung der Leiterbahnen, der Leiter -
bahnbreiten und -winkel, der Kontaktboh -
rungen und Kontaktbohrungsformen unter
Berücksichtigung der angegebenen Optimie -
rungskriterien. Bei graphisch-*interaktiver*
Leiterplattenentflechtung ist die sog.
Gummiband-Funktion (rubber banding) von
Bedeutung. Diese Funktion erlaubt ein
dynamisches Bewegen von Bauelementen
einer Leiterplatte, wobei die logischen
Verbindungen, dargestellt durch Verbin -
dungsstrecken zu anderen Bauelementen,
automatisch mitbewegt werden. Eigner, M.;
Maier, H.: Einführung und Anwendung von CAD-
Systemen. München: Hanser 1984. Obermann, K.:
CAD/CAM-Handbuch 83. CAD/CAM Verlag für
Computergrafik. Dokumentation der CAMP 83
Computer Graphics Anwendungen für Management
und Produktivität. Berlin 14.-17.03.83. Düsseldorf:
VDI. Hauck, M.: CAD-Systeme für den Einsatz im
Elektronik/Elektrotechnik-Bereich. CAD/CAM Report
8/85

Leiterplattenentwurf: (Leiterplattenlayout);
Teilaufgabe der Konstruktion elektronischer
Bauteile. Der Leiterplattenentwurf umfaßt
die Abbildung einer Funktion auf Elek -
tronikkomponenten, die auf einer Leiter -
platte angeordnet und logisch miteinander
verbunden werden. Aufgrund des Leiter -
plattenentwurfs wird die *Leiterplatten -
entflechtung* durchgeführt. Obermann, K.:
CAD/CAM-Handbuch 83. CAD/CAM Verlag für
Computergrafik.

Lichtgriffel, Lichtstift: *Interaktives* Eingabegerät, mit dem direkt auf der
Bildschirmfläche gearbeitet werden kann;
funktioniert nur im Zusammenhang mit
einem bildwiederholenden Bildschirm (*s.
auch Refresh-Bildschirm*).
Wird der Lichtstift über ein graphisches
Element auf dem Bildschirm geführt, so
erzeugt der in den Stift einfallende
Lichtstrahl einen Impuls, der in ein
Unterbrechungssignal im Rechner umgesetzt
wird. Damit kann festgestellt werden,
welches graphische Element zum Zeitpunkt
der Unterbrechung gerade dargestellt wurde,
weil die Bilder ständig neu aus einem
Bildwiederholspeicher auf dem Bildschirm

dargestellt werden.
Da die Identifizierung des am Bildschirm
dargestellten graphischen Elementes durch
die Unterbrechung eine zeitbezogene Funk -
tion ist, sind Lichtstiftoperationen mit
Speicherröhren nicht möglich, da der
zeitliche Bezug verloren geht. Der Lichtstift
kann nicht in Verbindung mit lang
nachleuchtendem Phosphor benutzt werden.
Aus diesem Grunde werden in der
Computergraphik lang nachleuchtende
Phosphore mit "schnellen" Phosphortypen
kombiniert. Dadurch erscheint für das Auge
ein flimmerfreies Bild (lange Nachleucht -
dauer), während der Lichtstift auf die kurz
nachleuchtenden Phosphorpartikel reagiert.
Der Lichtstift wird sowohl zur Selektion, zur
Anzeige als auch zur graphischen Eingabe
benutzt. Zur graphischen Eingabe auf dem
Bildschirm ist ein Bezugssymbol, in der
Regel ein Fadenkreuz oder *Cursor*,
notwendig. Soll beispielsweise eine Strecke
gezeichnet werden, wird zunächst ein Cursor
(eine Lichtmarke) dargestellt, um mit dessen
Hilfe die Koordinatenpaare des Anfangs- und
Endpunktes zu positionieren.
Der Cursor folgt den Bewegungen des
Lichtgriffels auf dem Bildschirm. Mit Hilfe
von Funktionstasten kann die Lokalisierung
der Position von Anfangs- und Endpunkt
bestimmt sowie die Linienart (gestrichelt,
gepunktet, etc.) gewählt werden. Eigner, M.;
Maier, H.: Einführung und Anwendung von CAD-
Systemen. München: Hanser 1984

Lichtkanten: Darstellungslinien, die in *tech -
nischen Zeichnungen* ansichtsspezifisch
eingetragen werden, am geometrischen
Objekt jedoch nicht vorhanden sind.
Lichtkanten sind beispielsweise Linien, die
tangentiale Übergänge von *Flächen* (z.B.
Torusfläche in Zylindermantelfläche) symbolisieren. Lichtkanten treten immer dann
auf, wenn die Änderung an der Oberfläche
Auswirkungen auf die Lichtreflexion hat (s.
auch DIN 6 T1). Hoischen, H.: Technisches
Zeichnen. Essen: Girardet 1982

Line: Strecke

Linear path: Verfahrweg (Sequenz orientier -
ter Richtungsvektoren)

Line font definition: Linientypdefinition

Line weight: Liniendicke

Linienabstände: Linienabstände charakteri -
sieren die relative Lage äquidistanter Linien
zueinander. In *DIN 461* wird der kleinste
Linienabstand bei Diagrammen mit Netz mit
1 mm festgelegt (s. auch DIN 6774/1 Abs.
6.3).

Linienart: Gibt die Ausführung der
graphischen Darstellung einer Linie an. In
einer *technischen Zeichnung* werden durch
die Linienart jeder Linie eine Bedeutung und
ein Inhalt zugewiesen:
- Vollinien für sichtbare Körperkanten,
  Umrisse, Maß- und Maßhilfslinien, Be -
  zugslinien,
- Strichlinien für verdeckte Kanten,
- Strichpunktlinien zur Schnittverlaufs-
  kennzeichnung und für Mittellinien,
- Freihandlinien für Bruchlinien.
Hoischen, H.: Technisches Zeichnen. Essen: Girardet
1982. Böttcher, P.; Forberg: Technisches Zeichnen.
Stuttgart: Teubner 1982

Linienbreiten: Breite der Linie für die Aus -
führung der Linie in der *technischen
Zeichnung*. Die Linienbreiten sind in DIN 15
T1 festgelegt. Die Stufung der Linienbreiten
im $\sqrt{2}$-Sprung entspricht der Stufung der
Blattgrößen (*Formate*) für technische
Zeichnungen nach DIN 823 und DIN 476.
Die Linienbreiten, dargestellt in der nach -
folgenden Tabelle, werden sowohl für
Darstellungen als auch für Beschriftungen
angewendet.
Linienbreite in mm: 0,13
                           0,18
                           0,25
                           0,35
                           0,5
                           0,7
                           1
                           1,4
                           2

Kursiv hervorgehobene Linienbreiten sind zu bevorzugen.

Wenn von einem Stiftplotter nicht alle benötigten (gewünschten) Linienbreiten zur Verfügung gestellt werden können, so muß eine breitere Linie durch mehrfaches Ziehen mit einem Zeichengerät für eine schmalere Linie gezeichnet werden.

Analog zur *Linienart* hat zusätzlich jede Linienbreite einer Linienart einen besonderen Verwendungszweck:

- breite Vollinie für sichtbare Körperkanten,
- schmale Vollinie für Maß-, *Maßhilfslinien* und Bezugslinien,
- breite, kurze Strichpunktlinie zur Schnitt verlaufskennzeichnung,
- schmale, lange Strichpunktlinie für Mittellinien.

Nach *DIN 15* sind die Linienbreiten zusam mengefaßt. Die Abstufung innerhalb einer Liniengruppe erfolgt mit dem Faktor $\sqrt{2}$, d.h. die nächstbreitere Linie ist ungefähr 1,4 mal so breit wie die vorherige. Der Grund für diesen Faktor liegt in der Mikro verfilmbarkeit und Rückvergrößerbarkeit von technischen Zeichnungen auf DINgerechten Papierformaten. Da das Verhältnis von Breite und Höhe jedes DINBlattformates dem Faktor $\sqrt{2}$ entspricht, führen Rückvergrößerungen von mikro verfilmten DIN-gerechten Zeichnungen auf andere DIN-Formate wieder zu genormten Schriftgrößen und Linienbreiten. Linien gruppen werden jeweils mit der keinsten Linienbreite der Gruppe bezeichnet.
Hoischen, H.: Technisches Zeichnen. Essen: Girardet 1982

Linienelement: Linienelemente stellen eine Klasse geometrischer Elementarobjekte der Dimension 1 dar. Zur Elementklasse Linien gehören die in Bild L3 dargestellten analytisch beschreibbaren Linienelement typen. Weitere Elementtypen sind z.B. Linien wie *Splines, Bezier-Kurven* u.a..

Liniengruppe: Zu einer Gruppe zusammen gefaßte Menge von Linienbreiten. Linien

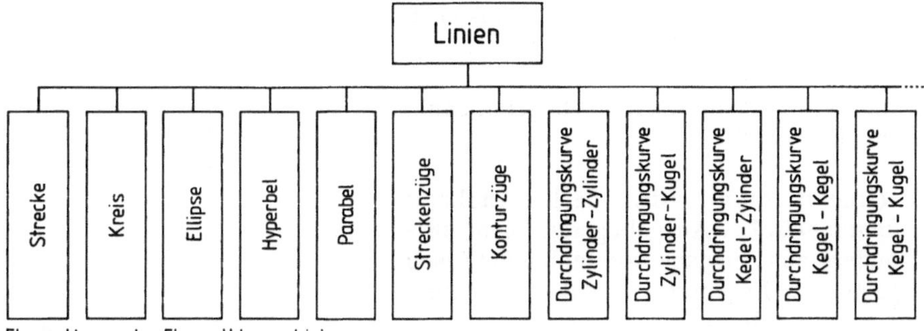

Bild L3. Elementtypen der Elementklasse Linien

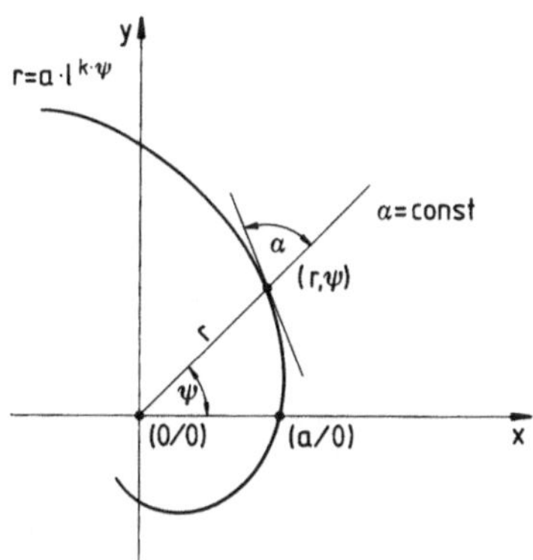

Bild L4. Geometrische Definition einer logarithmischen Spirale

gruppen können als Gruppe manipuliert werden (z.B. durch Verschieben, Drehen, Löschen). Böttcher, P.; Forberg: Technisches Zeichnen. Stuttgart: Teubner 1982

Locator: (Positioniereingabegerät); *s. GKS*

Logarithmische Spirale: Kurve, die alle vom Koordinatenursprung ausgehenden Strahlen unter dem gleichen Winkel *a* schneidet. Eine Spirale entsteht, indem ein Punkt mit der Ausgangslage (*a*,0) stetig um den Koordinatenursprung gedreht wird; dabei gehen die Ordinaten (r, ϑ) stetig in $(r, \vartheta + t)$ bei wachsendem *t* über. Die Logarithmische Spirale hat die Parameterdarstellung (s. Bild L4). Dichter, J.-P.: Qualitätsmerkmale moderner Hochleistungsterminals. CAD/CAM-Report Nr. 9, 1985

Logarithmisches Raster: *s. Raster;* Einteilung einer Fläche oder eines Raumes auf der Basis der logarithmischen Teilung der Koordinatenachsen.

logy, logx-Papier: Nach *DIN 5478*, 6.2. ein in beiden Dimensionen logarithmisch geteiltes Funktionspapier (doppelt logarithmische Teilung). (Muster in *DIN 45 408* und in *DIN 43 655*)

logy, x-Papier: Nach *DIN 5478*, 6.2 ein in einer Dimension linear, in der anderen logarithmisch geteiltes Funktionspapier

(einfach logarithmische Teilung). (Muster in
DIN 45 408)

Lokalisierer: (Positioniereingabegerät, engl.:
Locator); *s. GKS*.

LP (line printer): (dt.: Zeilendrucker);
alphanumerisches Ausgabegerät. Dient ins -
besondere zur Ausgabe von alphanumerisch
dargestellten Ergebnissen (z.B. Listenaus -
drucke, Berechnungsergebnisse, Arbeits -
pläne, *NC*-Programme, etc.), Fehler- und
Zustandsmeldungen, *Quellprogrammen*,
Compiler- und Binderprotokollen sowie
Kontrollausdrucken.

M

Macro definition: Makrodefinition

Macro instance: Makroausprägung

Magnetband: (engl. magnet tape); *digitales* Speichermedium zur sequentiellen Speicherung digitaler Daten. Magnetbänder enthalten in Abhängigkeit des zu speichernden *Codes* 6 oder 8 *Spuren* zur Speicherung der digitalen Information (*Bits*). Zusätzlich ist eine Spur für Prüfbits verfügbar. Bild M1 zeigt die Informationsspeicherung auf einem Magnetband.
Der Zugriff auf die Informationen eines Magnetbandes erfolgt bitparallel für ein einzelnes Datum, für das Lesen von Datenmengen ist jedoch sequentiell zuzugreifen. Dies erfordert eine Positionierung (Spulen) an die zu lesende Information, was vielfach zu zeitaufwendigen Spulvorgängen führt. Deshalb werden Magnetbänder nicht zur Speicherung direkt verfügbar zu haltender Datenmengen benutzt, sondern zur Archivierung und Sicherung von *Programmen* und Daten.

Makrotechnik: Beschreibung von Teilen mit Hilfe von vordefinierten, zusammengefaßten und invarianten Geometrieelementen. Ma -

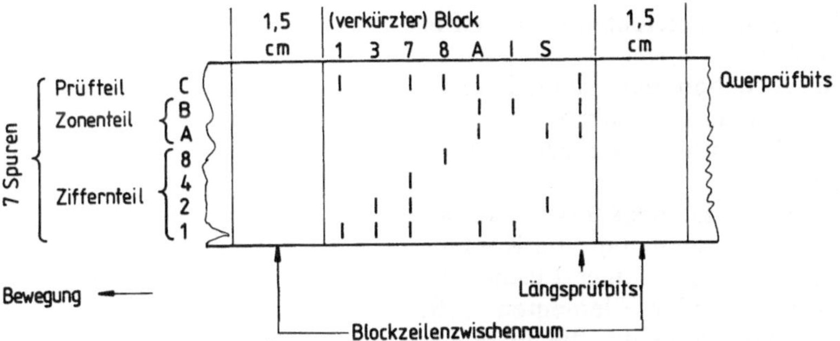

Bild M1. Informationsspeicherung auf einem Magnetband (Quelle: Dworatschek)

kros werden u.a. in Bibliotheken verwaltet.
Die Beschreibung von Bauteilen mit Hilfe der
Makrotechnik erfolgt durch Auswahl,
Positionierung und Ausrichtung (Orientie -
rung) der Makroelemente. Eigner, M.: Maier,
H.: Einführung und Anwendung von CAD-
Systemen. München: Hanser 1984

MAP (manufacturing automation protokol):
(dt.: Protokoll für die Fertigungsautoma -
tion); einheitliche Protokoll-Schnittstelle zur
Kopplung von Rechnersystemen, Steue -
rungen und Datenerfassungsgeräten über
Netzwerke. Die MAP-Spezifikation definiert
hierzu ein Standardprotokoll basierend auf
dem *OSI -7-Schichtenmodell* (OSI = open
system interconnection, dt.: Kommunikation
offener Systeme, ISO 7498), das die
Anforderungen der Fertigungsautomation
erfüllt. Die *Implementierung* von MAP auf
allen Rechnertypen, Terminals und
programmgesteuerten Geräten erlaubt dem
Anwender einen kompatiblen Anschluß an
das Rechnernetz. N.N.: MAP-Manufacturing
Automation Protocol, Specification Version 2.0.
General Motors Corporation 1985. Waibel, G.:
Kommunikationstrends in der Produktion unter
besonderer Berücksichtigung von MAP. Doku -
mentation, Tutorials CAT `86.

Markieren: Kennzeichnung eines am Bild -
schirm dargestellten Elements. Markie -
rungen werden durchgeführt um den
Anwender über eine erfolgreiche Identifizierung von dargestellten Elementen zu
informieren. Markierungen lassen sich durch
verschiedene Möglichkeiten durchführen wie
beispielsweise
- durch Elementkennzeichnung mit Hilfe
  von Symbolen,
- durch Hervorheben des identifizierten
  Elementes (z.B. durch Blinken) oder
- durch Farbänderung des identifizierten
  Elementes.
Benötigt werden Markierungsfunktionen ins -
besondere zur Kennzeichnung von Kontur -
zügen, Berandungslinien einer Fläche und
von zu manipulierenden Elementen (z.B.
Verschieben aller Elemente, die in einem
vorgegebenen Identifizierungsbereich lie -
gen).

Maschinensprache: Menge an Befehlen, die zur Programmierung einer *Zentraleinheit* benötigt wird. Maschinensprachen sind rechnerspezifisch und erlauben lediglich eine Programmierung abstrakter Maschinenbefehle. Die in der Maschinensprache formulierbaren Befehle enthalten einen Operations- und einen Adressteil.Maschinensprachen können in binäre und symbolische Maschinensprachen unterschieden werden. Binäre Maschinensprachen erfordern die Programmierung von Maschinenbefehlen in binärer Darstellung. Symbolische Maschinensprachen dagegen erlauben die Programmierung des Operationscodes durch mnemotechnische Symbole und die Angabe des Adressteiles durch wählbare Variablennamen. Bild M2 verdeutlicht den Aufbau binärer und symbolischer Maschinensprachen.

Binäre Maschinensprachen enthalten Nachteile, die sich insbesondere auf deren Anwendbarkeit beziehen. Nachteile liegen in deren schweren Lesbarkeit sowie der erfor -

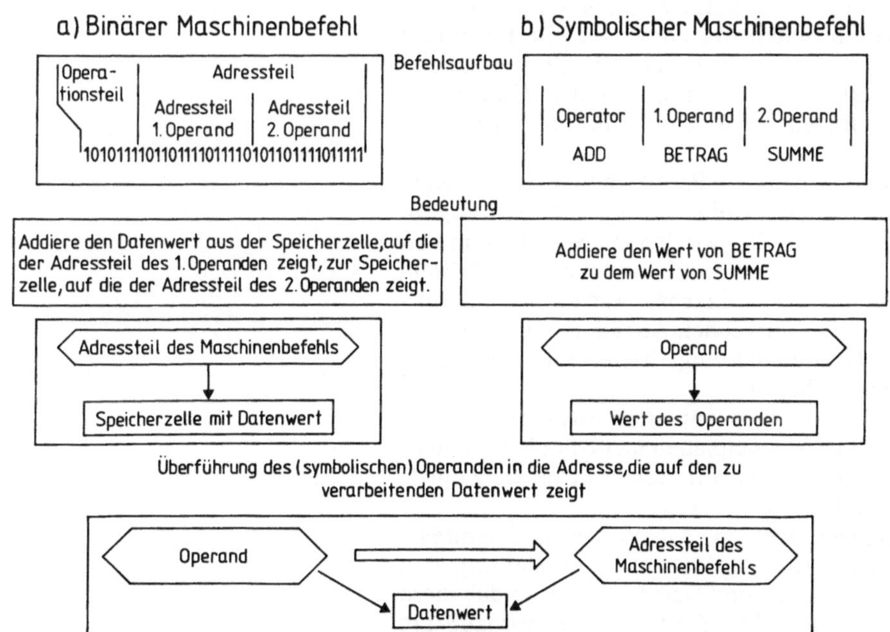

Bild M2. Maschinenbefehl einer 2-Adressmaschine (Quelle: Böser)

derlichen Codierung der Befehle als Arbeits -
speicheradressen in binärer Form. Die in
binärer Maschinensprache formulierten
Befehle können direkt ausgeführt werden.
Symbolische Maschinensprachen sind
leichter anwendbar. Die in symbolischer
Maschinensprache programmierten Befehle
können jedoch nicht direkt ausgeführt wer -
den, sondern müssen zuerst von einem Über -
setzerprogramm (Assembler) in die binäre
Codierung übertragen werden. Symbolische
Maschinensprachen werden auch als Assemb -
lersprachen, oder kurz *Assembler*, bezeich -
net.

Maschinensprache, binäre: Maschinenspra -
che, die auf einer binären Codierung von
Befehlen basiert, die von einer *Zentraleinheit*
direkt ausgeführt werden können (vgl.
Maschinensprache).

Maschinensprache, symbolische (synonym:
Assemblersprache, Assembler)**:** Maschinen -
sprache, die eine Programmierung mit
mnemotechnischen Ausdrücken und Variab -
lennamen erlaubt. *Programme*, die in einer
symbolischen Maschinensprache formuliert
werden, müssen durch ein Übersetzungs -
programm in eine binäre Codierung
übertragen werden (vgl. *Maschinensprache*).

Massenspeicher: Periphere Speichereinheiten
zur Speicherung großer Datenmengen.
Massenspeicher werden zur Speicherung von
Zeichnungen, Produktmodellen, *Stücklisten*,
Normteilen, Makros, Variantenprogram -
men, etc. verwendet. Abhängig von Zugriffs -
häufigkeit und Zugriffsdauer können Massenspeicher in
- Datenträger für den direkten Zugriff
  (z.B. Magnetplatten und Bildplatten) und
- Datenträger für den indirekten Zugriff
  (z.B. *Magnetband*)
eingeteilt werden. Datenträger für den direk -
ten Zugriff werden zur Bereitstellung von
Programmen und Daten benutzt, so daß diese
direkt dem interaktiven Arbeitsprozeß am
CAD/CAM-System zur Verfügung stehen.
Datenträger für den indirekten Zugriff da -

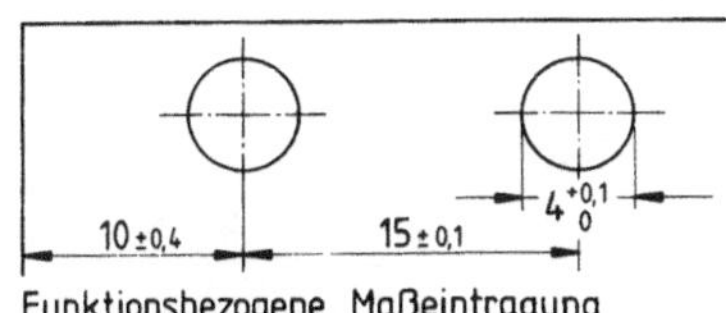

Funktionsbezogene Maßeintragung

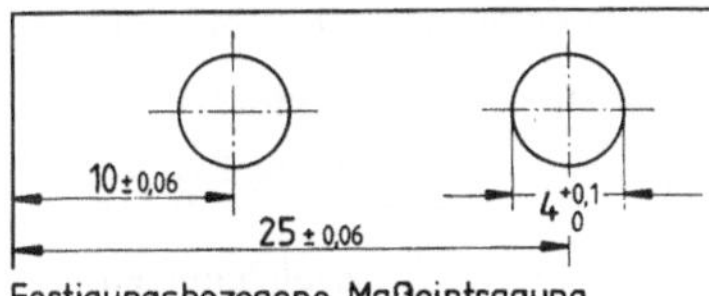

Fertigungsbezogene Maßeintragung

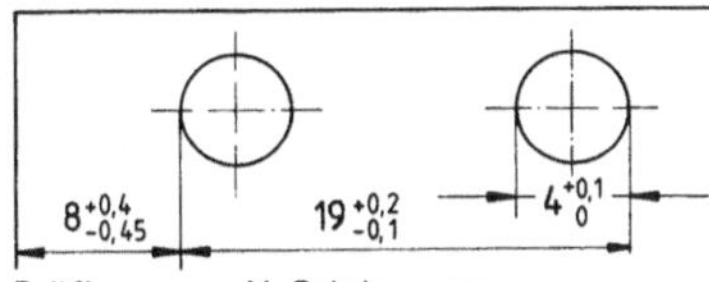

Prüfbezogene Maßeintragung

Bild M3. Maßeintragung in Zeichnungen

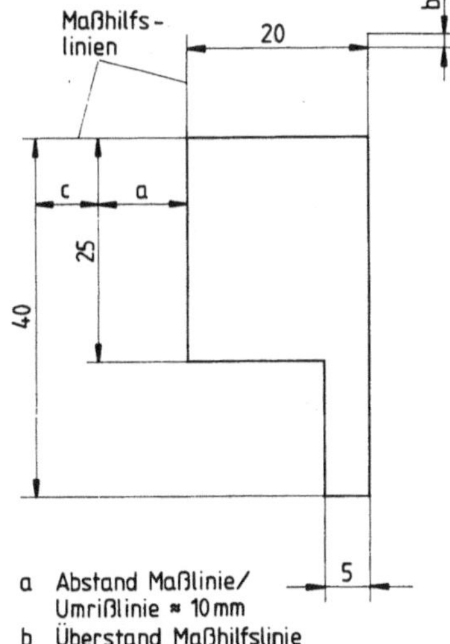

a   Abstand Maßlinie/
    Umrißlinie ≈ 10 mm
b   Überstand Maßhilfslinie
    1 mm bis 2 mm
c   Abstand Maßlinie/Maßlinie
    ≈ 7 mm

Bild M4. Regeln zur Maßeintragung

gegen werden zur Speicherung und Archivierung von Daten und Programmen eingesetzt.

Maßbild: Menge an nicht-geometrischen Informationen, die in einer *technischen Zeichnung* die dargestellte Bauteilgeometrie ergänzen *(s. auch Bemaßung)*.

Maßeintragung in Zeichnungen: Maßein-
tragungen in Zeichnungen ergänzen die dargestellte Teilegeometrie, so daß aus der Teilegeometrie und der zugehörigen Be-
maßung das Teil eindeutig beschrieben wird. Die Bemaßung richtet sich nach der Funktion, Herstellung und Prüfung der Teile und der Erzeugnisse. Eine funktionsbezogene Maßeintragung liegt vor, wenn die Bemaßung alle Informationen enthält, aus denen die Funktion des Gegenstandes eindeutig bestimmt werden kann. Eine fertigungs-
bezogene Maßeintragung liegt vor, wenn alle für die Fertigung direkt verwendbaren Maße eingetragen sind. Eine prüfbezogene Maßeintragung liegt vor, wenn die für die Prüfung direkt anwendbaren Maße einge-
tragen sind (s. Bild M3).
Jedes Maß darf nur einmal eingetragen werden, und zwar dort, wo die Gestalt eindeutig und unverzerrt dargestellt wird. Zusammengehörende Maße sind möglichst auch zusammen einzutragen. Die Bemaßung an verdeckten Kanten, sowie eine maßliche Überbestimmung sind zu vermeiden. Die wichtigsten in DIN 406 festgelegten Regeln zur Maßeintragung sind in Bild M4 zusammengefaßt.
Alle Maße, Symbole und Textangaben sind so einzutragen, daß sie von unten oder von rechts lesbar sind.

Maßhilfslinie: Ansichtsbezogene Darstel-
lungslinien, die den Gültigkeitsbereich einer *Maßlinie* auf die Geometrie beziehen. Mit Maßhilfslinien in gleicher Breite wie die Maßlinien *(s. auch DIN 15)* wird ein Maß herausgezogen, das außerhalb von Körperkanten eingetragen werden muß. Maßhilfslinien stehen im allgemeinen senkrecht zur Maßlinie und gehen 1 bis 2 mm

über diese hinaus. Maßhilfslinien dürfen nicht von einer Ansicht zur anderen durchgezogen und nicht für ein Maß aus zwei nebeneinanderstehenden Ansichten heraus - gezogen werden. *Mittellinien* dürfen als Maßhilfslinien benutzt und dann außerhalb der Körperkanten als schmale Vollinie ausgezogen werden (s. auch DIN 406 T2 und *Maßeintragung in Zeichnungen*). Hoischen, H.: Technisches Zeichnen. Essen: Girardet 1982. Böttcher, P.; Forberg: Technisches Zeichnen. Stuttgart: Teubner 1982

Maßkennzeichnung: Kennzeichen für *Nenn - maße* und *Abmaße*, die eine nach DIN 406 festgelegte Bedeutung implizieren. In DIN 406 werden folgende Maßkennzeichnungen festgelegt (s. auch Bild M5):
- Rechteckrahmen für theoretisches Maß,
- Oval um Maßzahl und Maßtoleranz für Prüfmaß,
- Oval mit Text "100%" für 100%-Prüf - maß,
- unterstrichene Maßzahl für nichtmaß - stäbliches Maß,
- runde Klammern für Hilfsmaße,
- eckige Klammern für Rohmaße.

Grabowski, H.; Anderl, R.: Bemaßungsunterlagen vom Institut für Rechneranwendung in Planung und Konstruktion (RPK) der Univ. Karlsruhe 1984

Maßlinie: Maßlinien dienen zur Angabe von Gültigkeitsbereichen von Maßen. Sie werden im allgemeinen rechtwinklig zwischen den Körperkanten oder parallel zu dem anzu - gebenden Maß angeordnet. Der Abstand von der Körperkante beträgt ca. 10 mm, unter - einander ca. 7 mm. *Mittellinien* und Körper - kanten dürfen nicht als Maßlinien benutzt werden (s. auch DIN 406 T3). Darstellung von Maßlinien: schmale Vollinie nach DIN 15 (*s. auch Maßeintragung in Zeichnungen*). Hoischen, H.: Technisches Zeichnen. Essen: Girardet 1982. Böttcher, P.; Forberg: Technisches Zeichnen. Stuttgart: Teubner 1982

Maßlinienbegrenzung: Maßlinienbegren - zungen sind graphische Symbole um die Enden von Maßlinien anzuzeigen. Maßlinien - begrenzungen können als ausgefüllte, nicht ausgefüllte oder offene Maßpfeile, als

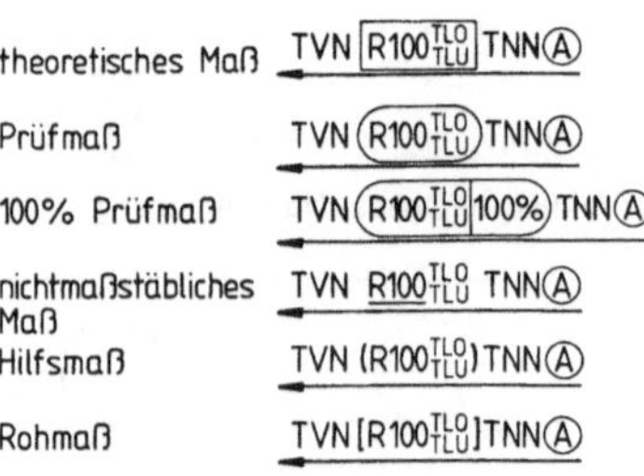

Bild M5. Maßkennzeichnungen

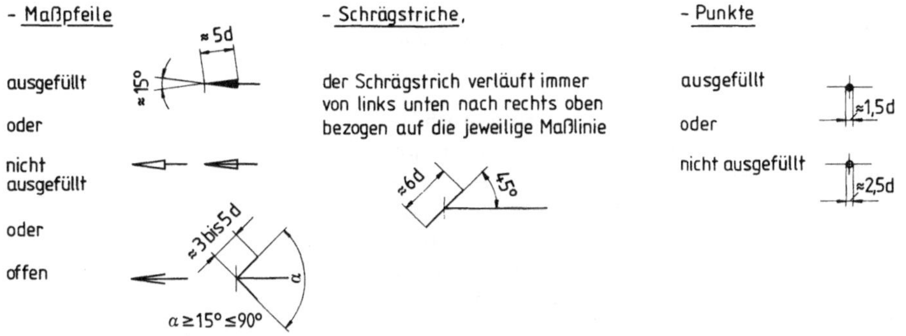

Hinweis: d ist die Linienbreite der breiten Vollinie (s. auch DIN 15 T1)

Bild M6. Maßlinienbegrenzung nach DIN 406 T2

Schrägstrich oder als ausgefüllte oder nicht ausgefüllte Punkte ausgeführt werden (s. Bild M6 und *Maßeintragung in Zeichnungen*).

Für jede Zeichnung ist nur eine Art der Maßlinienbegrenzung anzuwenden. Kombinationen von Maßpfeil und Punkt sind bei Platzmangel zulässig (s. auch DIN 406 T2 S.116). Hoischen, H.: Technisches Zeichnen. Essen: Girardet 1982. Böttcher, P.; Forberg: Technisches Zeichnen. Stuttgart: Teubner 1982

Maßstab: Abbildungsähnlichkeit zwischen realem Objekt und abstrahierter Objektdarstellung. Zur Abbildung technischer Objekte in *technischen Zeichnungen* werden insbesondere geometrisch ähnliche Abbildungen erstellt, für die die Abbildung nach bestimmten Verhältniszahlen, den sog. Maßstabsfaktoren, erfolgt.

Maßstabsfaktoren: Verhältniszahlen, die die Abbildung realer Objekte in eine abstrahierte Objektdarstellung auf der Basis der Ähnlichkeitsgesetze ausdrücken. Zur Abbildung realer Objekte in *technischen Zeichnungen* werden die folgenden Maßstabsfaktoren nach DIN-ISO 5455 vorgeschrieben:

Natürliche Größe: 1 : 1
Verkleinerungen: 1 : 2; 1 : 5; 1 : 10; 1 : 20; 1 : 50; 1 : 100; 1 : 200; 1 : 500; 1 : 1000
Vergrößerungen: 2 : 1; 5 : 1; 10 : 1; 20 : 1; 50 : 1;

Hoischen, H.: Technisches Zeichnen. Essen: Girardet
1982. Böttcher, P.; Forberg: Technisches Zeichnen.
Stuttgart: Teubner 1982

Maßtext: Teil eines Maßes und enthält
alphanumerische Angaben zur Beschreibung
von Abmessungen. Der Maßtext für Abmes -
sungen setzt sich zusammen aus Text vor
Nennmaß (TVN), *Nennmaß* (NN), oberem
(TLO) und unterem (TLU) Abmaß, Text
nach Nennmaß (TNN) und *Änderungsindex*
(AI). Dabei bedeuten (s. Bild M7):
- TVN: Text vor Nennmaß. Durch diesen
  Parameter können erklärende Informa -
  tionen zum Werkstück angegeben werden
  (z.B. Kugel). "TVN" ist als Text einzu -
  geben.
- NN: Nennmaß. Das Nennmaß ist die
  Größenangabe eines Gegenstandes. Dem
  Nennmaß kann ein Vorzeichen (z.B. R,
  M) vorangestellt werden. Die Maßzahl
  kann als REAL-Zahl mit n Nachkomma -
  stellen, als INTEGER-Wert oder in
  Exponentialschreibweise ausgegeben wer -
  den. Der Benutzer besitzt oftmals auch die
  Möglichkeit, das Nennmaß als Zahl
  einzugeben (z.B. unmaßstäbliches Maß).
  Die Eingabe von "NN" als Text ist nicht
  zulässig.
- TLO: Toleranzangabe oben.
- TLU: Toleranzangabe unten. Durch diese
  Parameter können sowohl obere als auch
  untere *Abmaße* eingetragen werden. Ihre
  Schriftgröße ist im allgemeinen kleiner als
  die der sonstigen Texte. Falls die
  Toleranzangaben bis auf das Vorzeichen
  identisch sind, wird das Abmaß nur
  einmal mit beiden Vorzeichen hinter der
  Maßzahl eingetragen. Aus diesem Grund
  sollten derartige Toleranzangaben als
  REAL- oder INTEGER-Wert eingegeben

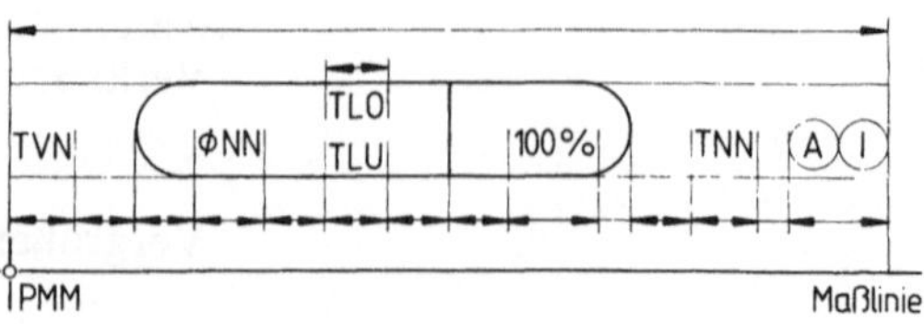

Bild M7. Maßtextmodell (Beispiel
aus SIS CAD-M)

werden. Ausnahmen dazu bilden Toleranzangaben wie z.B. "H7", "g6". Hier ist
auch eine Eingabe als Text möglich.
- TNN: Text nach Nennmaß. Durch diesen
Parameter kann der Benutzer nach Belieben Bearbeitungshinweise und Erläuterungen eintragen (z.B. geschliffen).
"TNN" sollte als Text eingegeben werden.
- AI: Änderungsindex. Der Änderungsindex erlaubt die Kennzeichnung überarbeiteter Maße und das Führen eines
Änderungsdienstes. Der Änderungsindex
wird mit einem Kreis um die Ziffer
hervorgehoben.

Maßtextlage: *Anordnung und Orientierung
des Maßtextes in Bezug auf die Maßlinie. Es
gibt drei verschiedene Möglichkeiten, den
Maßtext bzw. die Maßzahl zu positionieren:*
- *Default-Einstellung; Der Maßtext wird
mittig über die Maßlinie geschrieben.*
- *direkt bei PMM (Positionierpunkt für
Maßlinie und Maßtext); In diesem Fall
wird der Maßtext bzw. die Maßzahl direkt
beim PMM (Position von Maßlinie und
Maßtext) eingetragen.*
- *bei NPM (Neuer Positionierpunkt für
Maßtext); Für den Startpunkt des Maßtextes muß ein weiterer Punkt NPM (neue
Position für Maßtext) angegeben werden.*

Maßvariation: *s. auch Variantenkonstruktion;* Manipulationsverfahren, das durch
Modifikation von Maßen ausgeführt wird:
- Maßvariation zur Änderung von Geometrie. Die Maßvariation zur Änderung der
Objektgeometrie basiert auf Identifizierung und Modifizierung von Maßen,
wodurch die Geometrie automatisch
geändert wird. Dieses Verfahren setzt eine
Parameterisierung der Objektgeometrie,
verbunden mit einer verknüpften Datenstruktur zwischen Geometrie und Bemaßung voraus.
- Maßvariation zur *alphanumerischen* Änderung von Abmessungen. Dieses Verfahren erlaubt die Änderung von *Maßtexten* ohne Rückwirkungen auf die
Objektgeometrie. Dies führt zu unmaß

stäblichen Darstellungen,wird jedoch häufig zur Erstellung von *Angebots - zeichnungen* angewendet.

Maßzahl: Die Maßzahl repräsentiert den Wert eines *Nennmaßes*. Für Maßzahlen und Winkelangaben gibt es nach DIN 406 zu vermeidende Bereiche (s. Bild M8).
Tritt eine Zahl auf, bei der Verwechslungen möglich sind (z.B. 6, 9, 68, 69,...), so wird an die Maßzahl ein Punkt angefügt. Es gibt vier verschiedene Möglichkeiten, eine Maßzahl darzustellen:
- Festkommazahl (*Default*),
- ganze Zahl,
- Gleitkommazahl,
- ganze Zahl kombiniert mit echtem Bruch.
Hoischen, H.: Technisches Zeichnen. Essen: Girardet 1982. Klein: Einführung in die DIN-Normen, 8. Aufl. Stuttgart und Berlin: Beuth

Maßzahl für Radien: Kennzeichnung des Radius vor der Nennmaßzahl durch den Großbuchstaben *R* (s. Bild M9). Hoischen, H.: Technisches Zeichnen. Essen: Girardet 1982. Böttcher, P.; Forberg: Technisches Zeichnen. Stuttgart: Teubner 1982

Material-Stücklisten: Material-Stücklisten ordnen Einzelteilen das zur Herstellung notwendige Fertigungsmaterial zu. *CAD- Systeme*, die in der Lage sind, nach Beendigung einer Teilebeschreibung, die vom Konstrukteur eingegebenen Kon - struktionsdaten zur Erstellung von Material-Stücklisten zu nutzen, können zur Aufbau - organisierung innerhalb der Lagertechnik herangezogen werden. Es lassen sich mit Hilfe der Material-Stücklisten Artikel- und Fachkarteien bzw. -dateien anfertigen. Einzelne Material-Stücklistenangaben kön - nen z.B. sein:
- Mengenangaben von Roh- und Fertig- teilen,
- Werkstoff-Normbezeichnungen,
- Gewicht von Roh- und Fertigteil,
- Teilebenennung, -bezeichnung.
Pegels, G.: Erfahrungen mit künstlicher Intelligenz. Fachwissen im CAD/CAM-System für den Stahl-, Holz- und Anlagenbau. Düsseldorf: VDI 1985

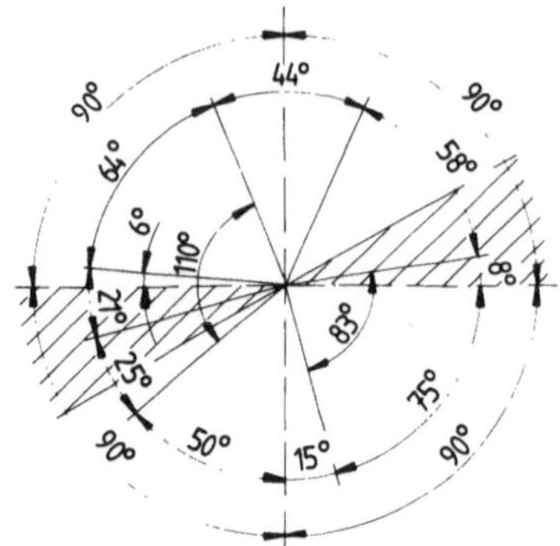

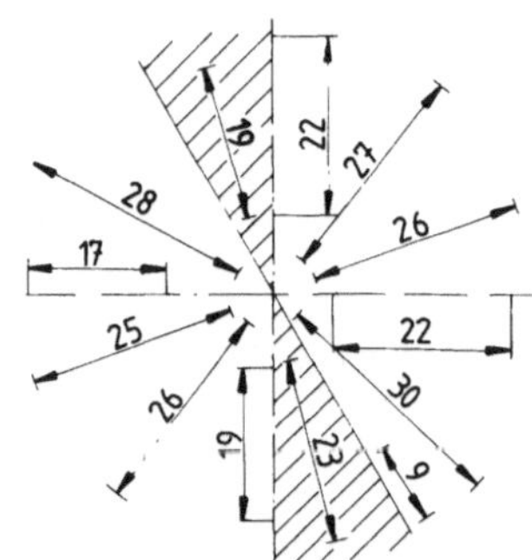

Bild M8. Für Maßzahlen und Win- kelangaben zu vermeidende Bereiche nach DIN 406 T2

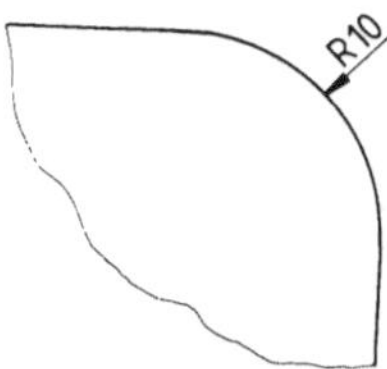

Bild M9. Beispiel einer Radienbe - maßung

Matrixdrucker: Ausgabegeräte, die die Ausgabe auf Papier erlauben und die auszugebende Information aus Punktmustern aufbauen. Matrixdrucker werden überwiegend zur Ausgabe von Texten eingesetzt, erlauben allerdings auch die Ausgabe einfacher graphischer Darstellungen.

Maus: *s. auch Rollkugel; analoges Eingabegerät*, das auf einer glatten Oberfläche bewegt wird, um den *Cursor* auf dem Bildschirm zu positionieren. Da nicht wie beim *Digitalisiertablett* eine definierte Arbeitsfläche vorhanden sein muß, werden Positionierungen relativ zu einer vordefinierten Ausgangsposition vorgenommen.

MByte (Mega Byte): Die Maßzahl MByte wird zur Ausgabe von Speichergrößen und Speicherkapazitäten gebraucht. 1 MByte enthält 2^{20} *Bytes*, was genau 1.048.576 Bytes entspricht.

Mengenoperationen: Operationen, deren Argumente und Werte Mengen sind. Die wichtigsten Mengenoperationen sind Durchschnitt, Vereinigung, Mengendifferenz, Bildung der Potenzmenge und des Komplements. Für die Anwendung zur geometrischen Modellierung sind insbesondere die folgenden Mengenoperationen von Bedeutung:
- Vereinigung: Sie enstspricht dem logischen ODER. Die Vereinigung zweier Mengen A $\cup$ B (lies: A vereinigt mit B) besteht aus allen Elementen, die wenigstens einer der beiden Mengen A und B angehören.
- Durchschnitt: Er entspricht dem logischen UND. Der Durchschnitt zweier Mengen A $\cap$ B (lies: A Durchschnitt B) besteht aus allen Elementen, die sowohl zur Menge A als auch zur Menge B gehören.
- Differenz: Sie entspricht der logischen Vereinigung der zu subtrahierenden Menge und einem logischen UND. Die Differenz zweier Mengen A\B (lies: Differenzmenge aus A und B) besteht aus allen Elementen, die zu A, aber nicht zu B

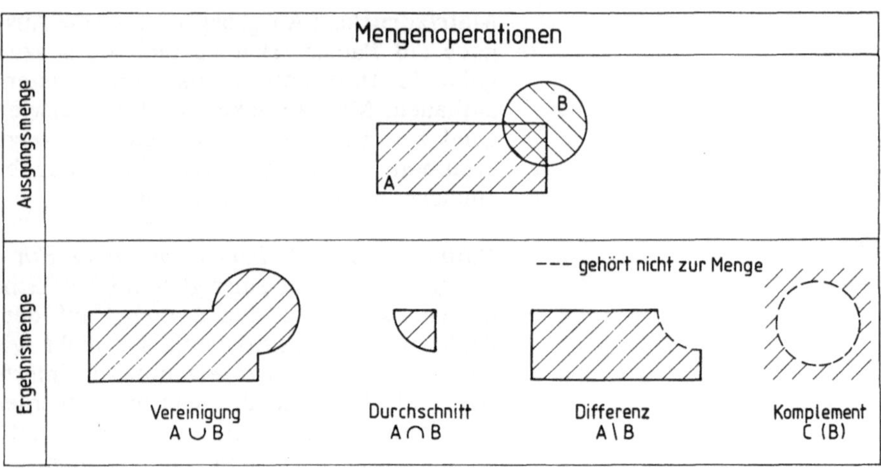

Bild M10. Mengenoperationen

gehören.
- Negation: Sie entspricht der logischen Verneinung. Die Negation einer Menge ¬A besteht aus allen Elementen, die nicht zu A gehören (s. Bild M10).

Mengenübersichtsstückliste: Stückliste, in der für einen Gegenstand alle Teile nur einmal mit Angabe ihrer Gesamtmenge aufgeführt sind. Werden Mengenübersichtsstücklisten durch *CAD-Systeme* erstellt, kann dies nach Abschluß der Teilebeschreibung erfolgen. Da diese Stücklisten rechnerintern vorhanden sind, lassen sich an ihnen Änderungen, innnerhalb einer durch ein CAD-System erstellten Konstruktion, z.B. durch Hinzukommen oder Entfallen eines Gegenstandes, jederzeit vornehmen. Mit dieser Möglichkeit entfällt das Führen einer Plus-Minus-Stückliste. Sind die Angaben zur Mengenübersichtsstückliste Grundlage zur rechner-unterstützten Erstellung einer Stückliste nach DIN 6771 T2, kann von der üblichen Eintragung (-bei Stücklisten auf der Konstruktionszeichnung ist die erste Position die mit dem größten Positionswert-) abgewichen werden. Es lassen sich Stücklisten anfertigen, deren Reihenfolge der Einträge sich nach dem Werkstoff, dem Gewicht oder der Benennung richtet.

Menüelement: *Alphanumerische* oder graphische Abbildung einer Funktion, die der Benutzer durch Drücken einer Taste oder durch Antippen eines Menüfeldes auf dem *Tablett* oder dem Wiederholbildschirm (*refresh-Bildschirm*) auswählt, um eine Programmfunktion ausführen oder ein Geometrieelement erzeugen zu lassen. Eigner, M.; Maier, H.: Einführung und Anwendung von CAD-Systemen. München: Hanser 1984

Menüsteuerung: *s. auch Benutzerschnittstelle;* Softwarebaustein zur Steuerung und Kontrolle der graphisch-*interaktiven* Kommunikation zwischen *CAD-System* und Benutzer. Die Komponenten einer Menüsteuerung sind Menüdefiniton, Kommandodefinition, Menüablaufsteuerung und Menüablaufkontrolle. Die Menüsteuerung ist Teil des Kommunikationsbausteins. Durch eine Menüsteuerung werden dem Benutzer stets die momentan zur Verfügung stehenden Befehle in Form eines Menüs angeboten. Nachdem er einen Befehl ausgewählt hat, springt das *Programm* in die darunter liegende Menüebene und bietet auch dort wieder die aktuellen Auswahlmöglichkeiten an. Dies setzt sich solange fort, bis ein *Kommando* vollständig in einzelnen Schritten eingegeben und ausgeführt worden ist.

Menütechnik: *Interaktive* Arbeitsweise durch selektive Auswahl vorgegebener Befehls- oder Beschreibungselemente, z.B. für die graphische Teilebeschreibung der Systemsteuerung. Gegenteil zur Menütechnik ist die Sprachbeschreibungstechnik. Eigner, M.; Maier, H.: Einführung und Anwendung von CAD-Systemen. München: Hanser 1984

Metafile: *Datei*, deren Inhalt und Format unabhängig von einem System oder einer Anwendung festgelegt wurde. Die Inhalte und das Format eines Metafiles kann mit entsprechenden Programmbausteinen, sog. *Postprozessoren* in systemspezifische Dateien übertragen werden.

Metasprache: Formale Sprache, die zur abstrakten Spezifikation von Sachverhalten benötigt wird. Aus Metasprachen können andere Sprachen abgeleitet werden.

Methodenbank: System zur Sammlung, Speicherung und Verwaltung von Methoden und umfaßt die Verknüpfung von vorgefertigten Programmodulen (*s. auch Modul*) als Softwarebausteine zu Methodenprogrammen sowie deren anwendungsbezogene Nutzung. Die in einer Methodenbank enthaltenen Methoden sind formal und substantiell aufeinander abgestimmt. Da in einem *CAD-System* sämtliche angebotenen Methoden aufeinander abgestimmt sind, können CAD-Systeme als Methodenbanken aufgefaßt werden.

Mikrocomputer: Klasse von Rechnersystemen, zu denen z.B. Arbeitsplatzrechner, Tischrechner, Personal- und Home- Computer zählen. Kennzeichnend für Mikrocomputer ist die Vereinigung von Rechnerfunktionen auf einem integrierten *Chip*. Mikrocomputer enthalten*Mikroprozessoren,* die 8-, 16- oder 32-*Bit*-Worte verarbeiten können.

Mikrofiche: Informationsträger (Mikroplanfilm) im Format DIN A6, auf dem Mikrofilmbilder zeilenweise angeordnet sind.

Mikroprozessor: Integrierter Baustein (*Chips*), auf dem die Funktionen eines *Prozessors* verfügbar sind. Mikroprozessoren sind als 8-, 16- und 32-*Bit*-Prozessoren verfügbar. Hergestellt werden Mikroprozessoren vorwiegend auf der Basis der *MOS*-Technologie (Metal Oxid Semiconductor, dt.: Metalloxidhalbleiter), die die Produktion von hochintegrierten Schaltungen erlaubt.
Schneider, H.-J.: Lexikon der Informatik und Datenverarbeitung. Oldenbourg 1983. Eigner, M.; Maier, H.: Einstieg in CAD. München: Hanser 1985

Mittellinie: Darstellungslinie zur Abbildung von geometrischen Objekteigenschaften. Mittellinien werden insbesondere bei rotationssymmetrischen Objekten angegeben, um die Rotationssymmetrie, die Lage und Orientierung des Objektes eindeutig darzustellen.

Hoischen, H.: Technisches Zeichnen. Essen: Girardet
1982. Böttcher, P.; Forberg: Technisches Zeichnen.
Stuttgart: Teubner 1982

Mnemotechnische Abkürzung: Abkürzung,
bei der aus einer bestimmten Buch -
stabenfolge und der abgekürzten Benennung
die Bedeutung abgeleitet werden kann.

Modell: Abbildung eines realen Objektes
nach vordefinierten Abbildungsregeln, die
auf den Ähnlichkeitsgesetzen (Modellge -
setzen) basieren. Es werden drei Arten von
Modellen unterschieden:
-   Bildhafte Modelle sind graphische Dar -
    stellungen von realen Objekten, z.B. *tech -
    nische Zeichnungen.*
-   Gestalthafte Modelle sind zum Teil ver -
    kleinerte Abbildungen, die bestimmte
    Eigenschaften eines realen Objektes
    beinhalten, z.B. Flugzeugmodelle für
    Windkanaluntersuchungen.
-   Formale Modelle sind Datenmengen, die
    Eigenschaften eines realen Objektes er -
    fassen, z.B. Daten in einer rechnerinter -
    nen Darstellung (*RID*).
Eigner, M.; Maier, H.: Einführung und Anwendung
von CAD-Systemen. München: Hanser 1984.
Dassler, R.; Germer, H.-J.; Kause, F.-L.;
Pohlmann, G.: Databases für geometric modelling
and their application. Berlin: Fraunhofer Institut für
Produktionsanlagen und Konstruktionstechnik.

Modellaustausch zwischen CAD-Systemen:
s. auch IGES; durch die Einführung von
CAD-Systemen wird Konstrukteuren ein
mächtiges Hilfsmittel zur Systematisierung
und Rationalisierung des Konstruktions -
prozesses zur Verfügung gestellt. Weil
unterschiedliche CAD-Systeme für verschie -
dene Anwendungsbereiche des Konstruk -
tionsprozesses geeignet sind und eingesetzt
werden, werden technische Verfahren für die
Kommunikation zwischen unterschiedlichen
CAD-Systemen erforderlich. Technische
Verfahren zur Kommunikation zwischen
CAD-Systemen können in Verfahren zur
Kopplung von CAD-Systemen über Schnitt -
stellen (*Interface*) und in Verfahren zur
Integration auf der Basis einer modularen
Systemstruktur eingeteilt werden (s. Bild

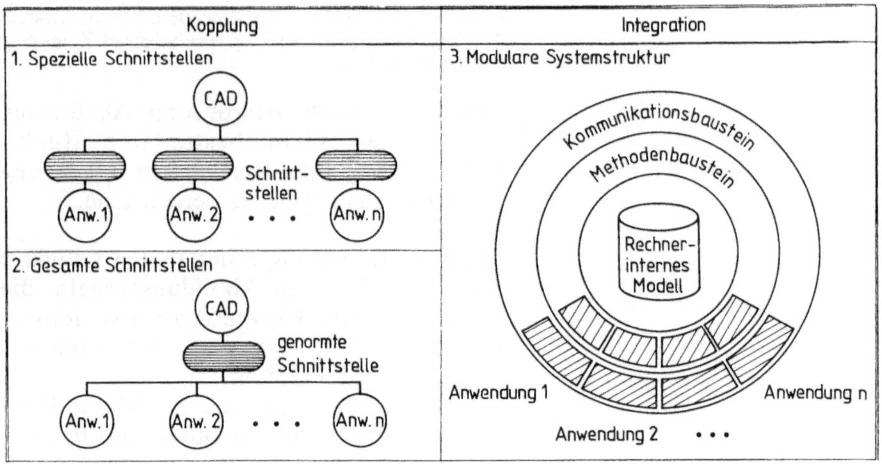

Bild M11. Kopplung und Integration von CAD-Systemen (Quelle: RPK)

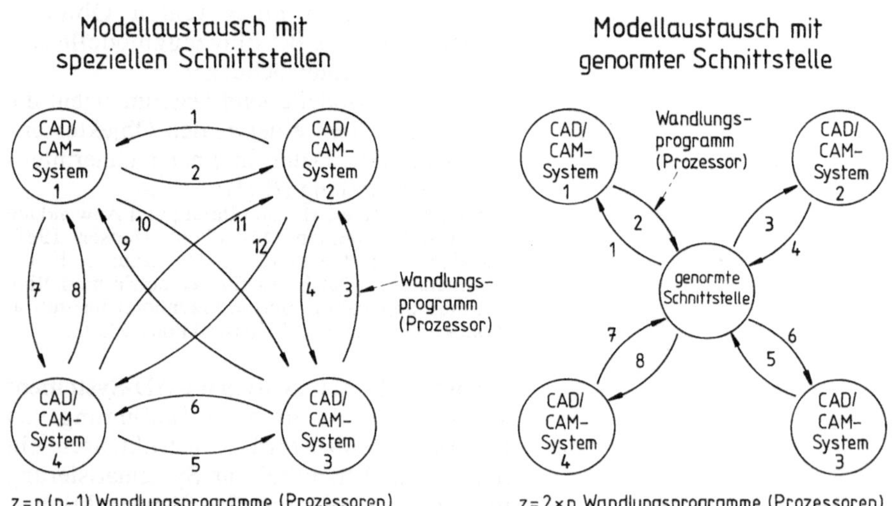

Bild M12. Modellaustausch durch Kopplung von CAD-Systemen über spezielle und genormte Schnittstellen (Quelle: Heidrich)

M11). Das rechnerinterne Modell ist bei beiden Verfahren von zentraler Bedeutung, wobei das Schwergewicht für die praktische Anwendung auf der Kopplung von CAD-Systemen über genormte Schnittstellen zum Austausch von produktdefinierenden Daten liegt. Die Bedeutung der Kopplung über genormte Schnittstellen ergibt sich aus folgenden Gründen:

- Genormte Schnittstellen*pre*- und *-post-
  prozessoren* werden von CAD-System -
  herstellern angeboten, gepflegt und ge -
  wartet.
- Eine spezifische Kopplung über unter -
  nehmensspezifische Schnittstellen oder
  Kopplungsprogramme erfordert je Kop -
  plung zwei Kopplungsprogramme. Dies
  führt zu einem erheblichen Software -
  erstellungssaufwand, der noch durch
  eigenen Pflege- und Wartungsaufwand
  erhöht wird (s. Bild M12).

Das Verfahren zum Austausch rechner -
interner Modelldaten über genormte Schnitt -
stellen dient zum Erreichen der folgenden
Ziele:

- DV-technische Zielsetzung
  - Modelldatenaustausch zwischen CAD-
    Systemen,
  - Modelldatenaustausch zwischen CAD-
    Systemen und anderen Programm-
    systemen (z.B. *NC*-Systeme).
- Betriebsorganisatorische Zielsetzung
  - firmenintern zwischen Produktions-
    abteilungen,
  - firmenextern zwischen kooperierenden
    Unternehmen.
- DV-organisatorische Zielsetzung
  - Verfügbarkeit von Norm- und Zukauf-
    teilen (*s. Kaufteil*) auf *digitalen
    Datenträgern,*
  - Systemunabhängige Modellarchi-
    vierung.

In der praktischen Anwendung werden heute
vorwiegend die folgenden Schnittstellen zum
Austausch von produktdefinierenden Daten
verwendet:

- *IGES;* initial graphics exchange specifi -
  cation,
- *SET;* standard d` echange et de transfert,
- *VDA-FS,* Flächenschnittstelle des VDA
  (Verband der deutschen Automobilin -
  dustrie e.V.), VDA-FS ist genormt (*DIN
  66301*).

Die Entwicklung eines internationalen
Standards zum Austausch produktdefi -
nierender Daten wird im Rahmen der *ISO,
ISO/TC* 184/SC 4/WG 1 durchgeführt. Bild
M13 zeigt Ansätze und Einflüsse auf die

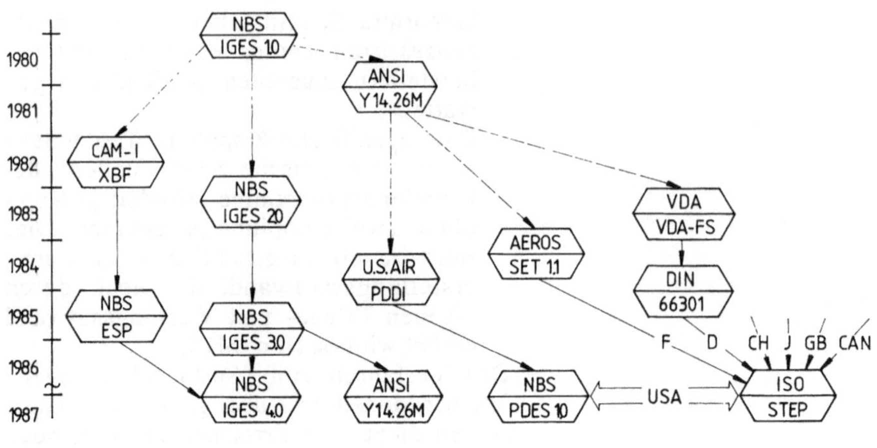

Organisationen	
NBS	National Bureau of Standards
ANSI	American National Standards Institute
CAM-I	Computer Aided Manufacturing - International
VDA	Verband der Deutschen Automobilindustrie
AEROS	AEROSPATIALE (Frankreich)
U.S. Air	U.S. Air Force
DIN	Deutsches Institut für Normung
ISO	International Organisation for Standardization

Standards	
IGES	Initial Graphics Exchange Specification
XBF	Experimental Boundary File
VDA-FS	VDA - Flächenschnittstelle
SET	Standard d' Exchange et de Transfert
ESP	Experimental Solids Proposal
PDDI	Product Data Definition Interface
PDES	Product Data Exchange Specification
STEP	Standard for The Exchange of Product Model Data
→	Grundlage
--→	Beeinflussung

Bild M13. Schnittstellenentwicklung für den internationalen Standard (Quelle: Glatz)

Entwicklung des internationalen Standards sowie einen Zeitplan zur Ausarbeitung der Spezifikationen. Grabowski, H.; Glatz, R.: Schnittstellen zum Modellaustausch - Auf dem Weg zum internationalen Standard STEP. VDI-Z 10 (1986) Bronstein, I.; Semendjajew, K.: Taschenbuch der Mathematik. Frankfurt: Deutsch. 1974. Schuster, R.; Anderl, R.: CAD-Interfaces a tool for integrating CA-Processes. Proc. MICADO, Paris 1986

Modellzeichnung: *Technische Zeichnung*, die die Darstellung eines Modellteils z.B. für Gußstücke enthält.

Modem: (Abk. für **Modu**lator und **Demodu**-lator); Geräte zur Datenfernübertragung. Modemgeräte ermöglichen die Umwandlung *digitaler* Informationen in *analoge* Signale sowie die Umwandlung analoger Signale in digitale Informationen. Eingesetzt werden Modemgeräte für die *Kommunikation* zwi -

schen Rechnersystemen und Terminals über
öffentliche Netze (z.B. Fernsprechnetz), um
die analog/digitale Umwandlung durchzu -
führen.

Modul: Baustein mit der Eigenschaft, in ein
Gesamtsystem integrierbar zu sein und eine
Funktion in diesem Gesamtsystem zu
erfüllen. Rechnersysteme sind aus vielen
solcher Bausteine zusammengesetzt, die auch
als *Hardware*modell und *Software*modell
bezeichnet werden.

Modularität: Eigenschaft von Systemen, wel -
che insbesondere das Aufbauprinzip
charakterisiert, das, basierend auf einer
systematischen Strukturierung die Spezifi -
kation von Komponenten beinhaltet, deren
Funktionalität genau abgegrenzt und deren
Schnittstellen definiert wurden. Modularität
erlaubt den Austausch, die Aufnahme sowie
die Wegnahme von Systemkomponenten
ohne eine wesentliche Beeinflussung der
weiteren Systemkomponenten. Dadurch wird
die Flexibilität (Anpaßbarkeit) von Systemen
und insbesondere von CAD/CAM-Systemen
wesentlich erhöht.

Möbiusregel: Dient zur Festlegung der
Oberflächentopologie. Eine *Fläche* besitzt
immer zwei Seiten, von denen eine als
Außenfläche und die andere als Innenfläche
bezeichnet werden kann. Die Festlegung der
Innen- und Außenfläche ist nicht Aufgabe der
Analysis sondern der Topologie. Liegt die
Topologie fest, so ist die Fläche orientiert.
Nowacki, H.; Gnatz, R.: Geometrisches Modellieren.
Informatik-Fachber. Nr. 65. Berlin: Springer 1972

Moldflow: Softwarepakete für die Simulation
von Spritzgießvorgängen. Ein Moldflow-
Programm ermöglicht dem Konstrukteur
den Überblick über alle Aspekte des
Material- und Werkzeugverhaltens. Mold -
flow ermöglicht einen Einblick in den
Materialfluß von der Düse durch Anguß,
Verteiler und Anschnitt bis zur Form -
höhlung, und zwar unter Angabe von
Werkstofftemperaturen, Fließgeschwindig -
keiten, Schergeschwindigkeiten, Schubspan -

nungen und Drücken an jedem Punkt dieses Weges, bis die Form vollständig gefüllt ist.

Monitor: Kern eines *Betriebssystems*; Monitore steuern, kontrollieren und koordinieren den Ablauf der *Hardware-* und *Software-*prozesse eines Rechnersystems. Der Begriff Monitor wird auch als Bezeichnung eines Bildschirmgerätes gebraucht.

Morphologischer Kasten: Ordnungsschema, darstellbar in Form einer Matrix, bei der Teilfunktionen über Lösungsalternativen aufgetragen werden (s. Bild M14).
Ein Morphologischer Kasten wird insbesondere beim methodischen Konstruieren zur Kombination von Teillösungen eingesetzt, um so Lösungsalternativen zu erhalten.

MOS (metal-oxide-semiconductor): (dt.: Metalloxid-Halbleiter); technisches Verfahren zur Herstellung von integrierten Schaltkreisen (*s. IC*).

MP/M (multiprogramming control program for microprocessor): (dt.: Mehrbenutzer *Betriebssystem* für Mikrorechner); stellt die Mehrbenutzerversion des *CP/M*-Betriebssystems dar.

MPU (microprocessor unit): (dt.: Mikroprozessoreinheit); *Mikroprozessor*; als logische Einheit eines Rechners.

Teilfunktionen	Lösungsprinzipien und -elemente (Teilfunktionsträger)				
1 Pegel messen	Schwimmer	Quecksilber-wippe	Druckdose	Mengenmesser	Kommunizierende Röhren
2 Prozeß regeln	Drehzahl-regler	Steuer-ventil	Schalter	Schieber	—
3 Energie umformen	Windrad	Elektro-motor	Druckluft-motor	Hydromotor	Verbrennungs-motor
4 Druck erhöhen	Strömungsprinzip			Wirbelrad	Ejektor
	Kreiselrad halboffen	Kreiselrad geschlossen	Einkanalrad		

Bild M14. Beispiel eines Morphologischen Kastens

MS/DOS (**m**ikrosoft-**d**isc operating system):
Betriebssystem für Mikrorechner, das von
der Fa. MICROSOFT entwickelt wurde.

Multiplexbetrieb: Betriebsart, bei der
mehrere Aufgaben von einer Funktions -
einheit bearbeitet werden. Da Prozesse je -
doch nur sequentiell abgearbeitet werden
können, sind Regeln erforderlich, nach denen
der Abarbeitungsprozeß gesteuert wird.

Multiplexer: Steuer- und Kontrollgeräte zur
Datenübertragung, die in der Lage sind,
Informationen, die von verschiedenen
Datenleitungen kommen, organisiert auf
einer Datenleitung weiterzuleiten. Die
Umkehrung dieser Funktion, also die
Verzweigung von Informationen, die über
eine Datenleitung transportiert wurden und
in mehrere Datenkanäle weitergeleitet
werden, wird von Demultiplexergeräten
ausgeführt. Schneider, H.-J.: Lexikon der
Informatik und Datenverarbeitung. Oldenbourg 1983

Multiprocessing: Verarbeitungsart in Rech -
nersystemen, bei der *Programme* zeitlich
parallel durch mehrere Rechenwerke aus -
geführt werden. Die Rechenwerke haben
dabei Zugriff auf einen gemeinsamen *Arbeitsspeicher*. Shah, R.: NC Guide, Numerical
Control Handbook. Zürich: Raymand Shah 1983

Multiprogramming: Betriebsart eines Rech -
nersystems, bei der mehrere *Programme* von
einem Rechnersystem zeitlich koordiniert
ausgeführt werden können.

Multi-Tasking: Fähigkeit eines *Betriebs -
systems*, mehrere *Programme*/Prozesse quasi
gleichzeitig abzuarbeiten, zu verwalten und
ggf. zu koordinieren.

Multi-User-System: Mehrbenutzersystem;
Betriebssystem, bei dem mehrere Benutzer
gleichzeitig arbeiten können. Bei einem
Multi-User-System regelt das Betriebssystem
den zeitlichen Ablauf und die *Kommu -
nikation* aller Benutzer mit der *Zentral -
einheit*. Ähnlich wie beim *Multi-Tasking*
werden die Prozesse der verschiedenen
Benutzer quasi gleichzeitig abgearbeitet.

N

Nadeldrucker: (*s. auch Matrixdrucker*);
Ausgabegeräte, bei denen die Ausgabe auf
Papier durch den Anschlag matrizenartig
angeordneter Nadeln auf ein Schreibband
erfolgt. Ausgegeben werden Texte und
einfache graphische Darstellungen.

NC (numerical control): Numerische Steuerung für Maschinen und Geräte; die Weg-
und Schaltinformationen werden binär
codiert und über Lochstreifen, Diskette,
Magnetband oder direkt über Datenleitung an
numerisch gesteuerte Maschinen oder Geräte
übergeben und abgearbeitet. Hoischen H.,
Technisches Zeichnen, W. Girardet Verlag. Essen
1982

NC-Steuerinformation: Daten, die den Ar-
beitsablauf einer numerisch gesteuerten
Maschine steuern. *NC*-Steuerinformationen
können maschinennah (s. auch DIN 66025),
maschinenunabhängig (s. auch DIN 66215,
CLDATA) oder als NC-Teileprogramm im
Format einer NC-Programmiersprache
erstellt werden.

n-Eck: Polygonzug, der aus n-Punkten
definiert wird. Der Begriff n-Eck bezeichnet
auch ein Flächenelement als Elementarobjekt
der Dimension 2. Zur rechnerinternen Bearbeitung ist hier die Flächeninformation
(Umlaufsinn, Orientierung der Begrenzungslinien) bekannt.

Nennmaß: Das in einer Zeichnung für ein
Werkstück vorgeschriebene Maß. Es dient
zur Angabe von Abmessungen. Auf das
Nennmaß werden die Abmaße bezogen (s.
auch DIN 7182 T1); (*s. auch Abmaß,
Maßtext, Maßzahl*).

Network: dt.: *Netzwerk*

Netzlinie: *s. auch Rasterlinie;* Linienele-
ment, das im Verbund mit weiteren
Linienelementen ein ebenes oder räumliches
Netz ergibt.

Netzpunkt: Verbindungsstellen für Linien,
die durch ihre Beziehungen zueinander ein
Netz ergeben. Wird die Lage eines Netz-
punktes verändert, so werden dadurch
zugehörige Netzlinien manipuliert. Netzpunkte können nach dem folgenden Verfahren definiert werden:
- einzeln, durch Benutzereingabe definierter *Punkte*;
- Anfangs- oder Endpunkte von Strecken
  und Strahlen, sowie Stützpunkte von
  Geraden;
- Mittelpunkte von *Kreisen* und Kreisbögen
  und
- Anfangs- oder Endpunkte von
  Kreisbögen.
Netzpunkte werden insbesondere zur
Beschreibung von *2D-* und *3D* Finite-Ele-
mente-Netzstrukturen sowie zur Beschreibung von Freiformflächen und -kurven
benötigt.
Bemerkung: Schnittpunkte und Tangential-
punkte zwischen Geraden und Kreisen sind
nur dann Netzpunkte, wenn diese als
definierende Punkte für Geraden oder Kreise
herangezogen werden, weil sie dann unter
eine der obigen Kategorien fallen.

Netzwerk: (engl.: Network); *hard-* und
*software*technische Kopplung von Rechnersystemen. Netzwerke stellen Leitungen
bereit, über die die Rechnersysteme miteinander kommunizieren können.

Neukonstruktion: Konstruktionsart, bei der
sämtliche Konstruktionsphasen, die Funk-
tionsfindung, die Prinziperarbeitung, die
Gestaltung und die Detaillierung durchlaufen
werden. Der Begriff dient zur Unterscheidung der verschiedenen Konstruktionsarten wie Neukonstruktion, *Anpassungs-*
konstruktion, Variantenkonstruktion, Prin-
zipkonstruktion. Merkmal der Neukonstruktion ist, daß die entwickelte technische

Produktlösung eine neue Gesamtfunktion erfüllt, die durch physikalische Prinzipien und durch die Produktgestalt verwirklicht wird.

Nichtmaßstäbliche Darstellung: Abbildungen technischer Objekte in einer *technischen Zeichnung*, wobei die Abbildung nicht die Regeln der geometrischen Ähnlichkeit berücksichtigt. Nichtmaßstäbliche Darstel-lungen enthalten z.B. Geometrie und Maß-angaben, wobei die angegebenen Maße nicht mit der dargestellten Objektgeometrie über-einstimmen (z.B. in *Angebotszeichnungen*). Nach DIN 6 können Gegenstände zwecks Ersparnis an Zeichenarbeit und/oder an Zeichenfläche unterbrochen dargestellt wer-den, wodurch ein nicht maßstäbliches Bild entsteht (s. Bild N1).
Unterstrichene Maßzahlen geben an, daß die Darstellung nicht maßstäblich ist (s. Bild N2). Böttcher P., Forberg, Technisches Zeichnen. B.G. Stuttgart: Teubner 1982.

NMR (nuclear magnetic resonance): Verfah-ren zur Datenerzeugung für computer-gestützte Bildverarbeitung in der Medizin.

NOD: *s. Null-Object-Detection*

Node: Geometrischer Punkt, der zur Defi-nition *finiter Elemente* benutzt wird.

non-interlaced: *s. auch Sichtgeräte;* Verfah-ren zum Bildaufbau bei Rasterbildschirmge-räten. Im Gegensatz zu *interlaced* bezeichnet non-interlaced eine Technik, bei der der Elektronenstrahl jede Zeile (also den ge-samten Bildschirminhalt) bei jedem Durch-gang schreibt. Insgesamt erfolgt der Bildaufbau 60-70 mal pro Sekunde.

normale Darstellung von Bildern: *s. auch invertierte Darstellung;* graphische Aus-gaben auf Bildschirmgeräten nach Standard-vereinbarungen, also z.B. helle Darstellung auf dunklem Hintergrund.

normale Darstellung von Text: *s. auch*

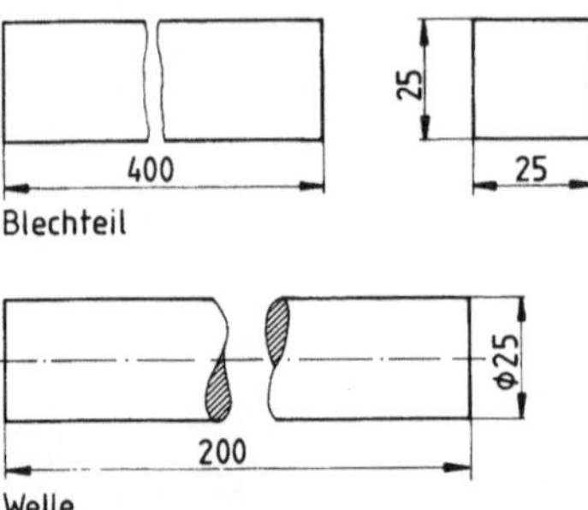

Bild N1. Nichtmaßstäbliche Darstellung durch einen Bruch

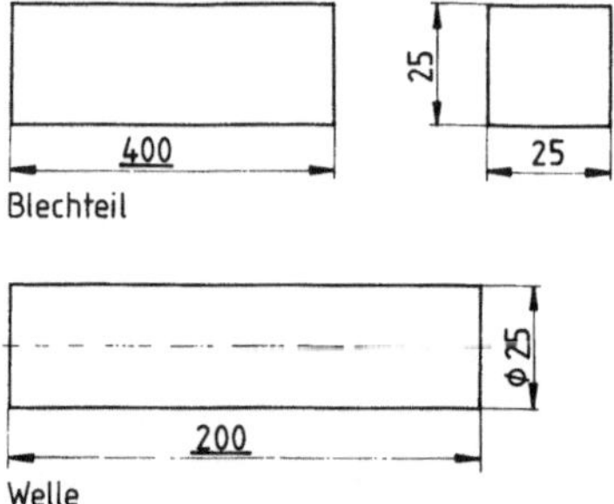

Bild N2. Nichtmaßstäbliche Darstellung durch Unterstreichen der Maßzahl

invertierte Darstellung; Darstellungsart für
alphanumerische Ausgaben auf Bildschirm -
geräten nach Standardvereinbarungen, also
z.B. helle Darstellung auf dunklem Hinter -
grund.

Normalisierungstransformation: *s. GKS* und
Transformationsprogramm

Normen: Planmäßige, durch die interes -
sierten Kreise gemeinschaftlich durchge -
führte Vereinheitlichung von materiellen und
immateriellen Gegenständen zum Nutzen der
Allgemeinheit.

IGES:	Initial Graphics Exchange Specification
PHIGS:	Programmer`s Hierarchical Interactive Graphics Standard
SET:	Standard d` Echange et de transfert
VDI:	Virtual Device Interface
VDM:	Virtual Device Metafile
VDA-FS:	Flächenschnittstelle des VDA (Verband der Deutschen Automobilindustrie e.V)

Normschrift: Normgerechte Darstellung
alphanumerischer Zeichen (Zahlen, Buchstaben und Sonderzeichen) in *technischen
Zeichnungen.* Hoischen, H.: Technisches Zeich -
nen. Essen: Girardet 1982

Normteil: *s. auch Zusammenbauzeichnung;*
Gegenstand, der in einer Norm (*s. Normen*)
festgelegt ist. Normteile werden festgelegt,
um die Teilevielfalt technischer Gegenstände
(*Gruppen, Einzelteile* und Formelemente)
einzugrenzen und allgemeingültige Verein -
barungen und Regeln über diese Teile sowie
den Umgang mit ihnen treffen zu können.
Normteile werden mit festgelegter Funktion,
funktionsbezogener Gestalt und einer auf
dem Baureihenprinzip basierenden Größen -
stufung beschrieben. Zur Bereitstellung von
Normteilen in *CAD-Systemen* müssen
- charakteristische Sachmerkmale
- tabellenstrukturierte Sachmerkmalwerte
  und die
- Erzeugungsvorschrift (*Programm*) für

die Generierung der Normteilgeometrie definiert und in CAD-Systemen integriert werden. Zu rechnerflexiblen Bereitstellungen von Normteilen für CAD-Systeme sind Schnittstellen (*s. Interface*) erforderlich, die die Speicherung von dimensions- und formvariabler Geometrie, geometrischer, technologischer und organisatorischer Daten sowie tabellenstrukturierter Sachmerkmaldaten erlauben. Zur Normteilerstellung und -einbindung benötigen CAD-Systeme *Pre-* und *Postprozessoren*, als Anwendungssystem werden CAD-systemspezifische Normteilverarbeitungssysteme (z.B. um DIN-Normteile in Werksnormteile zu transformieren) erforderlich. Bild N3 verdeutlicht die rechnerflexible Bereitstellung und Übertragung von Normteilen.

Normteilung: Skalierung gemäß *DIN 5478*, ausgeführt als Einerteilung, Zweierteilung oder Fünferteilung.

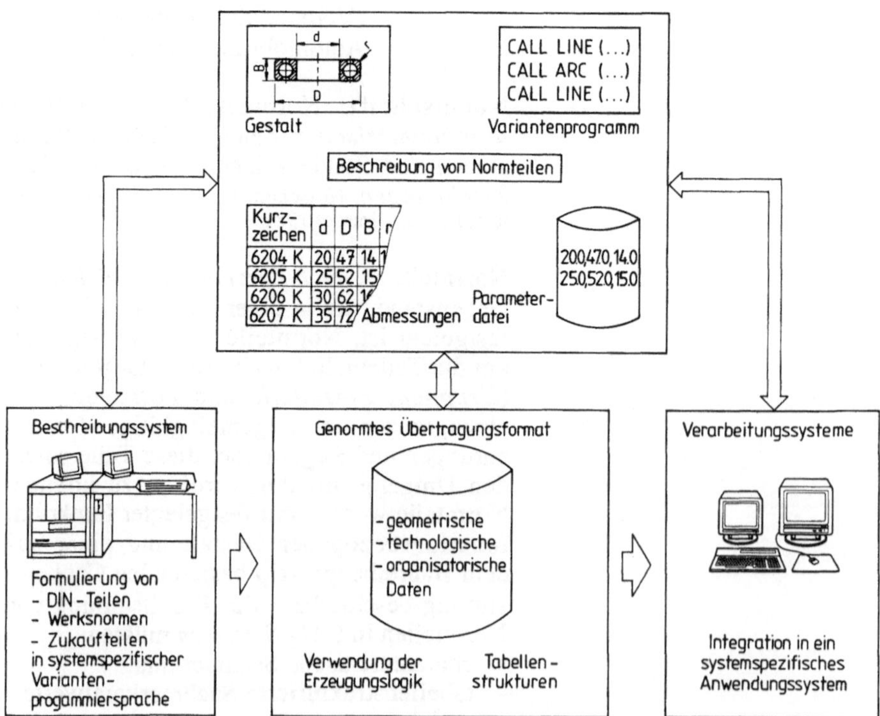

Bild N3. Rechnerflexible Bereitstellung und Übertragung von Normteilen

Normung: Mittel zur Ordnung und Grundlage für ein sinnvolles Zusammenarbeiten und Zusammenleben. Die Normung bietet Lösungen für immer wiederkehrende Aufgaben an, unter Berücksichtigung der wirtschaftlichen Gegebenheiten, und dies vor dem Hintergrund der jeweiligen Wertordnung und der sozialen Tatbestände. Darüberhinaus zwingt die Tatsache, daß wir in einer technisierten Welt leben, zur technischen Normung, damit die Möglichkeiten der Technik im Bereich der Wirtschaft und der Informationstechnik genutzt werden können und damit Rationalisierung und Austauschbarkeit von Sachen und Gedanken leichter möglich werden. Klein: Einführung in die DIN-Normen, 8. Aufl. Stuttgart und Berlin: Beuth.

Null-Object-Detection: Methode zur Ermittlung einer leeren Menge. Es sei die Representation R eines Objektes S gegeben. Bestimme mit Hilfe von Berechnungen auf R, ob S ein leeres Objekt (Null-Objekt) ist: S = 0? Dieses geometrische Problem der Null-Objekt-Detection (kurz: NOD) ist ein wichtiges Entscheidungsproblem bei der Berechnung von Durchschnittsmengen: ist der Durchschnitt von zwei gegebenen Körpern (Mengen) A und B leer?
Anwendungen zu diesem Problemkreis entstehen z.B. bei Kollisionsbetrachtungen zwischen einem Roboterarm und seiner Umgebung. Ein Beispiel für ein Null-Objekt ist eine Gerade g, die von einem Netzknoten mit der Nummer i zum selben Netzknoten i geht. Solche Geraden werden von Algorithmen (*s. Algorithmus*) zur "booleschen Verknüpfung" (*s. Boolesche Algebra und Boolesche Operatoren*) von *Flächen* oder *Körpern* erzeugt. Robert, B.; Tilove: A Null-Object Detection Algorithm for Constructive Solid Geometry. Softwarepaket des CAD-Systems 27 (1984)

Nullobjekt: Ein Objekt heißt "Nullobjekt", wenn die Abmessung in seiner Dimension Null ist. Danach sind alle Linien der Länge Null und alle *Flächen* mit dem Flächeninhalt Null (d.h. Flächen, die zur Linie entartet

sind) Nullobjekte. Beispiele für Nullobjekte:
- Strecken mit gleichem Anfangs- und End - punkt,
- Kreislinie mit dem Radius Null,
- Kreisbogen mit gleichem Anfangs- und Endpunkt und linksorientierter Drehung,
- Kreisbogen mit gleichem Anfangs- (oder Endpunkt) und Mittelpunkt,
- Fläche, die zur Linie oder zum Punkt entartet ist, z.B. Kreisfläche mit dem Radius Null, oder Dreieck, bei dem die Eckpunkte auf einer Geraden liegen.

Numerisches Tastenfeld: Von der Buch - stabentastatur abgesetztes Tastenfeld, das meist aus den Ziffern von 0 bis 9 und je einer "Punkt"-, "Komma"-, "Minus"- und "CR-" (CR = carriage return) oder "Enter"-Taste besteht. Das numerische Tastenfeld ist zur Eingabe größerer Mengen numerischer Daten handlicher als das *alphanumerische* Tastenfeld.

Nutzwertanalyse: Verfahren zur vergleichenden Beurteilung von Lösungsalternativen. Zur Nutzwertermittlung werden in einer Matrix gewichtete Kriterien über Lösungs - alternativen aufgetragen. Jedem gewichteten Kriterium wird in bezug auf die Lösungs - alternative ein Erfüllungsgrad zugeordnet. Aus der Summe der Produkte aus ge - wichteten Kriterien mal Erfüllungsgrad ergibt sich der Nutzwert (s. Bild N4).
Das Verfahren der Nutzwertanalyse wird häufig zur Ermittlung eines *CAD-Systems* eingesetzt, wobei alternative CAD-Systeme anhand gewichteter Kriterien gegenüber - gestellt werden. Eine weitere Anwendung der Nutzwertanalyse stellt die Bestimmung der Konstruktionsbereiche dar, in denen der Einsatz von CAD-Systemen geplant wird. Aus der Gegenüberstellung der Einsatz - alternativen läßt sich eine Reihenfolge der Einführung bestimmen, die als Grundlage einer Einführungsstrategie dienen kann. VDI-Richtlinie 2217 (Entwurf): Datenverarbeitung in der Konstruktion - Begriffserläuterungen. Düsseldorf: VDI 1979. Grabowski, H.; Anderl, R.; Hettesheimer, E.; Röder, J.; Seiler, W.: Seminar CAD/CAM, Rechnerunterstütztes Konstruieren und Fertigen. RPK, Universität Karlsruhe 1984

Kriterien	Gewichtung	Alternativen				
		A_1	...	A_j	...	A_n
K_1	G_1					
⋮	⋮					
K_i	G_i					
⋮	⋮					
K_m	G_m					
Nutzwerte:	Σ					

Nutzwert einer Alternative: NW

$$NW_j = \sum_{i=1}^{m} \left(e_{ij} \cdot G_i \right)$$

Erfüllungsgrad: e
e = 4 sehr gut
e = 3 gut
e = 2 ausreichend / irrelevant
e = 1 gerade noch tragbar
e = 0 unbefriedigend

Bild N4. Nutzwertanalyse als Verfahren zur Alternativpräferenzierung (Quelle: RIM)

O

DIN 3141 Reihe 2	DIN ISO 1302
∿	geputzt
▽	Rz 100
▽▽	Rz 25
▽▽▽	Rz 6,3
▽▽▽▽	Rz 1

Bild O1. Gegenüberstellung der Oberflächenzeichen nach DIN 3141 und nach DIN ISO 1302

Oberflächenzeichen: Symbole mit Daten, die die Beschaffenheit und Güte des Endzu-standes technischer Oberflächen nach dem Herstellungsprozeß beschreiben. Nach DIN 3141 werden Oberflächensymbolen Rauh-tiefen direkt zugeordnet (s. Bild O1).
In neu zu erstellenden Unterlagen sind Oberflächenangaben nach DIN ISO 1302 an-zuwenden. Oberflächenzeichen können in ein Schraffurgebiet eingetragen werden, wobei ein entsprechender Freiraum zu schaffen ist.
Hoischen, H.: Technisches Zeichnen. Essen: Girardet 1982

Objektcode: (engl.: object code); in eine *Maschinensprache* übersetztes *Programm*. Der Objektcode ist das Ergebnis eines fehlerfreien Compilerlaufs (*s. Compiler*) und stellt ein vom Menschen nicht mehr lesbares, aber vom Rechnersystem ausführbares Pro-gramm dar. Objektcodes müssen allerdings noch mit weiteren Programmbausteinen zu einem lauffähigen Programm gebunden werden.

Objektebene: Strukturierungsmethode, nach der unterschiedliche Objekte zusammen-gefaßt werden können. In einem *CAD-System* können mehrere Objektebenen defi-niert werden, z.B.:
- Objektebene:
  Geometriedaten
- Objektebene:
  Fertigungsdaten der Werkstücke, z.B. Sollmaße, obere und untere *Abmaße*
- Objektebene:
  physikalische Werkstückdaten, z.B. Anga-ben zur Oberflächengüte, zum Werkstoff
- Objektebene:
  Kostendaten, z.B. gefertigt am ..., gefer-tigt von ..., gefertigt auf Maschine Nr. ....

OEM (original equipment manufacturer): dt.: Rechnergerätehersteller; Hersteller von

Rechnergeräten und Rechnerausrüstungen, die Rechner und Peripheriegeräte für spe - zielle Anwendungen konfigurieren und als Speziallösungen anbieten.

Off-Line: Betriebsart vom Rechnersystem, bei der Daten indirekt, d.h. über einen Datenträger, zwischen Komponenten des Rechnersystems transportiert werden.

On-Line: Betriebsart von Rechnersystemen, bei der Daten direkt zwischen den Komponenten des Rechnersystems (z.B. zwischen *Zentraleinheit* und peripheren Geräten) über Datenleitungen übertragen werden.

Operand: *s. auch Kommando;* Ein Operand ist ein Kommandoelement einer Eingabe - sprache. Der Operand bestimmt, auf welches Element der Operator angewendet werden soll. Operanden können in Operandenklassen eingeteilt werden. Eine Operandenklasse ist z.B. die Klasse Linien, die die Operanden - typen Strecke, Kreis, etc. enthalten. Die Klassenbildung dient dazu, Operatoren zur Anwendung auf Operandenklassen definieren zu können.

Operator: Operation, die durch ein *Kom - mando* auszuführen ist.

Ordnung: *s. Strukturstufen;* Gliederungs - ebenen, die nach festgelegten Strukturie - rungsregeln gebildet werden.

Orientierungslinie: Eigenschaft von Rich - tungsvektoren zur Ausrichtung technischer Objekte und *graphischer Symbole.*

Orientierungsraster: *s. auch Raster;* am Bildschirm dargestelltes Raster, das als Orientierungshilfe zur Anordnung tech - nischer Objekte und *graphischer Symbole* dient.

Original-Zeichnung: Als Unikat dauerhaft gespeicherte *technische Zeichnung,* deren Informationsinhalt als verbindlich erklärt wurde (s. auch DIN 199 T1).

OSI (open systeme interconnection): (dt.: Kommunikation offener Systeme); die Kommunikation offener Systeme wurde im Normentwurf DIN ISO 7498 spezifiziert. Grundlage dafür bildet das Basis - referenzmodell (*OSI-7-Schichtenmodell*).

OSI-7-Schichtenmodell: Das OSI-7-Schich - tenmodell ist ein allgemein anerkanntes Kommunikationsmodell der Organisation *ISO*. Die Kommunikation zwischen zwei Teilnehmern wird in diesem hierarchischen Modell in einzelne Ebenen eingeteilt, die bestimmte Funktionen erfüllen. Jede Ebene nimmt zur Erfüllung ihrer Aufgaben die Dienste in Anspruch, die ihr von der nächst niedrigen Schicht angeboten werden. Da die Schnittstellen (übergebene Parameter sowie Übergabeprozeduren) der Ebenen genau spezifiziert sind, können bei Einhaltung dieser Spezifikationen einzelne Schichten ausgetauscht werden. Die Aufgaben der Kommunikationsebenen in vereinfachter Darstellung sind in Bild O2 dargestellt. Bittner, G.; Büssing; K.-P.; Schönwald, B.: CIM MANAGEMENT. Lokale Netze als Grundlage industrieller Kommunikation - MAP und TOP setzen Standards. 1986

Overlay: (dt.: Überlagerung); Technik um große Programmsysteme so zu strukturieren und segmentieren, daß eine Verarbeitung trotz limitierter Arbeitsspeicherkapazität möglich wird. Die Overlay-Technik erlaubt dabei *Programm*teile (Segmente) auf exter -

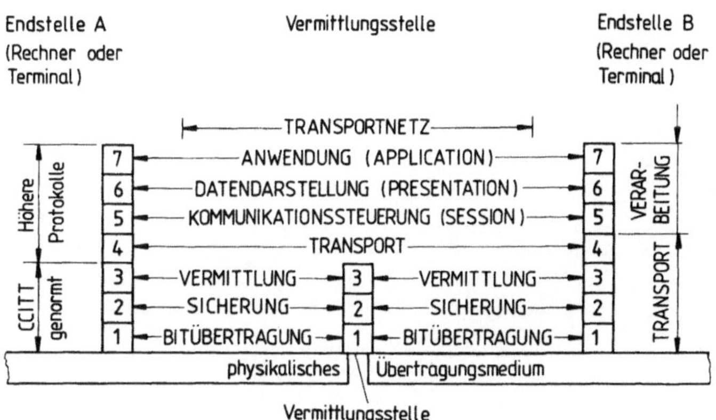

Bild O2. OSI-7-Schichtenmodell

nen Speichermedien bereitzuhalten und nur
bei Bedarf in den *Arbeitsspeicher* zu laden.
Bereits abgearbeitete Programmteile werden
dabei überlagert. Zur Vorgabe des
Overlayschemas ist eine Overlay-Beschrei -
bungssprache verfügbar.

P

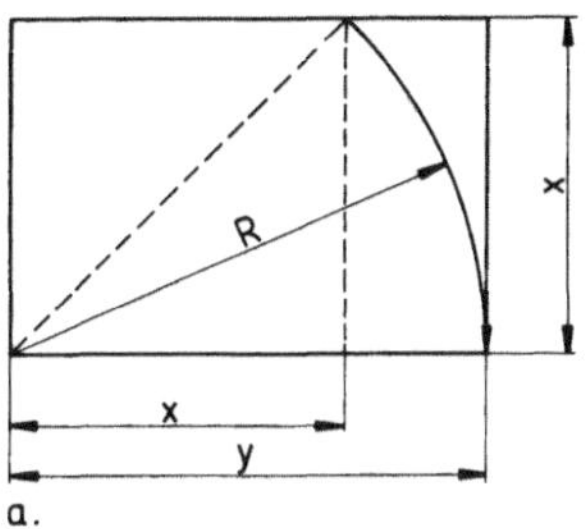

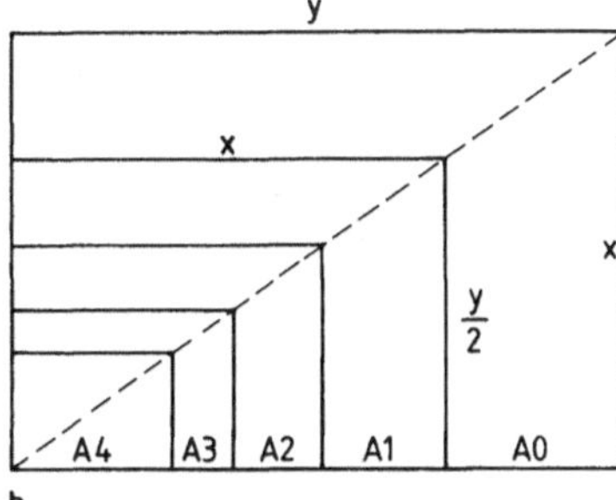

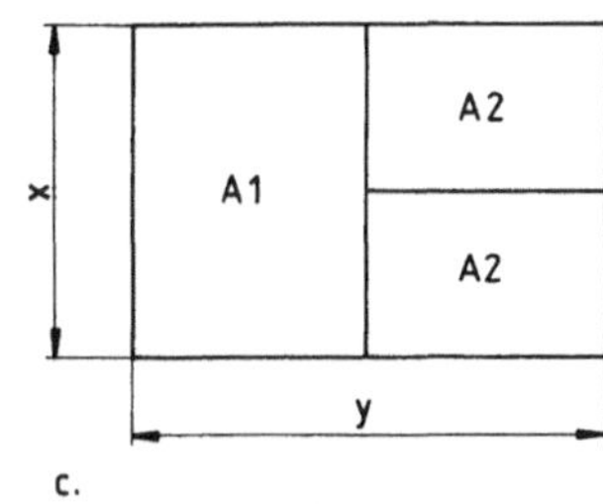

Bild P1. a Verhältnis der Format-
seiten zueinander; **b** Ähnlichkeit der
Formate; **c** Hälftung der Formate

Pan: "Schwenken" des Bildschirmausschnitts über die Gesamtdarstellung im *Bildspeicher*. Die Pan-Funktion wird meist dadurch realisiert, daß ein gewünschter Bildausschnitt im Bildspeicher markiert und am Bildschirm dargestellt wird.

Papierformate: Nach einem Schema definierte Maße für eine Papierfläche. Die Papierformate sind nach DIN 476 genormt. Die Formate wurden nach einem Schema aufgebaut, das auf den folgenden Grund-sätzen basiert:
- Metrische Formatanordnung:
  Die Fläche des Ausgangsformates ent-spricht einem Rechteck mit dem metri-schen Flächeninhalt von 1 m^2 (s. Bild P1a).
- Ähnlichkeitssatz:
  Den Papierformaten liegt eine Ähnlich-keitsbeziehung zwischen den Kanten-maßen zugrunde. Die Maße der Kanten verhalten sich dabei wie eine Kante des Quadrates zu dessen Diagonale (s. Bild P1b).
- Hälftungssatz:
  Durch Halbieren oder Verdoppeln wird ein Format in ein benachbartes Format umgewandelt. Die Flächeninhalte benach-barter Formate verhalten sich wie 1 : 2 (s. Bild P1c). Dieses Formatschema führt zu den folgenden Maßen des Grundformates:
  $x = 841$ mm
  $y = 1189$ mm

Parameter: *s. auch Parameterliste;* charakte-ristische Variable, die Ausprägungen tech-nischer Objekte, Funktionen und Operatio-nen beschreiben.
Beispiel: Bei dem Ausdruck "sin(30°)" stellt der Winkel 30° den Parameter der Funktion "sin" dar.

Beispiel: In Eingabesprachen werden diejenigen Größen als Parameter bezeichnet, die zur Ausführung notwendig sind und angegeben werden müssen. Soll eine Gerade durch Angabe von zwei Punkten erzeugt werden, so stellen die beiden Punkte die Parameter zur Funktion ERZEUGE GERADE PP dar.

Parameterliste: Festgelegte und dokumentierte Zusammenstellung von *Parametern*, deren Reihenfolge ebenfalls signifikant ist.
Beispiel: Soll eine Gerade durch Angabe von zwei Punkten erzeugt werden, so werden in der Parameterliste die Punktkoordinaten für die Funktion ERZEUGE GERADE Px1,Py1; Px2,Py2! dokumentiert.

Parametertrennzeichen: Vereinbarte Zeichen, die dazu dienen, *Parameter* voneinander zu separieren. Parametertrennzeichen sind häufig Semikolon ";", Komma "," oder Schrägstrich "/".

Parkett-Verformung: Fließmuster, die sich fließend in einer Richtung verwandeln.
Hofstadter, D.R.: Metamagikum. Spektrum der Wissenschaft 10 (1983) 8 - 18

Pascal: Höhere Programmiersprache, gehört in die Klasse der modernen, strukturierten Programmiersprachen.

Password: (dt.: Zugangswort); *alphanumerischer Code*, der die Zugangsberechtigung eines Benutzers zu einem Rechnersystem sicherstellen soll. Jeder Benutzer eines Rechnersystems erhält ein Password, das er am Anfang jeder Sitzung dem Rechnersystem nennen muß. Das *Betriebssystem* überprüft das Password und erteilt die Berechtigung für den Zugriff auf die vereinbarten Dateibereiche des Systems.

Patentzeichnung: *Technische Zeichnung*, die in ihrem formalen Aufbau und in ihrer zeichnerischen Darstellung den Vorschriften der Verordnung über die Anmeldung von Patenten entspricht (s. auch DIN 199 T1).

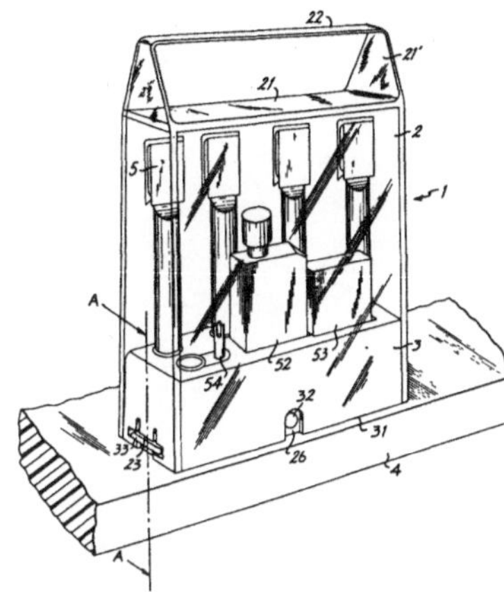

Bild P2. Patentzeichnung einer Standkassette für Tuschezeichner (Werkbild: STAEDTLER MARS)

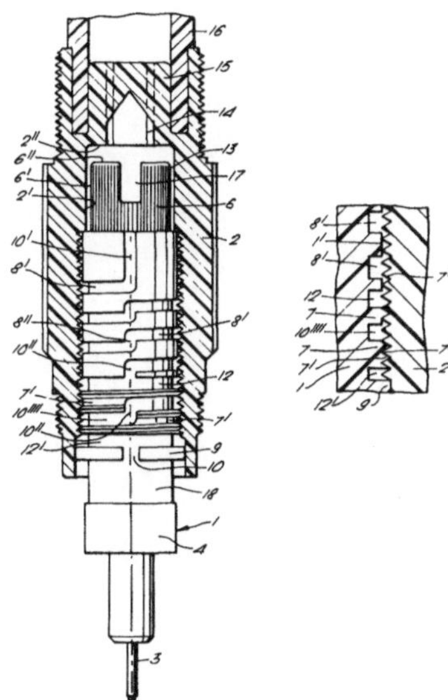

Bild P3. Patentzeichnung einer Zeichenspitze für Tuschefüller (Werkbild: STAEDTLER MARS)

Patentzeichnungen unterscheiden sich von technischen Zeichnungen durch die Darstellungsregeln. Das Erstellen einer Patentzeichnung durch ein *CAD-System* ist häufig nicht möglich. Beispiele für Patentzeichnungen sind die Darstellungen in den Bildern P2 und P3.

PCB (printed circuit board): Leiterplatte mit gedruckter Schaltung.

Personal Computer: Rechnersysteme, basierend auf Mikrorechnern, die mit einer Hard- und Softwaregrundausstattung schlüsselfertig angeboten werden. Personal Computer bestehen im wesentlichen aus 16-*bit* oder 32-bit *Mikroprozessoren*, 256 - 1024 *K-Byte Arbeitsspeicher*, *alphanumerischem* Bildschirm mit *Tastatur* und externen Speichern (*Festplatte* und Diskettenlaufwerk). Eingesetzt werden Personal Computer vorwiegend für administrative Aufgaben, insbesondere zur Textverarbeitung, Buchhaltung, Tabellenverarbeitung, etc.. Für Anwendungen im Bereich der Graphik sind Aufrüstungen erforderlich, wie z.B. die Ergänzung einer Graphikkarte und ein graphikfähiger Bildschirm. Für Anwendungen aus dem Bereich *CAD* müssen leistungsfähige Peripheriegeräte angeschlossen werden, wie z.B. ein hochauflösender Bildschirm, *Tablett* mit Tablettstift oder *Maus* und *Plotter*. Meist ist zusätzlich ein weiterer Arbeitsspeicherausbau erforderlich, um die CAD-*Software* und die großen Datenmengen (z.B. für eine *technische Zeichnung*) verarbeiten zu können.

Pfad: Geometrische Einheit beim *Leiterplattenentwurf*; beschreibt einen zusammenhängenden Satz von *Linienelementen*, dem eine bestimmte Leiterbahnbreite zugeordnet werden kann. Dokumentation der CAMP 83 Computer Graphics. Anwendungen für Management und Produktivität. Berlin 14.-17.03.83. Düsseldorf: VDI.

Pfeillinien: Sind in einem Neigungswinkel von 15° zueinander stehende Strecken, die eine Pfeilspitze darstellen. Hoischen, H.: Technisches Zeichnen. Essen: Girardet 1982

Pfeilpunkte: Sind Endpunkte von Maßlinien. Sie sind Schnittpunkte zwischen der *Maßlinie* und der zugehörigen *Maßhilfslinie* bzw. Körperkante.

Pflichtenheft: Spezifikation eines Anforde - rungsprofils eines Auftraggebers an das Produkt oder die Leistung eines Auf - tragnehmers. Bezogen auf die Entwicklung oder Beschaffung von Rechnersystemen wird im Pflichtenheft die Leistungsfähigkeit des Systems festgelegt. Hierzu zählen insbe - sondere:
- die Funktionalität (Funktionsumfang),
- das Betriebsverhalten (Antwortzeit, Genauigkeit, Datenkapazität, etc.),
- die Flexibilität (*Modularität*) und
- die Ausbaubarkeit.

Das im Pflichtenheft spezifizierte Anforde - rungsprofil dient als Grundlage für einen Auftrag.

PFR (power-failure-restart): Systemspe - zifischer Mechanismus zum erneuten System - betrieb nach einem Stromausfall bzw. einer Stromstörung. Dabei werden die Anfangsbe - dingungen von Instruktionssätzen für die Dauer deren vollständiger Ausführung ge - speichert, so daß eine Instruktion (Maschi - nenbefehl) nach behobener Störung erneut ausgeführt werden kann.

PHIGS (programmers`s hierarchical inter - active graphics standard): Entwurf für eine Programmschnittstelle für graphische An - wendungen mit schnell wechselnden Bildern, zur real-time-simulation (*s. auch Echtzeit*). Viele dieser Anwendungen benötigen *3D-* Fähigkeiten. ANSI, X3H3 "PHIGS Functional Description" 1984

Phong: Verfahren zur Schattierung; eine von Phong entwickelte Schattierungstechnik, die die Nachteile der von Gourard ent - wickelten Schattierungstechnik vermeidet. Die Grundidee des Verfahrens besteht darin, die normal auf der zu schattierenden Oberfläche stehenden Vektoren und nicht die Intensität der Schattierungen zu inter -

polieren. Der Schattierungsalgorithmus wird auf jedes *Pixel* angewendet. Newman, W.M.; Sproull, R.F.: Principles of interactive computer graphics. New York: McGraw-Hill 1979. Phong, B.T.: Illumination for computer generated pictures. Comm. ACM 1975.

Pick: Eingabefunktion; *s. GKS*

Picker: Eingabegerät; *s. GKS*

Pickpunkt Q: Punkt zur Identifizierung von *Flächen*. Der Pickpunkt Q dient als zu überprüfender Punkt für einen Flächenerkennungsalgorithmus. Dabei wird der innerste geschlossene Linienzug ermittelt, innerhalb dessen der Pickpunkt Q liegt.

Piktogramm: Bildzeichen, das in meist stark stilisierter Form ein Wort oder einen Sachverhalt in anschaulicher Form darstellt.

Pixel: Abk. für picture element, dt.: Bildpunkt; Bildpunkte, die insbesondere von Rasterbildschirmgeräten (*s. Raster-scan-Bildschirm*) angesteuert werden können. Die Information über die Darstellung von Pixels (Bildpunkten) wird im Bildspeicher verwaltet. Zur Schwarz-weiß-Darstellung wird 1 *Bit* pro Pixel benötigt, zur Farbdarstellung werden mehrere Bits pro Pixel benötigt.

Plane: Ebene

Planimetrisches Elementarobjekt: *s. auch Elementarobjekt;* ebene Flächen der Dimension 2.

Plasmabildschirm: Plasmabildschirme repräsentieren eine Bildschirmtechnologie, die durch flache Bildschirme gekennzeichnet sind und erzeugte Bilder ohne äußeren Einfluß aufrecht erhalten können. Basis von Plasmabildschirmen bildet ein Elektrodennetz, das von Gas umgeben ist. Durch Anlegen einer Spannung kommt es an den Kreuzungspunkten der Elektroden zu einer lichtaussendenden Ionisation. Schneider, H.-J.: Lexikon der Informatik und Datenverarbeitung. Oldenbourg 1983

Platonische Körper: Würfel, Tetraeder, Oktaeder, Ikosaeder werden in Anlehnung an die Philosphie von Platon, die die vier Elemente Erde, Feuer, Luft und Wasser kennt, als platonische Körper bezeichnet.

Plotpapier: *s. auch Zeichenpapier;* Papier, dessen Beschaffenheit und Format speziell zur Erstellung *technischer Zeichnungen* mit Hilfe numerisch gesteuerter Zeichenmaschi - nen (*Plotter*) entwickelt wurde.

Plotprozessor: Der Plotprozessor bezeichnet einen Programmbaustein der *CAD-Software*, der die Ausgabe von Zeichnungen auf einem *Plotter* steuert. Plotprozessoren unter - scheiden sich nach der Art des zu steuernden Plotters, wie z.B. Stiftplotter, Rasterplotter, ink-jet-plotter u.a.. Aufgabe der Plot - prozessoren ist die Übertragung der dar - zustellenden technischen Objekte in die Steuerdaten der numerischen Zeichenmaschi - nen. Vor der Ausgabe der einzelnen Zeich - nungselemente kann die Zeichnung optional auf *DIN*-Konformität überprüft und ggf. geändert werden.

Plotter: Numerisch gesteuerte Zeichenma - schinen.
Zur Geschichte: Seit Mitte der 50er Jahre sind automatische Zeichenmaschinen be - kannt. Die Notwendigkeit für diese Maschinen kam allerdings nicht aus dem Bereich der Konstruktion, sondern aus dem Katasterwesen und der Kartographie. Hier war es nötig, komplizierte Zeichnungen schnell und genau auszugeben. Ein Beispiel hierfür ist der in Deutschland entwickelte und 1958 vorgestellte Aristo-Plotter, der die Weiterentwicklung eines bis dahin verwen - deten Koordinatographen darstellte. Das mit einer Relaissteuerung versehene Gerät wurde mit einem Lochstreifen programmiert. Die Zeichenfläche war je nach Ausbaustufe bis zu $140 \times 180\ cm^2$ groß; allerdings bei Außen - maßen von $330 \times 400\ cm^2$. Diese Maschinen hatten ein Gewicht von 200 kg. Hinzu kam noch die gleichschwere Steuerung. Es wurden schon Zeichengeschwindigkeiten von 100 mm/s erreicht, und das bei einer

Auflösung von 0,08 mm. Der Zeichenwagen wurde von Linearmotoren getrieben, und die Positionsüberwachung erfolgte über Wider-standsschleifbahnen. Die Lochstreifen für diesen Plotter wurden auf Fernschreibern oder Fakturiermaschinen erstellt. Zu diesem Zeitpunkt wurde es als besonders fortschritt-lich angesehen, daß man nur, wie heute üblich, die Koordinatenpunkte eines Vektors eingeben mußte und nicht, wie bei Koordinatographen sonst üblich, den Vektor in kleine x-y-Inkremente zerlegen mußte, die nacheinander eingestellt bzw. eingegeben wurden.

Ein weiterer Schritt in der Plotterent-wicklung war das Steuern von *analogen* x-y-Schreibern. Diese Geräte wurden mit A/D-Wandlern (Analog/Digital) versehen und mit entsprechenden Steuerungen ausgestattet. Für große Zeichnungen wurde ein weiteres Verfahren entwickelt. Man baute an den bekannten y-t-Schreiber, der in eine Richtung das Papier vorschiebt und in y-Richtung den Zeichenkopf bewegt, eine Vorrichtung an, die es erlaubt, das Papier vor- und rückwärts zu transportieren. Mit einer Steuerung versehen, konnten so Zeichnungen auf theoretisch endlosem Papier erstellt werden. Der Trommelplotter war geboren. Zwar konnte man am Anfang noch keine großen Ansprüche an die Genauigkeit eines solchen Zeichengerätes stellen, doch eine Vielzahl von Aufgaben im technisch-wissenschaftlichen Bereich, wie z.B. Meß-wertanalyse, Funktionsdarstellung etc., konnten mit diesen Maschinen gelöst werden.

Stiftplotter: Stiftplotter sind vektororien-tiert. Eine Linie wird durch einen Anfangs- und Endpunkt definiert, und die Maschine fährt die Strecke nach. Die Zeichen-reihenfolge entspricht der Programmierung. Buchstaben werden in Vektoren aufgelöst und wie von Hand gezeichnet. Ist ein Zeichengenerator eingebaut, so werden die Buchstaben in Vektoren zerlegt und aus-gegeben. Entsprechend langsam ist die Ausgabe von Texten. Die Zeichenzeit hängt von der Zeichengeschwindigkeit und der Anzahl der auszugebenden Vektoren ab. Bei großen, komplexen Zeichnungen kann das einige Stunden dauern. In den 50er Jahren wurde begonnen, Schreiber oder Koordinatographen mit elektrischen Steuerungen zu versehen, um automatisierte Zeichenmaschinen zu erhalten. Als Zeichnungsträger werden Papier, Transparent oder Folie verwendet, auf die mit Stiften gezeichnet wird. Als Zeichenstifte werden je nach Qualitätsanforderungen Faserschreiber (s. Bild P4), Gasdruckminen (s. Bild P5), Tintenkugelschreiber (s. Bild P6) oder Zeichenspitzen (s. Bild P7) angewendet. Vom verwendeten Stift ist die maximal mögliche Plotgeschwindigkeit abhängig. Moderne Plotter können bis zu 100 mm/s ausgeben, eine Geschwindigkeit, die mit Filzspitzen erreicht wird. Eine Tuschespitze arbeitet, je nach Zeichnungsträger und Linienbreite "nur" bis 50 mm/s zuverlässig. (Es sind allerdings auch schon höhere Werte erreicht worden, wobei der Tuschefluß abreißen kann.)

Um in unterschiedlichen Linienbreiten ausgeben zu können, werden Plotter mit mehreren Stiften ausgestattet. Durch programmierbaren Stiftwechsel ist es leicht, *technische Zeichnungen*, die ja immer mehrere *Linienbreiten* besitzen, auszugeben, ohne manuell in den Plotvorgang eingreifen zu müssen. Für die Unterbringung der Stifte gibt es zwei grundsätzliche Möglichkeiten. Entweder wird der Zeichenkopf mit mehreren Halterungen ausgestattet, oder am Rand des Zeichenfeldes wird eine Vorrichtung installiert. Beide Methoden haben ihre Berechtigung. Zeichenköpfe werden in der Regel mit 2 bis 4 Halterungen ausgestattet (im Ausnahmefall bis 8, allerdings nur für Spezialstifte). Damit kann ohne große Verzögerung zwischen den Stiften umgeschaltet werden. Die Anzahl der möglichen Stifte ist jedoch begrenzt, und es ist schwierig, die Zeichenwerkzeuge so abzudichten, daß sie nicht austrocknen. Bei der Stiftablage am Plotterrand ist die Anzahl der möglichen Stifte größer, die Steuerungselektronik unkompliziert, da nicht für jeden Stift der entsprechende Aufsetzpunkt berechnet werden muß.

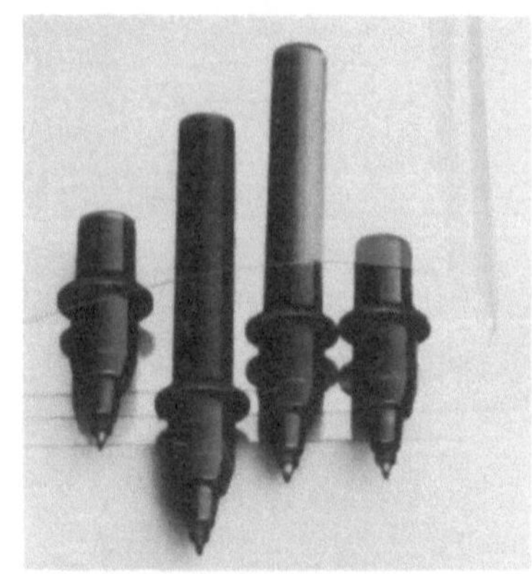

Bild P4. Faserschreiber für Plotter (Werkbild: STAEDTLER MARS)

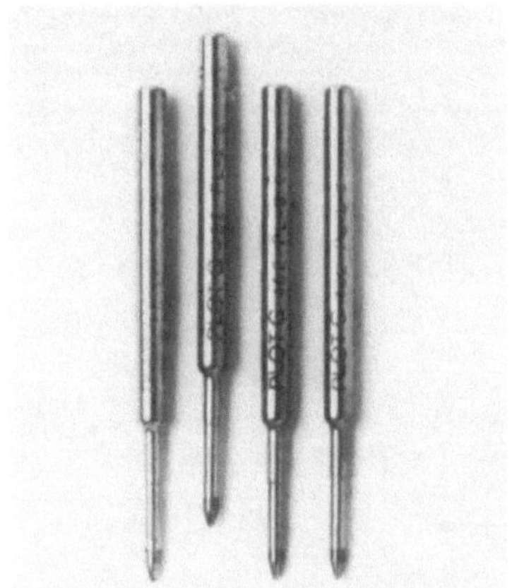

Bild P5. Gasdruckmine für Plotter (Werkbild: STAEDTLER MARS)

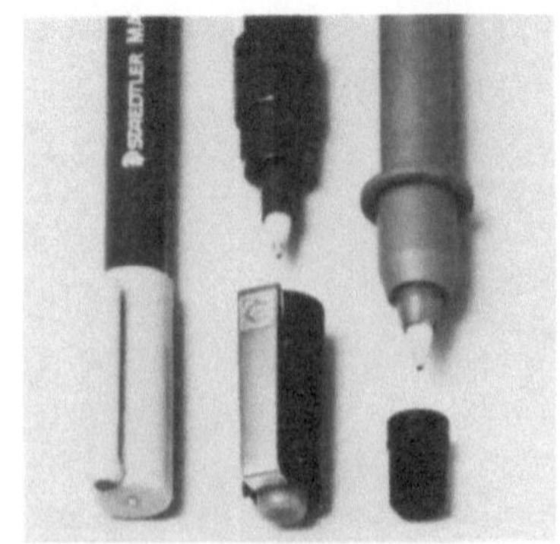

Bild P6. Tintenkugelschreiber als Zeichenstift für Stiftplotter (Werkbild: STAEDTLER MARS)

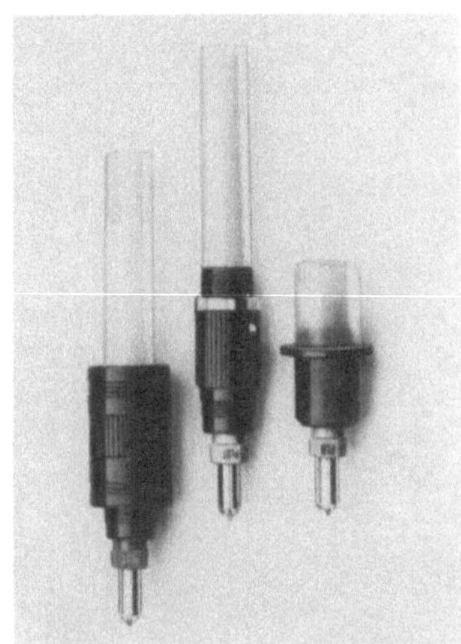

Bild P7. Zeichenspitze für Plotter (Werkbild: STAEDTLER MARS)

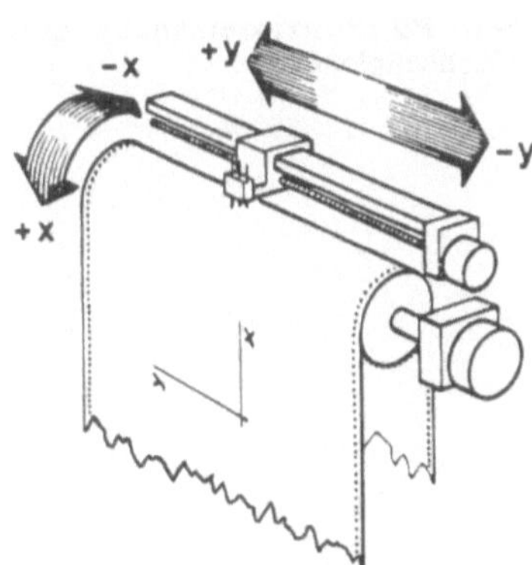

Bild P8. Prinzipzeichnung eines Trommelplotters

Bei Trommelplottern (s. Bild P8) wird in einer Achse der Zeichenkopf und in der anderen das Papier über eine Trommel bewegt. Das Gerät hat dadurch relativ kleine Maße. Die ersten Trommelplotter waren wegen der fehlenden Meß- und Steuerungsmöglichkeiten ungenau und wurden nur für Graphiken eingesetzt, bei denen kein Anspruch auf hohe Genauigkeit bestand. Die moderne Elektronik und verbesserte Fertigungsverfahren haben die Auflösung besser als 0,05 mm werden lassen. Die Wiederholgenauigkeit ist allerdings vor allem von der Qualität des Zeichnungsträgers abhängig, der über Stachelwalze oder Microgrip angetrieben bewegt wird. Die hierbei auftretende mechanische Belastung kann bei schlechten Zeichnungsträgern eine erhebliche Qualitätseinbuße zur Folge haben. In der Regel arbeiten Trommelplotter mit an den Rändern für den Transport perforierten Zeichnungsträgern von der Rolle. Dadurch entfällt das Einlegen neuen Papiers. Für die meisten Anwendungen ist die Ausgabequalität der modernen Trommelplotter gut genug, so daß bei vielen *CAD*-Installationen auf diese relativ preisgünstigen Geräte zurückgegriffen wird.

Flachbettplotter: Bei Flachbettplottern liegt der Zeichnungsträger auf einer ebenen Fläche auf, und der Zeichenkopf übernimmt die Bewegung in x- und y-Richtung. Für die Befestigung der Zeichnung auf dem Plotterbett sind verschiedene Verfahren bekannt. Das einfachste ist das bewährte, von Zeichenbrettern bekannte Festkleben des Zeichnungsträgers auf die Unterlage. Bei Verwendung des richtigen Klebestreifens ist dieses Verfahren meist problemlos. Kleine Zeichnungen allerdings können so nicht befestigt werden. Verschiedene Trägermaterialien haben eine so empfindliche Oberfläche, daß jeder Klebestreifen eine Zerstörung zur Folge hätte.

Ein weiteres Verfahren ist die elektrostatische Halterung, bei der in der Zeichenplatte Drahtpaare liegen, die ein elektrisches Feld aufbauen. Zeichnungsträger mit hohem Innenwiderstand werden dadurch elektro-

statisch aufgeladen und angezogen. Dieses Verfahren eignet sich insbesondere für Papier. Bei bestimmten Kunststoff-Folien erfolgt allerdings keine Anziehung.
Vor allem bei hochwertigen Plottern wird ein Vakuumverfahren angewendet. In die Zeichenplatte sind kleine Löcher gebohrt, durch die von einer Vakuumeinrichtung Luft angesaugt wird. Legt man einen Zeichnungs-träger auf die Fläche, so entsteht darunter ein Vakuum und der Zeichnungsträger liegt fest auf. Probleme gibt es, wenn das aufgelegte Blatt sehr porös und damit luftdurchlässig oder kleiner als die Zeichenfläche ist. Bei einigen Fabrikaten wird dazu übergegangen, die Zeichnungsträger mit Magnetstreifen auf der Unterlage zu befestigen. Dadurch werden viele der aufgeführten Probleme gelöst.
Flachbettplotter gibt es in zwei Qualitäts-klassen. Die erste Klasse sind die in letzter Zeit in großer Zahl auf den Markt kom-menden Low-cost-Plotter (s. Bild P9).
Diese DIN A3-Plotter besitzen jedoch keine Lageregelung und sind nicht *DIN*-konform. Zwar kann entsprechendes Papier eingelegt werden, die eigentliche Zeichenfläche ist jedoch immer kleiner. Um das volle Format von 420 x 297 mm^2 bearbeiten zu können, muß auf einen größeren und damit teureren Plotter zugegriffen werden. Die Auflösung liegt in der Regel bei 0,1 mm mit einer Wiederholgenauigkeit von 0,2 mm.
Die zweite Klasse sind die Hochleistungs-plotter. Diese haben Auflösungen von besser als 0,001 mm und Wiederholgenauigkeiten, die besser als 0,05 mm sein können. Darüberhinaus sind diese Plotter meist analog gesteuert und lagegeregelt. Beim Entwurf von integrierten Schaltungen oder in der Kartographie ist diese Genauigkeit dieser Maschinen notwendig. Die Formate sind hier nahezu unbegrenzt. Sonder-anfertigungen ermöglichen sogar das 1:1-Zeichnen einer Fahrzeugkarosserie mit Formaten wie z.B. 180 x 700 cm^2.
Neben der Ausgabe von Zeichnungen auf beliebigen Medien sind bei einigen Hochleistungsgeräten Schneide- und Gravier-werkzeuge einsetzbar. In der Werbung z.B.

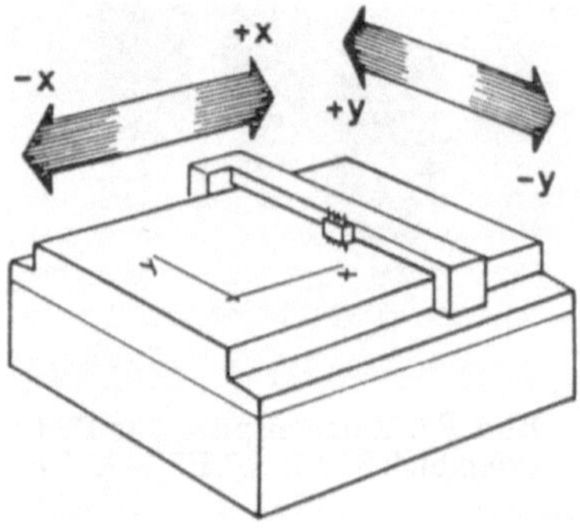

Bild P9. Prinzipzeichnung eines Flachbettplotters

Bild P10. Fotoplotter (Werkbild: Glaser (CH))

können damit große Schriftzüge rechnergesteuert aus Folien ausgeschnitten werden. Im CAD-Bereich werden Flachbettplotter für die verschiedensten Anwendungen eingesetzt. Genaue und qualitativ hochwertige Zeichnungen, wie in der Konstruktion das Zeichnen von Originalen auf verzugsfreie Folien, beim *IC*-Entwurf, bei der Leiterplattenentwicklung oder für Sonderanwendungen im Fahrzeug-, Schiff- und Flugzeugbau sind die wichtigsten Einsatzgebiete.

Fotoplotter: Um nahezu Faktor 10 genauer als die Präzisions-Stiftplotter arbeiten die Fotoplotter (s. Bild P10).

Fotoplotter sind im Prinzip Flachbettplotter, die aber statt der Zeichenstifte einen Belichtungskopf haben. In diesem Belichtungskopf ist neben der Lampe eine Scheibe mit verschieden großen Löchern angebracht, durch die das Licht über eine Optik auf die Zeichenfläche projiziert wird. Die verschiedenen Öffnungen entsprechen dabei den Linienbreiten. Auf die Zeichenfläche wird ein verzugsfreier Film gelegt, der vom Photoplotter belichtet wird. Bewegt man den Kopf mit eingeschaltetem Licht über den Film, wird der überfahrende Streifen belichtet. Nach dem Entwickeln des Films erhält man eine saubere präzise Plotausgabe. Im Gegensatz zu Vektoren, die durch Verfahren des Belichtungskopfes generiert werden, werden Darstellungen wie z.B. Lötaugen oder Druckkontaktierung "geblitzt", d.h. auf der Lochscheibe befindet sich eine entsprechende Darstellung , die vor die Lampe gedreht wird, und mit einem Lichtblitz wird der Film entsprechend belichtet. Das Einlegen und Entnehmen des Films kann nur bei Dunkelkammerbeleuchtung erfolgen. Photoplotter werden im CAD-Bereich vor allem bei der Maskenerstellung für Gate-Arrays und für die Ausgabe von Leiterplatten eingesetzt. Die Filme für Leiterplatten werden im Maßstab 1:1 belichtet, so daß keine fotographische Nacharbeit erforderlich ist. Die Präzision, die z.B. Multilayer fordern, ist nur mit Fotoplottern zu erreichen.

Beltbedplotter und Tandemplotter (s. Bild P11): Trommel- und Flachbettplotter haben jeweils ihre spezifischen Vorzüge. Ein spezieller Plottertyp wurde entwickelt, um die positiven Eigenschaften beider Typen zu vereinen, der Beltbed-plotter. Hier wird der Zeichnungsträger fest auf eine Trommel oder Folie gespannt, die dann, wie beim Trommelplotter, eine Achsenbewegung ausführt. In der anderen Achse bewegt sich der Zeichenkopf. Der Platzbedarf ist bei diesen Systemen nur unwesentlich größer als bei Trommelplottern. Da aber der Zeich-nungsträger fest aufgespannt ist, wie beim Flachbettplotter, ist die Wiederholgenauig-keit nicht vom Zeichnungsträger abhängig. Bei diesen Maschinen können nur elastische Zeichnungsträger verwendet werden. Einen Nachteil besitzen Beltbedplotter dennoch: wie beim Tischplotter kann nicht endlos ge-plottet werden, da immer neue Zeichnungs-träger aufgespannt werden müssen. Eine neue Entwicklung führt zu den sog. Tandemplottern. Sie kennen zwei Betriebs-arten. Zum einen den Beltbedplotter-Betrieb mit aufgespanntem Zeichnungsträger, zum anderen den Endlos-Betrieb von der Rolle. Je nach Einsatz treten die jeweiligen spezi-fischen Vor- und Nachteile der entsprech-enden Technologie auf.

Elektrostatische Plotter: Elektrostatische Plotter arbeiten nach einem Rasterverfahren (s. Bild P12). Dabei werden keine Stifte verwendet, und die Anzahl der Vektoren hat keinen Einfluß auf die Ausgabezeit. Elektrostatisch-sensitives Papier (mit einem Dielektrikum beschichtetes Papier) wird über einen Kamm von Elektroden geführt, die das Papier an den Stellen, wo es schwarz werden soll, elektrostatisch aufladen. Im Kamm sind 200 Elektroden pro Zoll, bzw. bei neueren Geräten sogar 400 Elektroden pro Zoll, angeordnet. Das so behandelte Papier wird durch eine Tonerflüssigkeit gezogen, deren Schwebepartikel sich an den geladenen Stellen festsetzen. Nach dem Trocknen, das innerhalb der Maschine erfolgt, erhält man ein wischfestes Bild. Weil das Papier nur in eine Richtung bewegt wird

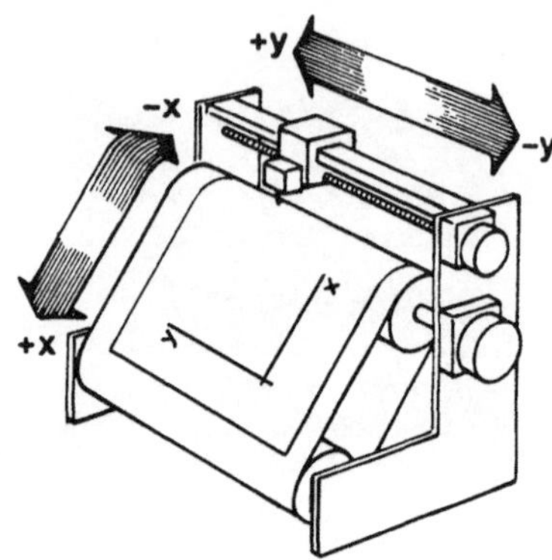

Bild P11. Prinzipzeichnung einer Kombination von Trommel- und Flachbettplotter

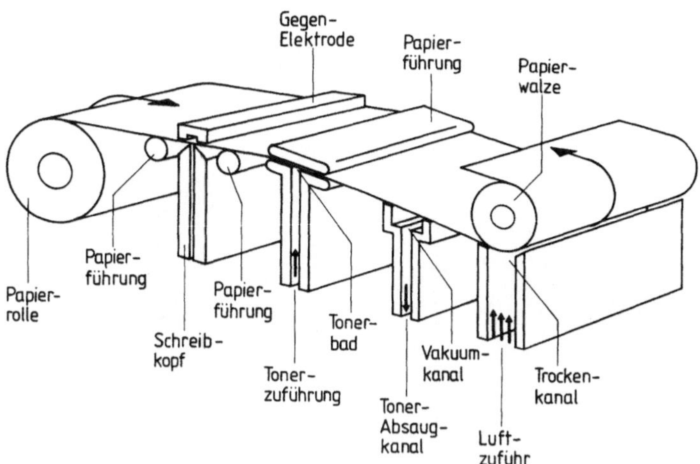

Bild P12. Schemazeichnung eines elektrostatischen Plotters (Quelle: Versatec)

und der Kamm ebenfalls fest montiert ist, ist eine Konvertierung der graphischen Daten erforderlich; sie müssen gerastert werden. Rasterung ist Zerlegung von Vektoren in einzelne Punkte. In einem Speicher, der soviele Punkte enthält wie auf einer Zeichnung maximal ausgegeben werden können, werden die Speicherzellen aktiviert, durch die der Vektor läuft. Im Speicher entsteht ein gerastertes Abbild der auszugebenden Graphik. Das Verfahren entspricht im Prinzip dem des *Raster-Scan-Bildschirms*, nur ist hier die Auflösung wesentlich höher. Ein Bildschirm mit 1024 Punkten würde bei einer DIN A3-Zeichnung 2,5 Punkte pro Millimeter darstellen, ein elektrostatischer Plotter dagegen mindestens 78 Punkte pro Millimeter. Für viele Anwendungen, gerade im CAD-Bereich, sind Elektrostaten zur Erstellung vieler Plotausgaben in kurzer Zeit geeignet. Durch die Verwendung verschiedenfarbiger Toner konnte ein elektrostatischer Farbplotter entwickelt werden. Die Arbeitsweise entspricht dem des normalen Elektrostaten, jedoch wird die Zeichnung in vier Durchgängen erstellt. Zunächst werden die Punkte geladen, die gelb gefärbt werden sollen und durch einen entsprechenden Toner gezogen. Danach wird der Zeichnungsträger zurückgespult, und es wiederholt sich der

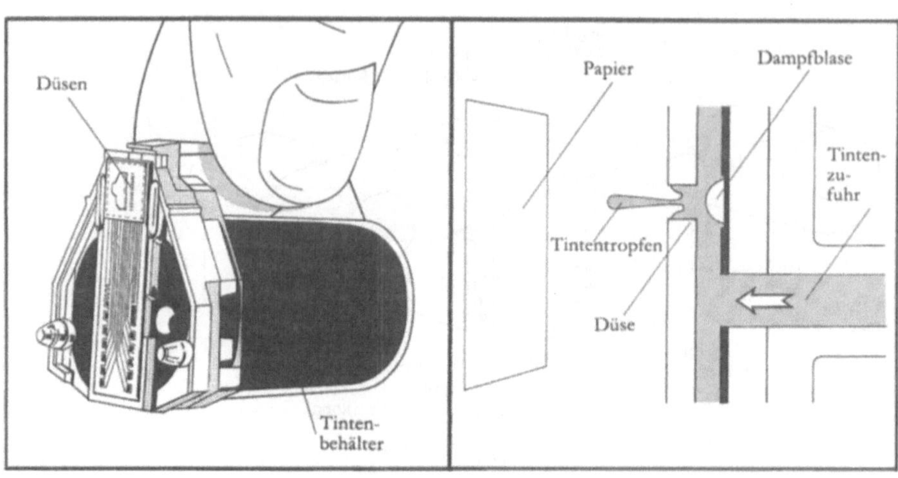

Bild P13. Düse eines Tintenstrahl -
druckers (Werkbild: Hewlett-
Packard)

Bild P14. Schemazeichnung eines
nach dem "drop on demand"-Prinzip
arbeitenden Tintenstrahldruckers
(Werkbild: Benson)

Vorgang für rot, cyan und schwarz. In ca. 8
Minuten erhält man einen farbigen Plot.
Tintenstrahldrucker (ink-jet-plotter): Eben -
falls nach einem Rasterverfahren arbeiten die
Tintenstrahldrucker (s. Bilder P13 und P14).
Wie beim Elektrostaten wird die graphische
Information gerastert. Nur wird hier kein
speziell beschichtetes Papier elektrostatisch
aufgeladen, sondern Druckköpfe, die feinste
Tintentropfen auf den Zeichnungsträger
schleudern, fahren zeilenweise am Blatt
vorbei, und da, wo eine Färbung erfolgen
soll, wird Tinte ausgestoßen. Dieses Ver -
fahren ist preisgünstig und, wenn mehrere
Köpfe verwendet werden, farbfähig. Vor
allem für sog. *Hardcopies*, das sind 1:1-
Kopien vom graphischen Bildschirm, wird
dieses Verfahren angewendet.
Weitere Geräte: In Raster-Scan-Bildschirm -
geräten liegt die graphische Information in
gerasteter Form vor, daher werden für
Bildschirmkopien "graphikfähige" Drucker
als Ausgabegerät eingesetzt. Graphikfähig
bedeutet dabei, einzelne Punkte (z.B. bei
Matrixdruckern Nadeln) gezielt anzusteuern.
Während der Drucker von links nach rechts
und von oben nach unten ausgibt, muß das

Steuerprogramm dann eine Nadel oder einen Punkt aktivieren, wenn hier später ein Vektor zu sehen sein soll. Die Eingabe von Vektoren ist nicht direkt möglich. Allerdings sind mittlerweile Drucker erhältlich, die die Konvertierung von Vektordaten in Raster - daten im Gerät vornehmen.

Neben den Matrixdruckern werden für diese Hardcopy-Technik in zunehmendem Maß auch Thermotransfer-Drucker eingesetzt. Bei Druckern wird die Farbe durch einen Schlag einer Nadel vom Farbband auf das Papier übertragen. Beim Thermotrans- ferverfahren wird von einer mit wärme - empfindlicher Farbe beschichteten Folie durch den Thermokopf die Farbe auf das Papier geschmolzen. Der Nachteil dieses Verfahrens liegt im hohen Verbrauch an Farbfolien. Dem steht der Vorteil der Farbfähigkeit und des nahezu geräuschlosen Drucks gegenüber.

Ein weiteres Verfahren wird durch COM-Systeme repräsentiert (computer output on microfilm); die Ausgabe auf Mikrofilm, bei der eine Filmfolie durch Laserstrahl oder scharf gebündelten Lichtstrahl belichtet wird. Dieses Verfahren hat den Vorteil, daß die Zeichnung nicht nur auf einem magne - tischen Datenträger, sondern auch auf Mikrofilm zur Verfügung steht. Bei Bedarf können die Mikrofilme zurückvergrößert werden.

Der Laserplotter arbeitet nach dem Prinzip der Fotokopierer. In einem Laserplotter wird das eingelegte Papier durch einen rechnergesteuerten Laserstrahl belichtet und danach entwickelt. Als Basisgeräte werden auch Fotokopierer verwendet, auf die ein Laseraufsatz gebaut wird. Da bei dieser Technik keine mechanischen Teile bewegt werden (wie beim Stiftplotter), sind hohe Plotgeschwindigkeiten erreichbar. Limmer, G.: Das Plotterbuch. Haar bei München: Markt und Technik 1986

Plottertest: Testverfahren zur Überprüfung der Leistungsfähigkeit von Plottern. In DIN 32 866 sind Testzeichnungen für Plotter-Prü - fungen zusammengestellt. Hoischen, H.: Tech - nisches Zeichnen. Essen: Girardet 1982

Plot-Zeichenspitze: Gesteuerte Tuschezuführsysteme arbeiten nach dem Prinzip, die
Tusche durch ein spezielles Schreibrohr oder
durch eine spezielle Schreibspitze unter
Druck zuzuführen beziehungsweise zu regu-
lieren. Es werden maximale Geschwin-
digkeiten von 40 cm/s bis 100 cm/s erzielt.
Im allgemeinen wird ein den Anforderungen
technischer Zeichnungen genügendes Zeichenergebnis nur auf Zeichenfolie erreicht.
Tuschezuführsysteme werden weiterent-
wickelt, vor allem im Hinblick auf einen
größeren Geschwindigkeitsbereich und die
genauere Einhaltung der Linienbreiten.
Spezielle Zeichenspitzen stehen für Plotterpapier, Transparentpapier oder für das vor
allem in Nordamerika verwendete "vellum"
sowie für glatte Zeichenfolie mit
aufgerauhter Oberfläche zur Verfügung. Die
Entwicklung einer Hartmetall-Zeichenspitze
mit Kreuzschlitzen an der Schreibrohr-
Stirnfläche ermöglicht es, ein größeres
Tuscheangebot bei höheren Geschwindig-
keiten oder einen ausreichenden Tusche-
auftrag bei glatten Polyester- oder
Azetatfolien zu erhalten.
Zeichenspitzen erreichen Zeichengeschwindigkeiten von maximal 10 bis 60 cm/s. Die
tatsächlich erzielten Linienbreiten liegen
etwa zwischen 0,17 und 0,8 mm. Gasdruck-
kugelschreiberminen (s. Bilder P15, P16) für
Plotter sind für numerisch gesteuerte
Zeichenmaschinen weiterentwickelte Kugelschreiberminen, deren Schreibmittel per-
manent unter Druck steht. Dadurch ergeben
sich gleichmäßige Linien ohne das bekannte
Aussetzen, Punktieren oder Klecksen.
Außerdem ist eine waagrechte "Schreib-
haltung" möglich. In der Praxis werden mit
derartigen Gasdruckminen Geschwindig-
keiten bis 100 cm/s - je nach Oberflächenbeschaffenheit des Zeichnungsträgers - erreicht. Die Abstriche sind nicht so gut
reproduzierbar wie Tuschelinien. Voraussetzung für ein gutes Zeichenergebnis ist ein
Auflagedruck von mindestens 1,5 N. Mehrere Farben sind verfügbar. Gasdruckminen
eignen sich für Folien und Plotterpapier
gleichermaßen gut, weniger dagegen für

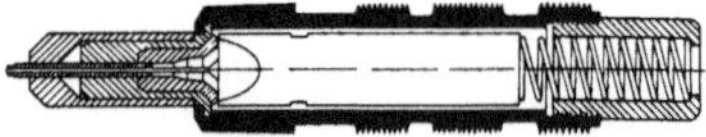

Bild P15. Schnittzeichnung einer
Plottzeichenspitze (Werkbild:
STAEDTLER MARS)

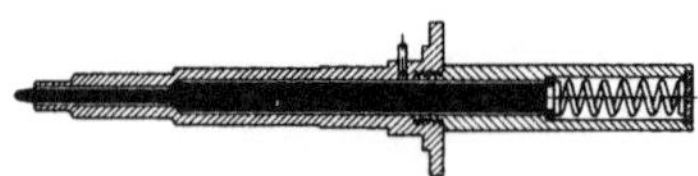

Bild P16. Schnittzeichnung einer
Gasdruckkugelschreibermine (Werkbild: STAEDTLER MARS)

Transparentpapier. Faserschreiber oder Fa-
serschreiberminen für Plotter sind einfache
und problemlose Zeichenwerkzeuge für
mittlere bis geringe Anforderungen. Die
Lebensdauer ist relativ kurz.
Die robusteren "Plastikspitzen" als Schreib-
elemente scheinen sich gegenüber dem reinen
"Faserschreiber" durchzusetzen. Geschwin-
digkeiten bis etwa 50 cm/s werden angegeben. Für Zeichenfolien sind diese Geräte
nicht zu empfehlen.
Im Vergleich zu Faserschreibern sind die
Linien der Tintenkugelschreiberminen für
Plotter exakter. Eine bestimmte Linienbreite
wird über einen längeren Zeitraum hinweg
gleichmäßig eingehalten. Die Abnutzung ist
etwas geringer. Die maximale Geschwindigkeit liegt bei 100 cm/s. Tintenkugelschreiberminen sollten vor allem für Plotterpapiere
verwendet werden.

Plus-Minus-Stückliste: Stückliste, in der
unter Bezug auf eine andere Stückliste die
hinzukommenden und/oder entfallenden Gegenstände aufgeführt werden. Die in dieser
Stücklistenform enthaltenen Gegenstände
werden entsprechend als "Plus-Teil" oder
"Minus-Teil" bezeichnet (s. auch DIN 199
T2).

Point: Punkt

Polygon: *s. GKS*

Polyline: *s. GKS*

Polymarke: *s. GKS*

Polymarker: *s. GKS*

Portabilität: Austauschbarkeit und Über-
tragbarkeit von Daten und *Programmen*.
Ansätze zur Erhöhung der *Software*-
portabilität basieren auf Verwendung ge-
normter Datenformate (z.B. *IGES*), genorm-
ter Programmiersprachen (z.B. Standard
FORTRAN nach DIN 66 027) oder genorm-
ter Programmsysteme (z.B. *GKS* als Graphiksystem) auf unterschiedlichen Rechnersystemen.

Positionsnummer: Positionsnummern werden in *Zusammenbauzeichnungen* angewendet und dienen dazu, *Gruppen* und *Einzelteile*
zu kennzeichnen und in einer *Stückliste* zu
referenzieren. Die Angabe der Positionsnummern ist in DIN-ISO 6433 festgelegt. Die
Positions-Nummer ist jedem Einzelteil
zuzuordnen, das in der Zeichnung dargestellt
ist, und muß in der Zeichnung deutlich von
anderen Angaben unterscheidbar sein. Man
wählt deshalb für die Positionsnummern eine
Schriftgröße doppelt so groß, als sie für die
Maßeintragung und ähnliche Angaben
angewendet wurde.
Eine weitere Möglichkeit für die Hervor-
hebung von Positionsnummern ist das
Umkreisen. Die Positionsnummern sind
außerhalb der Umrißlinien der Zeichnung
anzuordnen und mit einer Hinweislinie mit
dem entsprechenden Teil zu verbinden (s.
Bild P17).

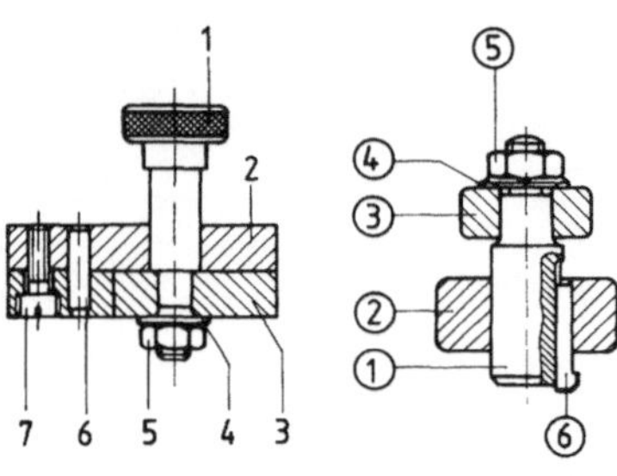

Bild P17. Angabe von Positionsnummern

Postprozessor: Softwarebaustein, der eine
spezielle Funktion ausführt und einem
Bezugssystem nachgeschaltet ist. So überträgt
beispielsweise der *IGES*-Postprozessor ein
Datenmodell aus dem IGES-Format in ein
CAD-System spezifisches rechnerinternes
Modell.

PPS (Produktionsplanung und -steuerung):
Methoden und Verfahren zur Planung von
Produktionsabläufen und zur Bestimmung
von Kenngrößen, zur Steuerung von Auf-
trägen durch die Produktionseinrichtungen.
PPS umfaßt alle Maßnahmen der
- Zeitplanung und -steuerung,
- Mengenplanung und -steuerung,
- Kostenplanung und -steuerung sowie der
- Qualitätsplanung und -steuerung.
Basisdaten für die Produktionsplanung und -
steuerung werden aus vorgegebenen Produk-
tionsprogrammen, *technischen Zeichnungen,
Stücklisten* und Arbeitsplänen entnommen.
Rechnerunterstützte Produktionsplanungs-
und -steuerungssysteme (PPS-Systeme) er-
möglichen die Bearbeitung von Aufgaben der
Materialwirtschaft, der Termin- und Kapa-
zitätsplanung sowie der Auftragsabwicklung,

wobei die Bearbeitung der jeweiligen Aufgaben auch im graphisch-interaktiven Dialog möglich ist. Grabowski, H.; Anderl, R.; Heidrich, R.: Verfahren zur Speicherung von Norm- und Zukaufteilen nach IGES. Forschungsber. KfK-PFT 104 Kernforschungszentrum Karlsruhe 1985

Prädikat: Im CAD-System einstellige Relationen (im Sinne des Prädikatenkalküls der formalen Logik) bezüglich der inneren geometrischen Struktur einer Darstellung, der inneren statischen oder dynamischen Struktur, der chemischen Struktur oder ähnlich des in der *technischen Zeichnung* dargestellten Gegenstandes. Prädikate, welche die graphische Erscheinung einer Darstellung oder beliebige Teile davon beschreiben, werden als *Attribute* bezeichnet. Folgende Prädikate dienen als Beispiele:

- Einstellige Prädikate mit Punkten als Objekt
  - Schnittpunkt sein
- Einstellige Prädikate mit Punkten als Objekt; die Prädikate beschreiben die graphische Darstellung eines Punktes
  - durch Kreis dargestellt sein
- Einstellige Prädikate mit Linien als Objekt
  - Hilfslinie sein
- Einstellige Prädikate mit Linien als Objekt; die Prädikate beschreiben die graphische Darstellung einer Linie
  - strichliert dargestellt sein
- Einstellige Prädikate mit Texten als Objekt
  - Titel einer Zeichnung oder einer Graphik sein
- Einstellige Prädikate mit Texten als Objekt; die Prädikate beschreiben die graphische Darstellung bzw. Ausgabe von Texten
  - in Blocksatz gesetzt sein
- Einstellige Prädikate mit Flächen als Objekt
  - Elementarobjekt sein
- Einstellige Prädikate mit Flächen als Objekt, die Prädikate beschreiben die graphische Darstellung von Flächen
  - schraffiert sein

Preprozessor: Softwarebaustein, der eine spezielle Funktion ausführt und einem Bezugssystem vorgeschaltet ist. So erzeugt beispielsweise der *IGES*-Preprozessor Datenmodelle im IGES-Format.

Printer-Plotter: Ausgabegerät, das sowohl für *alphanumerische* als auch für graphische Datenausgabe geeignet ist. Meist arbeiten Printer-*Plotter* nach dem elektrostatischen/ xerographischen Prinzip.

Prinzipkonstruktion: Eine Konstruktion wird als Prinzipkonstruktion bezeichnet, wenn bei festgelegter Funktionsstruktur, Anordnung und Gestalt aller Elemente nur die Maße einzelner oder aller Elemente verändert werden. Der Begriff dient zur Unterscheidung der Konstruktionsarten in *Neukonstruktion, Anpaßungskonstruktion, Variantenkonstruktion* und *Prinzipkonstruktion.* Gollub, U.; Matzek, H.: Rechnergestütztes Zeichnen - Einstieg in CAD. VDI Fortschrittsber. Reihe 10 Nr. 22. Düsseldorf: VDI 1983

Priorität: Eine Priorität im Sinne einer Programmabarbeitung in Mehrbenutzersystemen stellt eine Kennzahl dar, die die Dringlichkeit der Programmabarbeitung ausdrückt. In Mehrbenutzersystemen (s. *multiuser-system*) erfolgt die Programmabarbeitung verschiedener Benutzer nach dem Zeitscheibenprinzip, d.h. jedes *Programm* erhält ein bestimmtes Zeitintervall, in dem es verarbeitet wird. Die Vergabe von Prioritäten wird die Häufigkeit angegeben, mit der ein Programm im Vergleich zu anderen Programmen abgearbeitet wird.

Prioritätsverfahren: Verfahren zum Ausblenden verdeckter Linien für 2-dimensional beschriebene Bauteile, kann insbesondere zur Erstellung von *Zusammenbauzeichnungen* verwendet werden. Da die Klärung der Sichtbarkeit für 2-dimensional beschriebene Objekte, also Objekte, die als berandete ebene *Flächen* beschrieben wurden, nicht automatisch (algorithmisch) möglich ist, wird über die Zuordnung von Prioritäten bestimmt, welches Objekt vor welchem liegt. Objekte höherer Priorität sind dabei als sichtbar definiert, Objekte niedriger *Priorität* als verdeckt. Aufgrund dieser Festlegung können *Algorithmen* korrekte Darstellungen von Bauteilen berechnen, wobei verdeckte und auch teilweise verdeckte Linien (unsichtbar gestrichelt, gepunktet oder ausgeblendet) dargestellt werden.

Programm: Reihenfolge von auszuführenden Aktionen zur Lösung einer Aufgabenstellung. In der Datenverarbeitung repräsentiert ein Programm eine Sequenz von Vereinbarungen und Anweisungen, die von einem Rechnersystem auszuführen sind. Grundlage eines Programms ist der in ihm beschriebene Weg zur Lösung der Aufgabe (*Algorithmus*) sowie Voraussetzungen und Randbedingungen, unter denen der Lösungsweg gültig ist. Programme, die in einer *höheren Programmiersprache* geschrieben wurden, müssen in *Maschinensprache* übersetzt und in die Systemumgebung eingebunden werden.

Programmieren: Erstellung eines lauffähigen Programms. Programmieren umfaßt dabei, ausgehend von einer spezifizierten Lösung, die Umsetzung des Lösungswegs in ein lauffähiges *Programm* sowie den Test der Funktionalität und des Betriebsverhaltens des Programms. Im einzelnen werden bei der Programmierung die folgenden Arbeitsschritte durchlaufen:
- Erstellen eines Programmkonzepts,
- Erstellen einer Programmvorgabe,
- Fomulierung des Programms in einer Programmiersprache,
- Übersetzen des Programms und Einbinden in die Systemumgebung,
- Test des Programms sowie
- Kontrolle und Abnahme des Programms.

In allen Phasen des Programmierens ist die Dokumentation einzelner Arbeitsschritte und der erzielten Ergebnisse von Bedeutung.

Programmschleife: (engl.: loop oder do loop); Strukturierungsmöglichkeit bei der Erstellung von Programmen. Programm-

schleifen bieten die Möglichkeit, bestimmte Programmteile wiederholt auszuführen, wobei
- ein Startwert,
- ein Endwert,
- eine Zählvariable für Schleifendurch-
  läufe,
- eine Schrittweite zur Erhöhung oder
  Erniedrigung der Zahlvariable sowie
- Abbruchbedingungen
vorgegeben werden können. Die Kenn - zeichnung des durch die Programmschleife wiederholt auszuführenden Programmteils erfolgt durch die Angabe der Schlei - fenanweisung und der Markierung des Schleifenendes (*s. auch Programm*).

Prolog: Programmiersprache auf der Grundlage des Prädikatenkalküls.

Prompt: Zeichen, das dem Benutzer am Bildschirm anzeigt, daß sich das *Programm* in Wartestellung für eine Eingabe befindet. Prompt bezeichnet jede Meldung oder jedes Symbol eines Rechnersystems, das den Benutzer über die möglichen Aktionen/ Operationen informiert und zu einer Eingabe auffordert.

Property: Eigenschaften (Attribute), die zu - sätzlich zu einem Geometrie- oder Dar - stellungselement definiert werden können.

Prozessor: Sammelbegriff für Geräte, die zur Ausführung von Rechenoperationen dienen. Prozessoren umfassen als Hard - warekomponenten Rechnerbausteine zur Ausführung allgemeiner oder auch spezieller Funktionen. Der Begriff Prozessor bezeichnet aber auch *Software*komponenten, die speziell zur Ausführung von bestimmten Funktionen erstellt wurden (wie z.B. *NC*-Prozessor).

Puffer: Bezeichnet einen Speicherbereich zur Zwischenspeicherung von Daten.

Punkt: Elementarobjekt der Dimension 0, welches durch das Koordinatenpaar bzw.

Koordinatentripel in einem kartesischen Koordinatensystem (*s. auch GKS*) beschrieben wird. Die verschiedenen Punktarten (z.B. *Netzpunkt, Fangpunkt,* Nullpunkt) werden durch einstellige *Prädikate* beschrieben.

Punkt-Umgebung: Fangbereich zur Identifizierung eines Punktes. Beim Erstellen einer Skizze werden nur die Punkte abgespeichert, bei denen der Abstand zum vorhergehenden Punkt größer oder gleich der Punkt-Umgebung ist.

Q

Quadtree: *s. Viererbaum*

Quellcode: Der Begriff Quellcode wird oft synonym mit dem Begriff Quellprogramm verwendet. Während der Begriff *Quellpro - gramm* jedoch mehr das einzelne, vom Men - schen lesbare *Programm*, geschrieben in einer Programmiersprache, meint, wird der Begriff Quellcode auf die Gesamtheit aller Quellprogramme, die zu einem System ge - hören, bezogen.

Quellprogramm: Von Menschen lesbares Programm, geschrieben in einer Program - miersprache, das zur Ausführung in *Maschi - nensprache* übersetzt werden muß. VDI-Richtlinie 2217 (Entwurf): Datenverarbietung in der Konstruktion - Begriffserläuterungen. Düsseldorf: VDI 1979

Quittung: Bestätigung einer angekommenen Nachricht. Quittungen werden insbesondere bei Kommunikationsprozessen, also bei- spielsweise bei der graphisch-interaktiven *Kommunikation* zwischen Mensch und Maschine oder Kommunikation zwischen Rechnersystemen benötigt, um anzuzeigen, daß eine Information (z.B. *Kommando*) angekommen ist und erkannt wurde.

R

Rändelschraube: Potentiometergeräte zur Steuerung eines Fadenkreuzes in x- oder in y-Richtung. Für jede Richtung ist eine Rändel-schraube notwendig. Eigner, M.; Maier, H.: Einführung und Anwendung von CAD-Systemen. München: Hanser 1984

RAM (random access memory): (dt.: Spei-cher mit wahlfreiem Zugriff); Speicherbe-reich, auf den an jeder beliebigen Stelle di-rekt zugegriffen werden kann (Primärspei-cher) und das Lesen als auch das Schreiben von Daten möglich ist.

Raster: Einteilung einer *Fläche* oder eines Raumes nach einem Teilungssystem. Es entstehen Muster sich kreuzender Linien. Die folgenden Raster werden unterschieden:
Halblogarithmisches Raster: Raster, dessen eine Dimension linear, dessen andere loga-rithmisch geteilt ist (Beispiel: *y, logx-Pa-pier*).
Knotenpunkt-Raster: Raster, in dem nur die Schnittpunkte der (nicht sichtbaren) Raster-linien in irgendeiner Form markiert sind.
Koordinaten-Raster: Raster, das auschließ-lich aus Koordinatenlinien aufgebaut ist, d.h. aus Linien, bei deren Durchlauf eine Koordinate konstant bleibt (nach DIN 461 auch als Koordinatennetz oder Netz bezeichnet).
Logarithmisches Raster (doppel logarithmi-sches Raster): Raster, in dem beide Dimen-sionen logarithmisch geteilt sind (Beispiel: *logy, logx-Papier*).
Orientierungs-Raster: Raster, das aus-schließlich der Orientierung am Bildschirm dient, und das nicht Element der Graphik sein soll, daher auch in der rechnerinternen Dar-stellung (*RID*) einer Graphik nicht auftritt und auch nicht geplottet wird.
Standard-Raster: Koordinatenraster, das durch vorbesetzte Rasterlinienattribute fest-gelegt ist.

Vorgefertigte Raster existieren in Form von handelsüblichen Koordinatenpapieren, z.B.:
- Millimeterpapier (lineare Teilung),
- Logarithmenpapier (logarithmische Teilung) nach DIN 43655, 45408,
- Polarkoordinatenpapier nach DIN 45409.

Raster Display: Bildschirmgerät, das nach dem Zeilenrasterverfahren arbeitet, bei dem die gesamte Bildschirmfläche mit einer kon - stanten Wiederholrate von einem Elektro - nenstrahl beschrieben wird.

Rastereinheit: Der Begriff Rastereinheit be - schreibt, bezogen auf Computer Graphik, eine Maßeinheit, die durch den Abstand zwischen zwei benachbarten *Bildpunkten* festgelegt ist. Bezogen auf die Nutzung eines *Rasters*, das am graphischen Bildschirm er - scheint und die graphisch-*interaktive* Ein - gabe von Punktkoordinaten durch Iden - tifizierung eines Rasterpunktes ermöglicht, bezeichnet die Rastereinheit den Abstand zweier Rasterpunkte, der an Maßeinheiten (mm, m, inch) gebunden ist. Schneider, H.-J.: Lexikon der Informatik und Datenverarbeitung, Oldenbourg 1983

Rastergraphik: Aufbauprinzip für gra - phische Darstellungen, bei dem stets alle *Bildpunkte* zeilenweise angesteuert werden, unabhängig davon, ob sie zur Darstellung der Bildinformation benötigt werden; auch als Zeilenrasterverfahren bezeichnet. Raster - graphik bezeichnet ein Aufbauprinzip, bei dem Bilder aus einer Matrix von Bild - elementen in Zeilen und Spalten angeordnet werden. Eigner, M.; Maier, H.: Einführung und Anwendung von CAD-Systemen. München: Hanser 1984

Rasterlinie: Element eines Rasters (Bezeich - nung nach DIN 461 "Netzlinie").

Rastermaß: Abstand (bzw. Winkel) zweier benachbarter Grundrasterlinien (s. auch DIN 32830 Teil 2). Hoischen, H.: Technisches Zeich - nen. Essen: Girardet 1982

Rastermodus: (snap mode); Identifizie - rungsfähigkeit, bei der unterschiedliche

Aufbau eines Vektorbildes

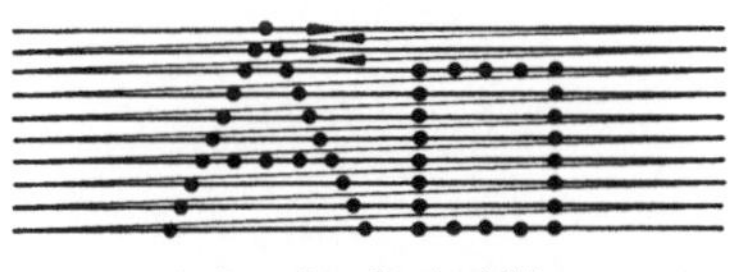

Aufbau eines Rasterbildes

Bild R1. Strahlenablenkung nach dem Vektorprinzip und dem Raster - prinzip (Quelle: Duus/Gulbins)

Rasterelemente identifiziert werden können. Bei der Arbeit im Rastermodus ist die Möglichkeit der Definition von Punkten auf bestimmte geometrische Orte beschränkt, wobei eine Eingabe außerhalb dieser Orte automatisch auf die nächst gelegenen Orte zurückgeführt wird. Folgende Rastermodi sind denkbar:

Jeder eingegebene Punkt springt automatisch auf

- den nächstgelegenen Schnittpunkt zweier Rasterlinien,
- die nächstgelegene *Rasterlinie,*
- den nächstgelegenen *Netzpunkt* oder
- zur nächstgelegenen Vermaschungslinie.

Raster-scan-Bildschirm: Bildwiederholende Bildschirmgeräte, die nach dem Zeilen - rasterverfahren arbeiten. Eine darzustellende Linie wird in einzelne, diskrete *Bildpunkte* zerlegt. Ein ganzes Bild wird am Bildschirm aufgebaut, indem der Schreibstrahl zeilen - weise von Bildpunkt zu Bildpunkt springt (s. Bild R1).

Vorteil der Raster-scan-Bildschirme:

- hervorragende Farbwiedergabe,
- billiges Gerät,
- hohe Leuchtkraft,
- selektives Löschen,
- dynamische Bilder.

Nachteil der Raster-scan-Bildschirme:

- Rastereffekt bei Bildschirmen mit niedriger Auflösung

(*s. auch Sichtgeräte*).

Ray-Casting-Algorithmus: Englischer Be - griff für Algorithmen zur schattierten Objektdarstellung. Nowacki, H.; Gnatz, R.: Geomtrisches Modellieren. Informatik-Fachber. Nr. 65. Berlin: Springer 1983

Real-Time: *s. Echtzeit*

Rechnerarchitektur: *Hardware*aufbau einer Rechnerkonfiguration sowie das Zusammen - wirken der Hardwarekomponenten. Wesent - liche Kennzeichen einer Rechnerarchitektur sind Systemstruktur, *Modularität*, Erweiter - barkeit, Integrierbarkeit und Kommuni - kationsfähigkeit.

Rechnerinterne Darstellung: *s. RID*

Rechteck: Polygonzug bestehend aus vier
Strecken, bei dem die gegenüberliegenden
Strecken gleiche Längen besitzen und die
benachbarten Strecken ortogonal zueinander
stehen. Ein Rechteck kann auch ein Flächenelement (Elementarobjekt der Dimension 2) sein. Zur rechnerinternen Bearbeitung ist hier die Flächeninformation
(Umlauf, Orientierung der Begrenzungslinien) bekannt.

Rectangular array subfigure: Teilbildmuster
(z.B. zur Definition von Bohrbildern)

Refresh: (dt.: wiederaufbauend, wieder-
holend); kennzeichnet eine Klasse von
Bildschirmen und beschreibt deren Funk-
tionsprinzip, das auf einem sich ständig
wiederholenden Bildaufbau beruht. Refresh-
Bildschirme sind bildwiederholende Bildschirme, die ein Bild am Bildschirm etwa 60
mal pro Sekunde (Frequenz des Bildaufbaus
60 Hz) aufbauen. Die darzustellenden Daten
werden dabei aus einem Speicher, dem sog.
Refresh-Buffer, gelesen und ausgegeben.

Refresh-Bildschirm: Bezeichnung für die
Klasse der bildwiederholenden Bildschirme,
bei denen das Bild am Bildschirm von einem
Elektronenstrahl 60 - 70 mal pro Sekunde
aufgebaut wird. *Refresh-Bildschirme* benötigen immer einen *Bildspeicher* (display-
file), aus dem der Bildaufbau erfolgt.

Refresh-Buffer: (dt.: Bildpuffer); Speicherbereich, in dem darzustellende Bilddaten
für einen sich ständig wiederholenden
Bildaufbau auf einem *Refresh-Bildschirm*
bereitgehalten werden.

Register: Speicherelemente der *Zentraleinheit*; sie dienen zur Speicherung von
Befehlen, Adressen, Daten und Rechner-
zuständen (Flags). Schneider, H.-J.: Lexikon der
Informatik und Datenverarbeitung. Oldenbourg 1983

Registertransfersprachen: Beschreibungssprachen für den rechnergestützten Entwurf von Rechnern. Diese Sprachen beschreiben digitale Schaltwerke, wie z.B. Digital - rechner, mit sprachlichen Hilfsmitteln derart, daß ein Bild der aus Speicher - elementen (*Registern*) und logischen Schal - tungen aufgebauten Schaltwerke entsteht. Der Informationsfluß in den Schaltwerken wird als Datenverarbeitung in den logischen Schaltungen und als Datentransfer zwischen Registern dargestellt und rechnergestützt analysiert. Gollub, U.; Matzek, H.: Rechner - gestütztes Zeichnen - Einstieg in CAD. VDI Fortschrittsber. Reihe 10 Nr. 22. Düsseldorf: VDI 1983

R	A	B	C
	a_1	b_1	c_1
	a_1	b_1	c_2
	a_2	b_1	c_1
	a_2	b_1	c_2
	a_3	b_1	c_1
	a_3	b_1	c_2

Bild R2. Beispiel einer Relation R

Relation: Beziehung zwischen zwei Ele - menten: Jede Beziehung zwischen mehreren Teilen einer Darstellung wird im Sinne der formalen Logik als "mehrstellige Relation" bezeichnet. Beispiel: Trägergerade zum Geradenstück Nr. i sein (2-stellig).
Relation als Teilmenge des kartesischen Pro - duktes zweier Teilmengen: Eine Relation bezeichnet die Teilmenge des kartesischen Produktes zweier Mengen. Beispiel: Es seien die folgenden Mengen definiert (s. Bild R2):

$$A \in \{a_1, a_2, a_3\}$$
$$B \in \{b_1\}$$
$$C \in \{c_1, c_2\}$$

Das kartesische Produkt der drei Teilmengen A, B, C ergibt sich zu

$$R\,(A, B, C) \rightarrow A \cdot B \cdot C \text{ Relation } R$$

Die Mengen A, B, C werden als Domänen bezeichnet und bei tabellarischer Darstellung in Spalten repräsentiert. Die Zeilen innerhalb der Tabelle heißen Tupel. Die in der Relation R enthaltenen Faktoren (hier $a_1, a_2, a_3, b_1,$ c_1, c_2) werden *Attribute* genannt. Dement - sprechend heißen die Mengennamen (hier A, B, C) auch Attributenamen. Aufgrund der mengentheoretischen Definitionen gilt:
- keine Zeile darf innerhalb einer Relation mehrfach vorhanden sein,
- der Reihenfolge von Zeilen kommt keine Bedeutung zu,
- alle Attribute, die zu einer Menge gehören, müssen vom gleichen Typ sein.

Relationen bilden auf der Basis dieser Definitionen die Grundlage zur Anwendung der
Relationenalgebra.

Relationalität: *s. Assoziativität*

Request: *s. GKS*

Reset: (dt.: Rücksetzen); Systemzustände auf
einen Ausgangszustand zurücksetzen.
Systemzustände werden durch Zustands-
parameter beschrieben, deren Werte aktuell
änderbar sind. Die Reset-Funktion ordnet
allen Zustandsparametern die Ausgangswerte
(Standardwerte) zu und definiert dadurch
den Ausgangszustand des Systems. Häufig ist
eine Reset-Funktion auch an Bildschirmgeräten verfügbar, um Bildschirmparameter
auf die vordefinierten Standardwerte zurück-
zusetzen.

Resource Sharing: Begriff aus dem Bereich
der Rechnernetzwerke. Resource Sharing bezeichnet Fähigkeiten, Betriebsmittel in einem
Rechnernetz einer allgemeinen Benutzung
bereitzustellen. *Netzwerke* mit Resource
Sharing bestehen aus einer Masterstation/
Fileserver und mehreren intelligenten Arbeitsstationen. Die eigentliche Datenverarbeitung, d.h. der Ablauf der *Programme*
wird vor Ort von der lokalen Intelligenz der
einzelnen Arbeitsstationen durchgeführt. Die
Kommunikation untereinander und die Verwaltung der Resourcen wie *Dateien, Massenspeicher*, Ausgabegeräte oder *Modem* wird
dagegen vom Fileserver abgewickelt. Durch
dieses Prinzip wird anders als bei einem
reinen *Multi-User-System* die Masterstation
von der Rechenleistung entlastet, und trotzdem können Peripheriegeräte von allen
Arbeitsstationen aus genutzt werden.

RID: (Abk. für **Rechnerinterne Darstel-**
lung); digitale Abbildung eines realen
technischen Objekts auf digitale Speichermedien, wird auch rechnerinternes Modell
oder rechnerinterne Darstellung des
technischen Objekts genannt. Die RID des
technischen Objekts besteht daher aus seinen

Daten, deren Struktur und den Model-
lierungsalgorithmen. Mallgreen, W.R.: Formal-
specification of interactive graphics programming
languages. Cambridge: MIT Press 1983

RMS68K: *Echtzeit Multi-Tasking Betriebssystem* basierend auf MOTOROLA-Pro-
zessoren (*s. Prozessor*).

Rohformat: Das Rohformat bezeichnet ein
unbeschnittenes Blatt (*vgl. Blattgröße*).

Rohteilzeichnung: *Technische Zeichnung* für
ein spanloses oder spanend gefertigtes Teil,
das zum Erfüllen seiner Funktion noch
weiterer Bearbeitung bedarf.

Rollkugel: *s. auch Ballroller, Maus* und *joy
stick;* Potentiometergerät zur Steuerung
eines Fadenkreuzes in x- und y-Richtung auf
einem Bildschirm . Eigner, M.; Maier, H.: Einführung und Anwendung von CAD-Systemen.
München: Hanser 1984. Dokumentation der CAMP
83 Computer Graphics Anwendungen für
Management und Produktivität. Berlin 14.-17.03.83.
Düsseldorf: VDI.

ROM (read only memory): (dt.: Festwert-
speicher); Speicher aus dem nur gelesen
werden kann und dessen Inhalt vom Benutzer
nicht verändert werden kann. Festwert-
speicher werden vorwiegend zur Speicherung von Mikroprogrammen, mathematischen Funktionen und/oder Konstanten eingesetzt.

Romulus: Name eines Volumenmodellie-
rungssystems, dessen Volumenbeschreibung
durch die geschlossene Oberfläche und
Materialrichtung erfolgt (*s. auch Boundary
Representation*). Romulus zählt zu den
Volumenmodellierungssystemen mit topo-
logisch-geometrischem Strukturmodell.

Sachnummer: Identifizierende Nummer eines Gegenstandes (s. auch DIN 199 T2).

Same-Object-Detection: Methode zur Ermittlung der Identität von rechnerintern dargestellten Objekten. Sind zwei rechnerinterne Darstellungen (*RID*) R1 und R2 der Objekte O1 und O2 vorhanden, so ist durch Berechnung zu entscheiden, ob O1 = O2 ist. In der Praxis tritt dieses Problem häufig bei der Steuerung von NC-Automaten auf; es ist zu bestimmen, ob der durch den *NC*-Automaten erstellte Gegenstand O2 mit dem konstruierten Gegenstand O1 übereinstimmt. Robert, B.; Tilove: A Null-Object Detection Algorithm for Constructive Solid Geometry. Softwarepaket des CAD-Systems 27 (1984)

Sample: *s. GKS*

Satellitengraphiksystem: Mehrbenutzer-Graphiksystem, bei dem Teilmengen graphischer Funktionen vom graphischen Arbeitsplatz übernommen werden. Dies führt zu einer Entlastung der *Zentraleinheit* und ermöglicht schnelle Reaktionszeiten. Schneider, H.-J.: Lexikon der Informatik und Datenverarbeitung. Oldenbourg 1983

Satellitenrechner: Rechnersysteme, die über Datenfernübertragungsleitungen mit einem Zentralrechner (Hostrechner) gekoppelt sind. Satellitenrechner werden meist als Vorrechner eingesetzt, um Daten zur eigentlichen Verarbeitung im Zentralrechner vorzubereiten bzw. vom Zentralrechner kommende Daten zur Ausgabe aufzubereiten.

Scan-line-Algorithmus: (dt.: Abtast-Algorithmus); optisches Abtastverfahren, um Bilddaten von einer *analogen* Darstellung auf dem Datenträger Papier in eine *digitale*, vom Rechner verarbeitbare Darstellung zu übertragen. Dabei wird das Bild (die *technische*

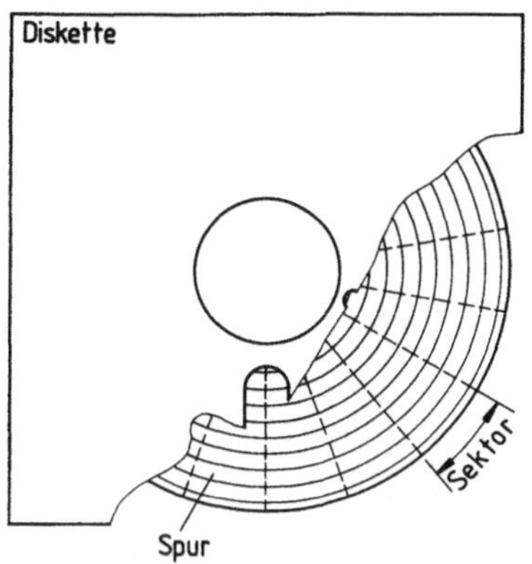

Bild S1. Spuren und Sektoren auf einer Diskette

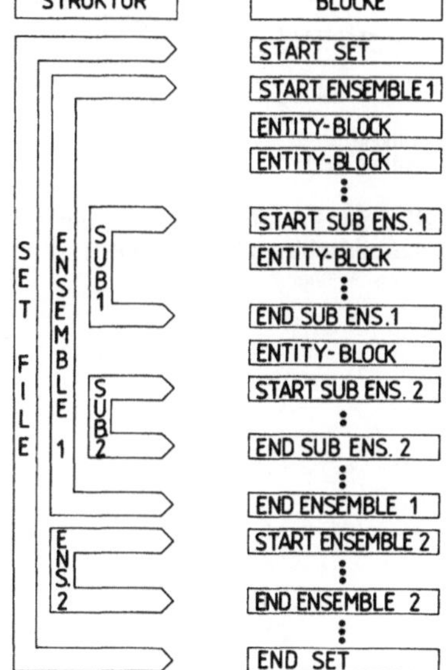

Bild S2. Dateistruktur in SET (Quelle: Glatz)


```
----@1 , 26 , !13 ,'PTO1', 1 # 1    ,  25 , 43.5
    BLOCK BLOCK  POINTER LABEL LEVEL SUB-BLOCK  X      Y
    TYPE  NUMBER                       TYPE

@10 , 27 , !13 ,'ARCO 1', 1 #  10 ,  25 , 43.5,
BLOCK  BLOCK POINTER LABEL    LEVEL SUB-BLOCK X       Y
TYPE   NUMBER                        TYPE

10 , 0 , 4.71  @..........
R    α1    α2
```

Bild S3. Datenformat in SET (Quelle: Glatz)

Zeichnung) zeilenweise optisch abgetastet, wobei die Bildinformation Farbe, hell oder dunkel für jeden Abtastpunkt gespeichert wird.

Scanner: *s. auch Abtasten;* optische Abtastgeräte, die zur Aufnahme und Übertragung *technischer Zeichnungen* in ein *digitales* Bilddatenformat eingesetzt werden.

Section: Schraffurfläche

Segment: *s. GKS*

Segmentattribute: *s. GKS*

Sektor: Diametrale Einteilung von Speicherbereichen auf Magnetplatten. Ergänzt wird die Einteilung von Magnetplatten durch konzentrisch angeordnete Spuren (s. Bild S1).

Semantik: (griech.: Wortbedeutungslehre); Sprachinhalt und die Sprachbedeutung. Bezogen auf Eingabesprachen bedeutet dies, daß der Aufbau eines *Kommandos* durch die *Syntax* und die Wirkung durch die zugrundeliegende Semantik beschrieben wird.

SET (standard d`echange et de transfer): Es handelt sich um einen von der Direction Technique der französischen Firma Aerospatiale herausgegebenen Vorschlag zum Datenaustauch zwischen *CAD-Systemen* (s. auch *IGES, VDA-Flächenschnittstelle*). Besonderes Kennzeichen des SET-Vorschlags ist das Datenformat, für das eine Blockstruktur entwickelt wurde (s. Bild S2 und Bild S3) und dies eine kompakte Datenabbildung ermöglicht. SET läßt unter der Anforderung, einen 100%-igen Datenaustausch zu ermöglichen, neben den definierten Elementen auch alternative Elementdefinitionen zu. Die produktdefinierenden Daten werden wie bei IGES durch eine Sequenz von Elementen beschrieben, die auf logische Blöcke mit variabler Blocklänge abgebildet werden.

Jeder Block kann Unterblöcke enthalten. Zur Anwendung der SET-Schnittstelle sind ebenfalls *Pre-* und *Postprozessoren* erforderlich. Schuster, R.; Anderl, R.: CAD-Interfaces a tool for integrating CA-Processes. Proc. MICADO, Paris 1986

Sichtgeräte: (graphische Bildschirme); Sichtgeräte bilden zusammen mit graphischen Ein- und Ausgabegeräten CAD-Arbeits - plätze. Die wichtigsten Gerätetypen sind:
- Speicherbildschirme,
- bildwiederholende Sichtgeräte mit wahl - freier Strahlablenkung,
- bildwiederholende Rastersichtgeräte.

Speicherbildschirme (storage-tube): Durch den gebündelten Elektronenstrahl werden alle graphischen und *alphanumerischen* Informationen auf dem Bildschirm dargestellt. Elektronen, die von einer Streukathode ausgestrahlt werden und ein niedrigeres Energieniveau besitzen als der Elektronenstrahl zum Schreiben des Bildes, halten das dargestellte Bild aufrecht (s. Bild S4).

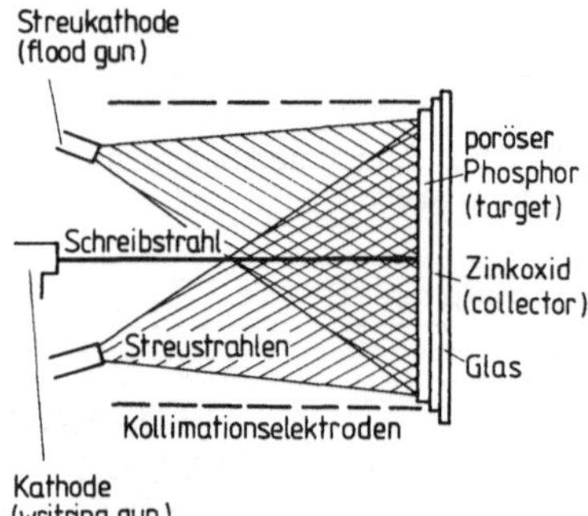

Bild S4. Prinzipdarstellung eines Spei - cherbildschirms (Quelle: RIM)

Die Bildinformation bleibt wegen der Speicherfähigkeit der Bildröhre bis zum Löschen des gesamten Bildschirminhaltes erhalten. Partielles Löschen z.B. einzelner Linien auf dem Bildschirm ist nicht möglich. Vorteil dieser Bildschirme ist die sehr genaue Bilddarstellung und die Flackerfreiheit.

Bildwiederholende Sichtgeräte mit wahl - freier Strahlablenkung (Vektorbildschirm, Vector-Stroke terminal, Stroke-writing terminal, *Vektor-refresh*-Bildschirm): Die Bildröhren dieser Geräte haben nur eine äußerst kurzzeitige Speicherfähigkeit für die auf dem Bildschirm gezeichnete Bildinfor - mation. Daher muß das Bild in konstanten, aber sehr kurzen Zeitabständen jedesmal vollständig neu gezeichnet werden (30 - 50 mal pro Sekunde). Damit die Daten zum Aufbau eines Bildes nicht jedesmal mit *Software* vom Rechner neu berechnet werden müssen, werden diese Daten im *Bildwieder - holspeicher* abgelegt.

Ebenso wie beim Speicherbildschirm werden die graphischen und alphanumerischen

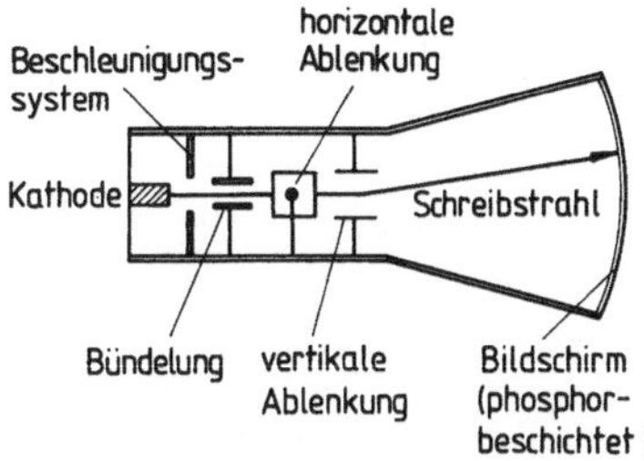

Bild S5. Prinzipdarstellung eines bildwiederholenden Bildschirms (Quelle: RIM)

Informationen auf dem Bildschirm dargestellt. Jede einzelne Linie (Vektor) eines Bildes wird extra gezeichnet, im *Bildspeicher* ist die Liste aller Vektoren abgelegt, die zyklisch abgearbeitet wird, und zwar so oft, wie das Bild neu aufgebaut wird. Bei Darstellung von umfangreichen graphischen und alphanumerischen Daten können Flackereffekte auftreten. Bild S5 zeigt den Aufbau von bildwiederholenden Bildschirmgeräten.

Nachteil dieser Bildschirme ist die Beschränkung der Anzahl von Vektoren (Linien) und graphischen Informationen, aus denen ein Bildinhalt aufgebaut ist. Bei einer höheren Anzahl von Linien (allgemein: bei höherem Bildinhalt) fängt das Bild zu flackern an.

Der Vorteil dieser Bildschirme liegt in der Möglichkeit der komfortablen graphischen Edition eines Bildes; infolge der hohen Bildwiederholrate können beliebige Änderungen des Bildes *interaktiv* durchgeführt werden, zusätzlich selektives Löschen und dynamische Bilder.

Bildwiederholende Rasterbildschirme (raster-scan-terminal): Die beschreibbare Bildfläche des Bildschirmes wird in einzelne Bildpunkte (*pixel*: Picture element) zerlegt, d.h. diskretisiert. Jedem Bildpunkt können mehrere *Attribute*, z.B. Farbinformationen, Graustufen bzw. Helligkeit, Zugehörigkeit zu einem bestimmten Datenbestand zugeordnet werden. Der gesamte Bildinhalt, z.B. alle Linien, werden im Rastersystem des Bildschirms punktweise dargestellt. Die zu jedem Bildelement gehörenden Informationen werden im Bildwiederholspeicher (*s. auch Bitmap-memory*) abgelegt. Häufig sind im Bildwiederholspeicher erheblich mehr Bildpunkte verfügbar, als im Rastersystem des Bildschirmes. Daher sind Funktionen wie Hardware-Zoom möglich.

Für die Darstellung auf dem Bildschirm, d.h. für die Umsetzung des Inhaltes des Bildwiederholspeichers in die graphischen Darstellungen, werden zwei Techniken benutzt:

Verfahren **mit** Zeilensprung (*interlaced*): Dieses Verfahren arbeitet mit sog. Halb-

bildern, wodurch Flimmereffekte vor allem
bei Farbgeräten auftreten können.

Verfahren **ohne** Zeilensprung (*non-interlaced*): Bei diesem sog. Vollbildverfahren
wird jede Zeile des Rastersystems beschrieben; es wird für hochwertige Geräte benutzt.
Bei bestimmten Frequenzen können Reso-
nanzen mit der Beleuchtung auftreten.

Nachteil dieser Bildschirme ist, daß gerade
Linien infolge der diskreten Darstellung im
Rastersystem des Bildschirmes ein "treppen-
förmiges" Aussehen auf dem Bildschirm
erhalten. (Durch das sog. "*Antialiasing*"
werden die Vektoren bei ihrer Generierung
geglättet.)

Vorteil dieser Bildschirme ist die Unab-
hängigkeit der Darstellungsqualität von der
dargestellten Informationsmenge, sowie die
Möglichkeit der komfortablen graphischen
Edition.

Zusammenfassend werden in Bild S6 die
Vor- und Nachteile der verschiedenen Bild-
schirmtechnologien gegenübergestellt.

Signal parent association: Signalzusammenhänge über Beziehungszeiger.

BILDWIEDERHOLPRINZIP		BILDSPEICHERPRINZIP
ZEILENRASTERPRINZIP	VEKTORPRINZIP	
Raster-Scan Bildschirm	Vektor-Refresh Bildschirm	Vektor-Storage Bildschirm
<u>Vorteile</u>	<u>Vorteile</u>	<u>Vorteile</u>
- Graustufung u. Farbe	- Gute Darstellung von Linien-graphik	- Sehr hohe Auflösung
- Gute Helligkeit und Kontrast zur Umgebung	- Sehr gute Interaktions-möglichkeiten	- Kein Bildflackern
- Darstellung dynamischer Vorgänge	- Darstellung dynamischer Vorgänge	- Geringer Speicher-bedarf
- Dynamische Zoom- und Scroll-Funktion	- Selektives Löschen und Blinken	- Hohe Darstellungs-kapazität
- Flächendarstellung und Schattierung	- Guter Kontrast	- Relativ niedrige Anschaffungskosten
<u>Nachteile</u>	<u>Nachteile</u>	<u>Nachteile</u>
- Hohe Qualitätsanforde-rungen an Hardware	- Keine Flächendarstellung	- Keine Farben oder Grau-stufungen
- Rastereffekt bei Linien-graphik	- Begrenzte Darstellungs-kapazität	- Geringer Kontrast
- Maximale Auflösung bisher nur 2x Pixels	- Hohe bis sehr hohe Anschaffungskosten	- Kein selektives Löschen - Niedrige Darstellungsge-schwindigkeit bei Bildaufbau

Bild S6. Vor- und Nachteile verschiedener Bildschirmprinzipien (Quelle: RPK)

Signal string: Signalverkettung (für elektrotechnische Anwendungen).

Singular subfigure instance: Teilbildausprägung.

Skalieren: Veränderung eines Maßstabes.
Eigner, M.; Maier, H.: Einführung und Anwendung
von CAD-Systemen. Müchen: Hanser 1984

Skalierung einer Achse: Änderung der Teilung einer Achse. Umfaßt die Teilungsstriche
(Skalierungsstriche), die Textbeschriftung
der einzelnen Teilungsstriche sowie weitere,
die Teilung betreffende Textangaben (z.B.
Zehnerpotenz, mit der alle an den Teilungs-
strichen stehenden Werte zu multiplizieren
sind).

Skalierungsfaktor: Faktor zur Vergrößerung
oder Verkleinerung von graphisch dargestellten Elementen. Der Skalierungsfaktor
wird in der Hauptdiagonale der Transformationsmatrix geführt. Seien KS(i) und
KS(i+1) Koordinatensysteme mit e_x(i) und
e_x(i+1) jeweilige Länge einer Einheit der x-
Achsen. KS(i+1) hat gegenüber KS(i) den
Skalierungsfaktor:
$$f(\text{bzgl. x-Achse}) <-> e_x(i) \cdot f = e_x(i+1)$$

Skizze: Begriff aus DIN 199 T 1; bezeichnet
eine an Formen und Regeln ungebundene,
vorwiegend freihändige Darstellung. Hoischen, H.: Technisches Zeichnen. Essen: Girardet
1982

Snap mode: *s. Rastermodus*

SOD: *s. same-object-detection*

Softcopy: Flüchtiges Bild, das nicht vom
darstellenden graphischen Gerät getrennt
werden kann, also beispielsweise die
graphische Ausgabe auf einem Bildschirm.
Demgegenüber bezeichnet der Begriff
Hardcopy nicht-flüchtige Bilddarstellungen,
die durch Ausgabe auf Papier entstehen.
Schneider, H.-J.: Lexikon der Informatik und
Datenverarbeitung. Oldenbourg 1983. Grabowski,
H.; Röder, J.; Diehl, R.: Schnittstellen, eine

Notwendigkeit für die Integration von Produk-
tionsprozessen. Produktionstechnisches Labor, Univ.
Karlsruhe 1985

Software: Sammelbezeichnung für *Programme* und Daten eines elektronischen
Datenverarbeitungssystems. VDI-Richtlinie
2217 (Entwurf): Datenverarbeitung in der Konstruktion - Begriffserläuterungen. Düsseldorf: VDI
1979

Software, graphische: Sammelbezeichnung
für *Programme* und Daten zur graphischen
Datenverarbeitung.

Solids: *s. Volumenmodell*

Speicherbildschirm: *(vgl. Sichtgeräte);*
graphische Ausgabegeräte, bei denen der
Schreibstrahl einer Kathodenstrahlröhre ein
graphisches Bild auf der Mattscheibe erzeugt,
das durch Streustrahlen der Flutkathode
aufrecht erhalten wird. Speicherbildschirme
arbeiten im Vektorprinzip, wonach die
Strahlablenkung entsprechend der am Bildschirm darzustellenden Liniengraphik (Vektoren) erfolgt.
Vorteil der Speicherbildschirme:
- hohe Darstellungskapazität,
- hohe Auflösung,
- Flackerfreiheit.
Nachteil der Speicherbildschirme:
- keine Farbdarstellung,
- kein selektives Löschen,
- geringer Kontrast,
- keine Flächendarstellung,
- keine Helligkeitsstufen wählbar,
- keine Eigenschaften zum Hervorheben
  von Teilbildern (z.B. durch Blinken).
Hopgood, F.R.A.; Duce, D.A.; Gallop, J.R.;
Sutcliffe, C.C.: Introduction to the graphical kernel
system G.K.S. London: Academic Press 1983

Speicherkapazität: Maßzahl zur Kennzeichnung der Größe von Speichermedien, Speicherbereichen sowie Programmspeicher-
und Datenspeicherbedarf. Die verwendete
Maßeinheit für die Speicherkapazität wird
entweder in Binärzählern (*Bit*) oder *Byte*
ausgedrückt, wobei sich ein Byte aus 8 Bit
zusammensetzt.

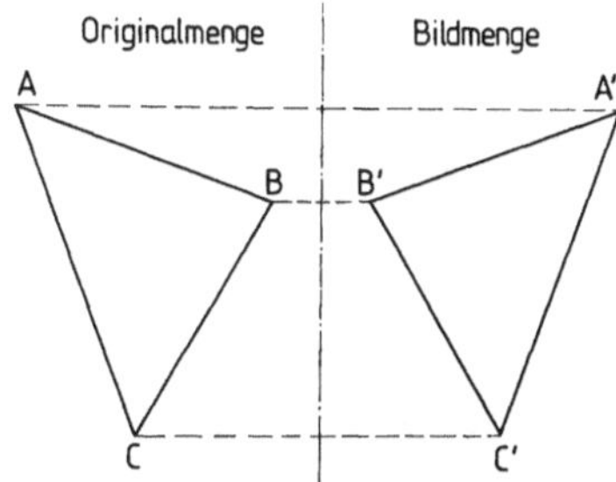

Bild S7. Spiegelung an einer Spiegelachse

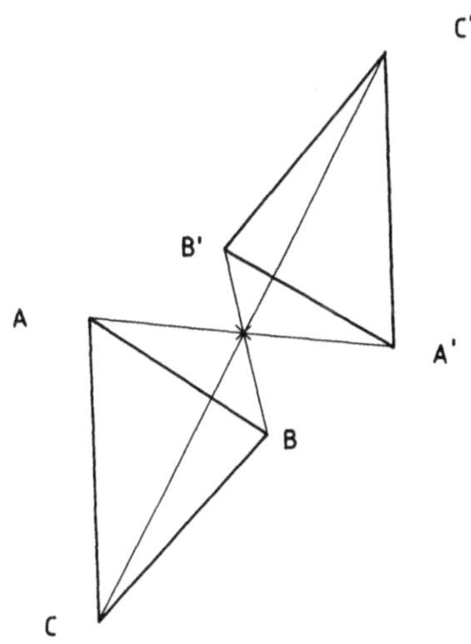

Bild S8. Spiegelung an einem Punkt

Spezifikation: *s. auch Parameter, Parameterliste;* der Begriff Spezifikation wird in mehreren Zusammenhängen gebraucht. Die wichtigsten Bedeutungen sind:
Spezifikation als Teilkomponenten eines *Kommandos*: In der Spezifikation werden diejenigen Größen/Parameter einer Operation angegeben, die nötig sind, damit das Kommando ausgeführt werden kann.
Spezifikation als Methode zur detaillierten Festschreibung von Objekten und Sachverhalten: Die detaillierte Ausarbeitung, Beschreibung und Festlegung von Objekten und Sachverhalten wird Spezifikation genannt. Zur Ausarbeitung einer Spezifikation sind Regeln erforderlich, nach denen sich sowohl die eindeutig interpretierbare Formulierung wie auch die semantische Bedeutung von Elementen, Beziehungen zwischen Elementen und Eigenschaften, die sowohl Elementen wie auch Beziehungen zugeordnet werden können, festlegen lassen. Können derartige Regeln angewendet werden, so wird von Methoden zur formalen Spezifikation gesprochen. Werkzeuge zur formalen Spezifikation sind noch Bestandteil von Forschungs- und Entwicklungsarbeiten.

Spiegeln: Abbildungsvorschrift zur Überführung einer Originalmenge in eine Bildmenge. Unterschieden werden die Punktspiegelung und die Spiegelung an einer Spiegelachse (auch Symmetrieachse genannt). Ist ein beliebiger Punkt P auf einer Seite einer Spiegelachse (Symmetrieachse) gegeben, so erhält man sein Spiegelbild P', indem von P das Lot auf die Spiegelachse fällt und um denselben Abstand auf die andere Seite verlängert; die Symmetrieachse ist also die Mittelsenkrechte von PP' (s. Bild S7).
Die Punktspiegelung setzt einen Zentralpunkt (auch Symmetriezentrum) voraus. Die Punktspiegelung ist so definiert, daß eine Strecke, die von dem Originalpunkt A zum Bildpunkt A' führt, genau durch den Zentralpunkt halbiert wird (s. Bild S8).
Neben der Spiegelung in einer Ebene an einer Spiegelachse oder einem Zentralpunkt ist auch die Spiegelung räumlicher Objekte an

einer Spiegelebene, an einer Geraden und an einem Punkt möglich (s. Bild S9).

Die Funktion Spiegeln ist in *CAD*-Anwendungen von besonderer Bedeutung, weil sich dadurch die Objektbeschreibung auf die Geometrieteile beschränkt, die als Originalmenge benötigt wird. Durch Anwendung der Spiegelfunktion kann dann die Objektgeometrie vollständig erstellt werden. Für die Anwendung bedeutet dies eine oftmals erhebliche Reduzierung des Beschreibungsaufwands.

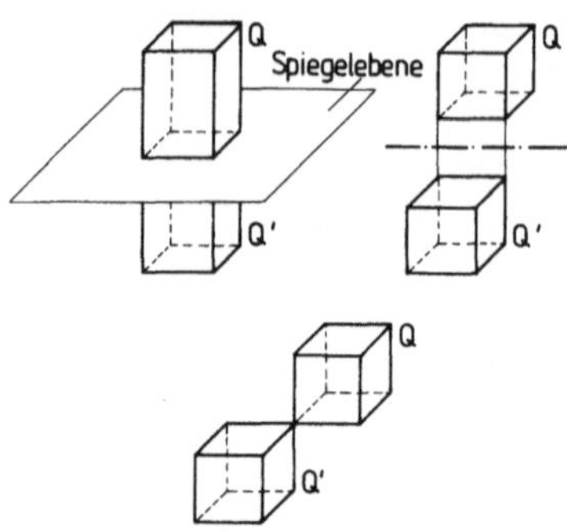

Bild S9. Spiegelung räumlicher Objekte

Spirale, echte: Ebene Kurve, für die die Polarkoordinate r eine eindeutige Funktion der Winkelgröße ψ ist. Jeder Punkt auf einer Spirale mit n Umläufen, der die Koordinaten $(r \cdot \cos(\vartheta), r \cdot \sin(\vartheta))$ hat, jetzt aber $C \le (\vartheta) \le 2n \cdot \pi$ gilt und der Radius eine Funktion von ϑ ist, beschreibt eine Spiralkurve (*s. auch Logarithmische Spirale*). Angell, I.O.: Graphische Datenverarbeitung. München: Hanser 1983

Spirale, scheinbare: Die *echte Spirale* wird gut genähert durch die scheinbare Spirale, die durch Kreisquadranten in den aufeinanderfolgenden Quadranten gebildet wird (s. Bild S10).

Die echte Spirale schneidet die Quadratseiten unter sehr kleinen Winkeln, die scheinbare Spirale berührt sie. Coxeter, H.S.M.: Unvergängliche Geometrie. Basel: Birkhäuser 1981

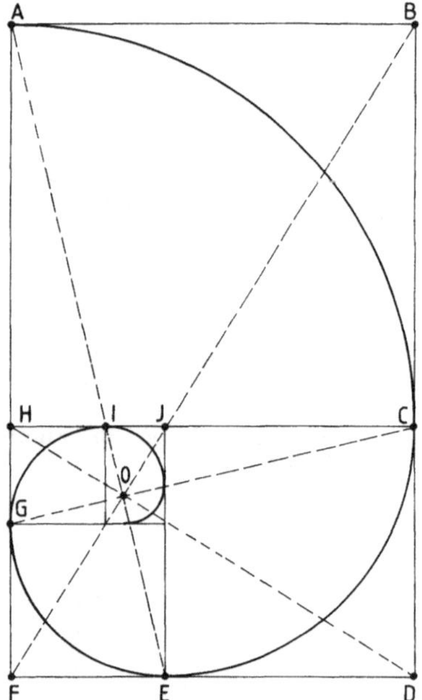

Bild S10. Scheinbare Spirale

Spline: Interpolationsverfahren, um gegebene Punkte durch eine "glatte Kurve" zu verbinden. Splinefunktionen werden dazu angewendet, gegebene Punkte durch eine interpolierte Kurve zu verbinden. Eine Splinefunktion ist bei $n+1$ gegebenen Stützpunkten stückweise durch n verschiedene Interpolationsfunktionen dargestellt. Dabei besitzen die beiden ersten Ableitungen der Splinefunktion an den Stützstellen keine Sprungstellen. Eine wichtige Eigenschaft der Splinefunktion ist ihre sog. Minimaleigenschaft. Diese besagt, daß bei gegebenen Stützstellen die Splinefunktion unter allen interpolierenden Funktionen diejenige mit der geringsten "Gesamtkrümmung" ist. Eine weitere wichtige Eigenschaft von Splinefunktionen ist ihr Grenzverhalten: werden die Stützstellen immer enger gewählt, so konvergieren Splinefunktionen entgegen dem Grenzverhalten der üblichen interpolierenden Polynome gegen die zu interpolierende Funktion. Nowacki, H.; Gnatz, R.: Geometrisches Modellieren. Informatik-Fachber. Nr. 65. Berlin: Springer 1983. Stör, J.: Einführung in die Numerische Mathematik. B. 1, 2; Reihe: Heidelberger Taschenbücher 105 und 114. Berlin: Springer 1972

Spline, parametric curve: parametrische Splinekurve (*s. auch Spline*).

Spline, parametric surface: Parametrische Splinefläche (*s. auch Spline*).

Split Screen: *s. auch Fenster-Technik;* Bezeichnet die Aufteilung des Bildschirmes in Darstellungsbereiche und umfaßt sowohl die Definition von Darstellungsfenstern (*Window*) als auch die Zuordnung von Darstellungsfenstern zu Darstellungsbereichen (*Viewport*).

Spooling (simultaneous **p**eripherial **o**peration **o**n-**l**ine): Verfahren, bei dem langsame Ausgabeprozesse in einem Zwischenspeicher abgelegt und automatisch abgearbeitet werden, sobald das entsprechende Ausgabegerät (Drucker, *Plotter*, etc.) frei ist. Der Ausgabeprozeß läuft parallel zu der Ausführung anderer *Programme* im Hintergrund ab.

Spur: Ort eines peripheren Datenträgers, auf dem bitseriell Daten gespeichert werden. Auf Lochstreifen, *Magnetbändern* usw. längs, auf Magnetplatten, *Floppy-Disks* usw. konzentrisch angeordnete Reihen zum bitweisen Abspeichern von Informationen. Senkrecht zu den Spuren liegen die Spalten oder Sektoren (*s. auch Sektor*). Eigner, M.; Maier, H.: Einführung und Anwendung von CAD-Systemen. München: Hanser 1984

Subfigure definition: Teilbilddefinition

Surface, ruled: Regelfläche

Surface of revolution: Rotationsfläche; Fläche, die durch ein Bildungsgesetz erzeugt wird. Basis ist eine beliebige Linie (Kontur), die um eine Achse rotiert wird. Ergebnis ist die Rotationsfläche (*s. auch Sweep-Operation*).

Sweep-Operation: Methode zur Beschreibung von *Flächen* und/oder Körpern durch Anwendung der kinematischen Bildungsgesetze für Translieren und Rotieren. Die Anwendung der Sweep-Operatoren (Translationsoperator und Rotationsoperator) auf Linienelemente führt zu Flächen, die Anwendung der Sweep-Operatoren auf Flächen führt zu Körpern. Bild S11 zeigt beispielhaft die Anwendung von Sweep-Operatoren. Nowacki, H.; Gnatz, R.: Geometrisches Modellieren. Informatik-Fachber. Nr. 65. Berlin: Springer 1983

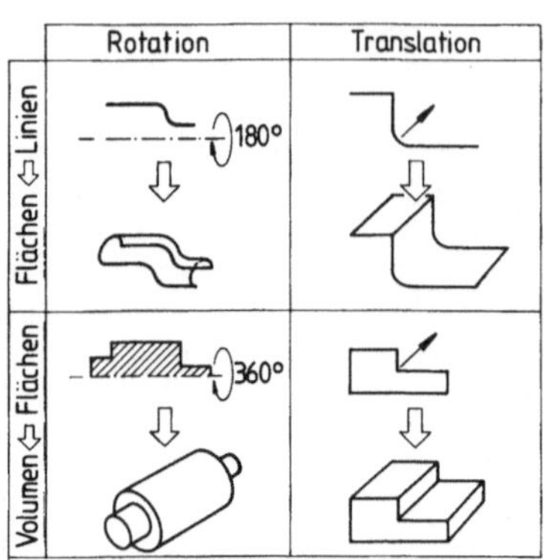

Bild S11. Erzeugungsvorschriften für Dreh- und Verschiebeoperationen

Synchrone Übertragung: Übertragung von Binärzeichen in einem konstanten, definierten Takt, auf den sowohl der Sender als auch der Empfänger synchronisiert sind.

Syntax: Gesamtheit aller grammatikalischen Regeln, die formal richtige Sätze und zulässige Konstruktionen in einer Sprache beschreiben, ohne auf ihre Bedeutung (*Semantik*) Bezug zu nehmen. In der Syntax einer Eingabesprache ist festgelegt, wie *Kommandos* bzw. Befehle formal aufgebaut sein müssen, um von der Kommunikationssoftware inhaltlich verstanden zu werden. Syntaktische Regeln, die bei der Befehlseingabe unbedingt einzuhalten sind, umfassen. *Beispiel:*
- *Operator, Operand, Kennzeichen und Spezifikation sind in dieser Reihenfolge einzuhalten und durch Leerzeichen zu trennen. Das bedeutet, daß z.B. die Eingabe eines Operators vom Programm als abgeschlossen angesehen und interpretiert wird, sobald nach dem Schlüsselwort ein Leerzeichen eingegeben wird.*
- *Einzelne Parameter sind stets durch ein Semikolon als Parametertrennzeichen*

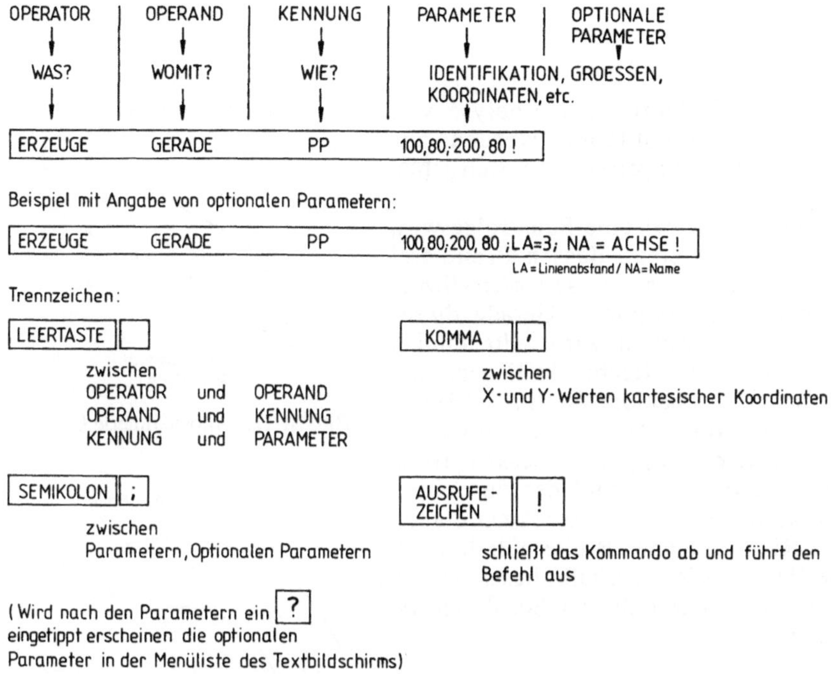

Bild S12. Syntaxschema einer Kommandosprache (Beispiel aus SIS CAD-M)

voneinander zu trennen.

- *Besteht ein Parameter aus mehreren Zahlenwerten, so werden diese durch ein Komma voneinander getrennt; Beispiel: Trennung des x- und y-Wertes bei der Eingabe von kartesischen Koordinaten eines Punktes.*
- *Jedes Kommando muß durch das Ausrufezeichen als Kommandoendezeichen abgeschlossen werden.*

Die Syntax einer Kommandosprache wird zur Veranschaulichung in sog. Syntaxdiagramme abgebildet. Bild S12 zeigt beispielhaft ein Syntaxdiagramm.

SCH

Schablone: Verfahren zur Analyse von Punktmengen. Schablonen werden zur Bearbeitung von Approximationsaufgaben benötigt.
- für Geraden: Über eine Punktfolge wird ein Rechteck gelegt, dessen Breite frei bestimmbar ist und dessen *Mittellinie* durch die approximierte Gerade dieser Punktfolge bestimmt wird. Alle Punke, die innerhalb des Rechtecks liegen, sind innerhalb der Schablone (s. Bild SCH1).
- für einen Kreis: Über eine Punktfolge wird ein Kreisring gelegt, dessen Breite frei bestimmbar ist und der durch den approximierten Kreis dieser Punktfolge in zwei Ringe gleicher Breite geteilt wird. Alle Punkte, die innerhalb dieses Ringes liegen, sind innerhalb der Schablone (s. Bild SCH2).

Schablonen-Umgebung: Die Hälfte der Breite der Schablone (s. *Schablone* für eine Gerade und für einen Kreis) wird in der Schablonen-Umgebung festgehalten. Die Breite der Schablone stellt ein Kriterium für die Genauigkeit dar, mit der eine Skizze durch Geraden und Kreisbögen approximiert wird. Bei geringerer Schablonenbreite wird die Skizze genauer angenähert und umgekehrt. Die Schablonen-Umgebung kennzeichnet die Ausdehnung des Werte-bereichs, in dem die Schablone gültig ist.

Schachtelung: Eingabeart für geometrische *Parameter*, die analog zur Klammerung bei arithmetischen Ausdrücken aufgebaut ist. Parameter werden nicht direkt, sondern geschachtelt über ein zusätzliches *Kommando* eingegeben.
Beispiel: Es soll eine Strecke zwischen einem Punkt mit dem Namen P1 und dem Schnittpunkt der beiden Geraden G1 und G2 erzeugt werden. Da der Schnittpunkt der

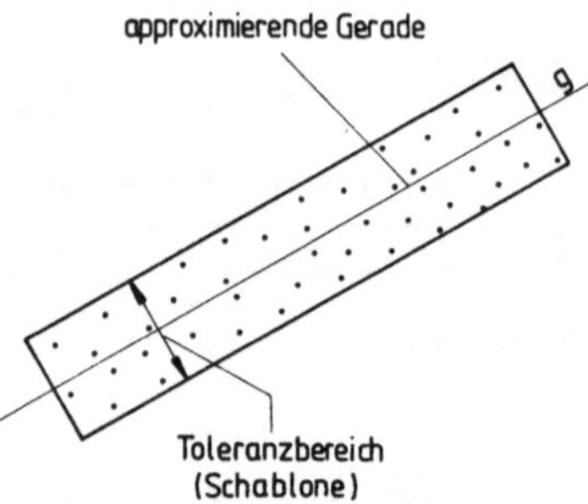

Bild SCH1. Approximierte Gerade

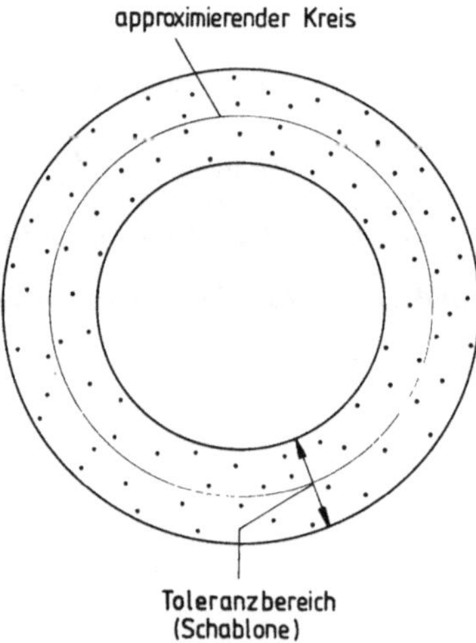

Bild SCH2. Approximierter Kreis

beiden Geraden nicht explizit vorhanden ist, kann er entweder vorher getrennt erzeugt werden oder einfacher, durch eine Schachtelung im gleichen Kommando bestimmt werden.

Ohne Schachtelung:
ERZEUGE PUNKT GG G1;G2!
ERZEUGE GERADE PP P1;<DIG>!

Ergebnis: Punkt 2

Immer wenn ein Punkt mit einem ERZEU - GE-Kommando explizit erzeugt worden ist, wird ihm als Rückmeldung für den Benutzer ein Darstellungsattribut, z.B. ausgefüllter Kreis, zugeordnet und er ist damit für den Benutzer sowohl sichtbar als auch identifi - zierbar.

Mit Schachtelung:
ERZEUGE GERADE PP P1;
ERZEUGE PUNKT GG G1;G2!!

Es gibt keine Begrenzung in der Tiefe der Schachtelungen, d.h. Parameter in bereits geschachtelten Kommandos können wieder- um geschachtelt werden. Geschachtelte Kom - mandos unterscheiden sich in Aufbau und Syntax nicht von ungeschachtelten. D.h. auch hier muß die Reihenfolge Operator-Ope - rand-Kennzeichen-Spezifikation eingehalten werden, und es müssen Semikolon und Ausrufezeichen als Parametertrennzeichen bzw. Befehlsendezeichen gesetzt werden. Der Vorteil dieser Eingabemöglichkeit für Parameter besteht darin, daß eine einfache Sprachbeschreibung zur Geometrieerzeu - gung auch bei komplexeren geometrischen Zusammenhängen ermöglicht wird. Der Benutzer beginnt immer mit dem Befehl, der letzten Endes ausgeführt werden soll, auch wenn die dazu nötigen Parameter noch nicht vorliegen.

Schemazeichnung: Abstrahierte Darstellung technischer Objekte mit Hilfe von gra - phischen Symbolen.

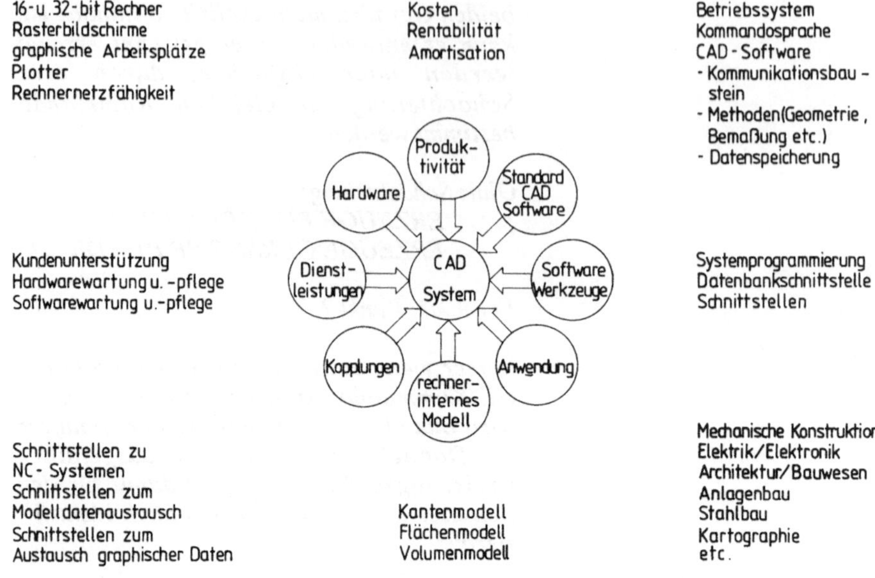

Bild SCH3. Charakterisierende Merkmale schlüsselfertiger CAD-Systeme

Schiebefläche: (Profilfläche); *Fläche*, die durch Translation einer Grundlinie entstanden ist.

Schlüsselfertiges CAD-System: *CAD-Systeme*, die von einem CAD-Systemanbieter als aufeinander abgestimmte *Hardware*- und *Software*-Systeme aus einer Hand angeboten werden. Bild SCH3 verdeutlicht charakteristische Merkmale schlüsselfertiger CAD-Systeme.
Schlüsselfertig bedeutet weiter, daß der Hersteller/Vertreiber die Gesamtverantwortung für Herstellung, Installation, Wartung und Pflege der Gesamtanlage übernimmt, auch als Turnkey-System bezeichnet. Eigner, M.; Maier, H.: Einführung und Anwendung von CAD-Systemen. München: Hanser 1984. Eidenmüller, B.: Strukturwandel: Herausforderung und Chance für neue Produktions-, Planungs- und Steuerungssysteme. Promotion 1984, Produktionstechnik im Umbruch.

Schlüsselwort: Begriffe einer Eingabesprache, wie *Operatoren, Operanden, Kennzeichen* und *Spezifikationen*. Das bedeutet,

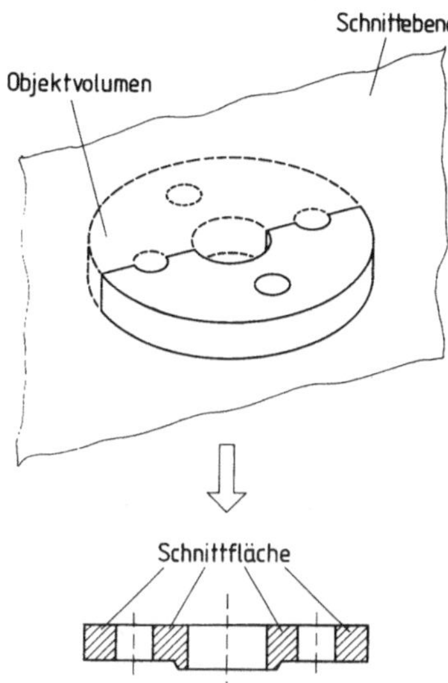

Bild SCH4. Schnittfläche eines tech - nischen Objekts

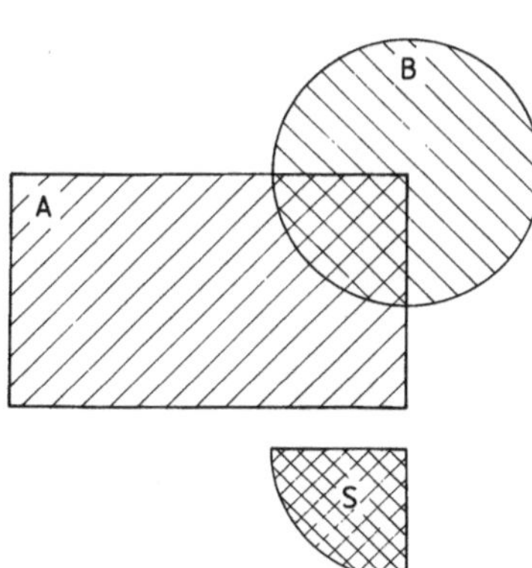

Bild SCH5. Schnittfläche eines geo - metrischen Objekts

daß jedes Schlüsselwort und seine zulässigen Abkürzungen von *Programmen* interpretiert werden.

Schnittfläche: Der Begriff Schnittfläche kann die folgenden Bedeutungen enthalten: Schnittfläche im Sinne der Schnittdarstellun- gen eines technischen Objektes: Schnitt- flächen bezeichnen dabei die resultierenden *Flächen*, die aus der Bildung der Durch- schnittsmenge des Objektvolumens mit einer oder mehreren Schnittebenen entstehen (s.auch DIN 6 T2 und Bild SCH4).
Schnittflächen werden schraffiert unter 45° dargestellt.
Schnittfläche als Ergebnis der Bildung der Durchschnittsmenge aus Flächen:
Gegeben: Fläche A und B,
           Schnittfläche $S = A \cap B$
A und B werden als Punktmengen aufgefaßt. Die Schnittfläche besteht aus allen Punkten, die sowohl zu A als auch zu B gehören (s. Bild SCH5).
Die Schnittfläche S ist eine abgeschlossene Menge einschließlich ihrer Randpunkte.

Schnittstelle: Nahtstelle zwischen informa- tionsaustauschenden Systemen bzw. Teil- systemen. Im Bereich der *CAD-Systeme* werden *Hardware*- und *Software*schnitt- stellen unterschieden. Hardwareschnittstellen werden in parallele und serielle (V.24- Schnittstelle und RS 232-Schnittstelle) Schnittstellen unterschieden.
Softwareschnittstellen lassen sich in interne und externe CAD-Systemschnittstellen unter- teilen. Interne Schnittstellen dienen zur Verbindung der Komponenten eines CAD- Systems (Kommunikationsbaustein, Metho- denbaustein und Datenbanksystem), während externe Schnittstellen eine Kopplung zwi- schen unterschiedlichen CAD-Systemen sowie zwischen CAD-Systemen und anderen DV-Systemen ermöglichen. Die folgenden Software-Schnittstellen gewinnen zunehmend an Bedeutung:
Interne Schnittstellen:
- Kommunikationsschnittstelle,
- Schnittstelle zur graphisch-interaktiven

Ein- und Ausgabe (*GKS*),
- Schnittstelle zum Aufruf von Methodenprogrammen,
- Schnittstelle zur rechnerinternen Objektdarstellung (auch Basismodelliererschnitt-
  stelle genannt),
- Datenbankschnittstelle.

Externe Schnittstellen:
- Schnittstellen zum Austausch produkt-
  definierender Daten (*IGES, SET, VDA-
  FS, STEP*).

Schnittstellen zu *NC*-Systemen:
- maschinennahe NC-Steuerdatenschnitt-
  stelle (s. auch DIN 66025),
- *CLDATA*-Schnittstelle (Cutter Location
  Data, s. auch DIN 66215),
- höhere NC-Programmiersprachen (z.B.
  APT, EXAPT, COMPACT II, etc.).

Schnittstellen zu weiteren rechnerunter-
stützten Anwendungen:
- Roboterprogrammierung,
- Meßmaschinenprogrammierung,
- Stücklistensysteme,
- Produktionsplanungs- und -
  steuerungssysteme (*PPS*),
- Berechnungssysteme (z.B. *Finite
  Elemente* Systeme).

Aufgrund der zunehmenden Bedeutung der
Schnittstellen, insbesondere in einem integrierten Produktionsprozeß, erhält die Normung von Schnittstellen einen hohen Stellen-
wert.

Schraffur: Kennzeichnungsart von Flächen.
Schraffuren können parallele Linien sein
oder Linienmuster, die die zu kennzeich-
nende Fläche bis zur Flächenumrandung
ausfüllen. Bild SCH6 zeigt einen Auszug von
Schraffuren nach DIN 201 zur Kennzeich-
nung von Schnittflächen unterschiedlicher
Werkstoffe.
CAD-Systeme erlauben oftmals die Schraffur
von Flächen, die eine nicht geschlossene
Berandung haben. Hierzu wird eine fiktive
Berandungsstrecke zwischen Anfangs- und
Endpunkt des Streckenzuges angenommen
und die daraus resultierende berandete
Fläche schraffiert (s. Bild SCH7).
Schraffurdarstellungen können auch durch

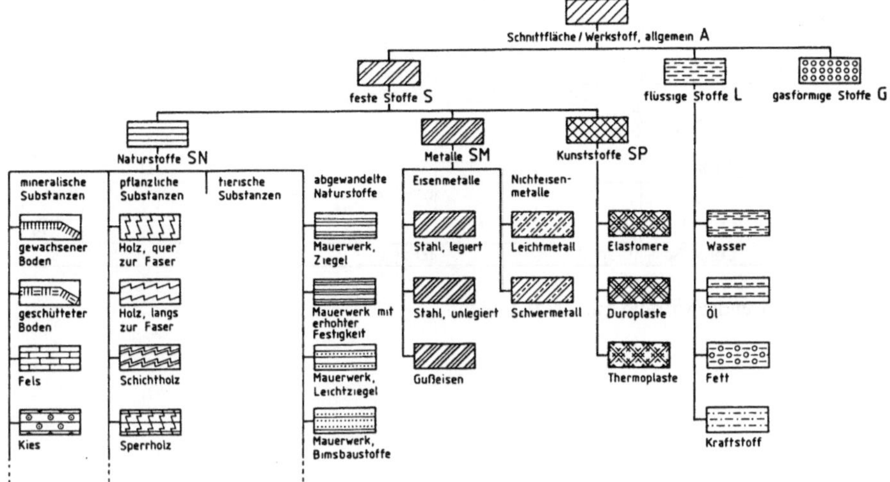

Bild SCH6. Schraffurarten zur Kennzeichnung unterschiedlicher Werkstoffe nach DIN 201

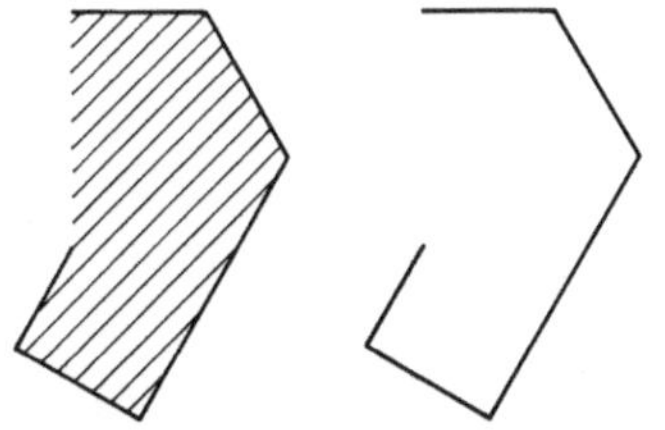

Bild SCH7. Schraffur einer nicht ge - schlossenen Fläche

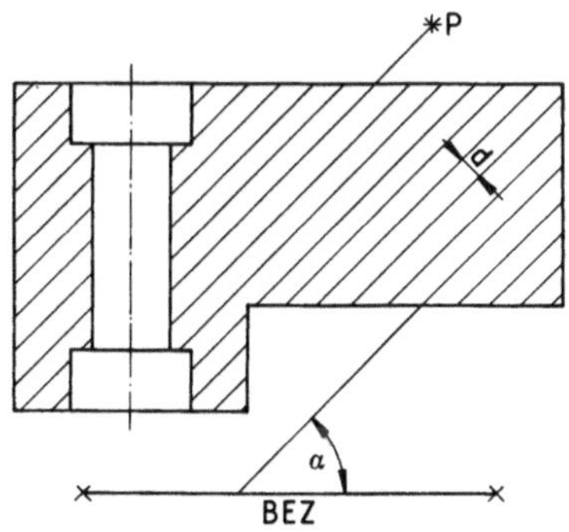

α   = Schraffurwinkel
d   = Schraffurabstand
P   = Bezugspunkt
BEZ = Bezugsgerade, auf die der
      Schraffurwinkel bezogen ist

Bild SCH8. Schraffur mit wählbaren Parametern (Beispiel aus SIS CAD-M)

die Vorgabe von Parameter gewählt werden, z. B.:
- *Schraffurwinkel α,*
- *Schraffurabstand d,*
- *Punkt, durch den eine Schraffurlinie laufen soll "P",*
- *Bezugsgerade, auf die der Schraffur - winkel bezogen wird*

(s. Bild SCH8). Hoischen, H.: Technisches Zeich - nen. Essen: Girardet 1982

Schriftfeld: Das Schriftfeld einer *tech - nischen Zeichnung* dient zur übersichtlichen Angabe von organisatorischen Daten, die zu einer Zeichnung gehören. Auf jede tech - nische Zeichnung wird ein Schriftfeld an die untere rechte Ecke angebracht. Der Aufbau eines Schriftfeldes ist in DIN 6771 T1 beschrieben. Das Schriftfeld besteht aus einem Grundschriftfeld, das durch Zusatz - felder erweitert werden kann. Der Aufbau des Grundschriftfeldes ist in Bild SCH9 dargestellt.

Schweißgruppenzeichnung: Enthält mehrere durch Schweißen miteinander verbundene Teile, sowie die Darstellung der Art der Schweißverbindung. Hoischen, H.: Technisches Zeichnen. Essen: Girardet 1982

(Verwendungsbereich)					(Zul. Abw)		(Oberfläche)	Maßstab	(Gewicht)
							0,35	(Werkstoff, Halbzeug) (Rohteil-Nr) (Modell- oder Gesenk-Nr)	
						Datum	Name	(Benennung)	
					Bearb.				
					Gepr.				0,7
					Norm				
			0,18						
								(Zeichnungsnummer)	Blatt
									Bl.
Zust.	Änderung		Datum	Name	(Urspr.:)			(Ers. f.:)	(Ers. d.:)

Bild SCH9. Grundschriftfeld mit Zusatzfeldern

Stammzeichnung: Ausgangszeichnung für Vervielfältigungen (s. auch DIN 199).
Hoischen, H.: Technisches Zeichnen. Essen: Girardet 1982

Standardraster: *s. auch Raster;* Der Begriff Standardraster bezeichnet ein *DIN*-gerechtes Koordinatenraster.

Steuerhebel, Steuerstift: Potentiometergerät zur Steuerung eines Fadenkreuzes in x- und y-Richtung auf einem Bildschirm. Durch Druck des Steuerhebels in z-Richtung kann ein *Interrupt*signal ausgelöst werden, um z.B. einen angesteuerten Punkt zu *digitalisieren.*

Storage-Bildschirm: (Speicherbildschirm, auch engl.: storage-tube); *s. Sichtgeräte, Speicherbildschirme.*

Strichgeber: *s. GKS*

String: (Zeichenkette), *s. GKS*

Strobe: Impuls, der aus einem Signal ein zeitlich begrenztes Signal erzeugt.

Stroke: *s. GKS*

Struktur: Beziehungen und Wechsel-wirkungen, die zwischen Elementen, die zu einem Ganzen gehören, auftreten können. Die Kenntnis der Struktur eines Objektes ermöglicht die Analyse des Verhaltens von Elementen aufgrund aufgeprägter Einflüße und des daraus herleitbaren Objektver-haltens.

Struktur-Stückliste: Stücklistenform, die zur Darstellung der *Verbundstruktur* eines Erzeugnisses mit allen *Gruppen, Teilen* und *Einzelteilen* dient, wobei jede Gruppe jeweils bis zur niedrigsten Strukturstufe aufge-gliedert wird. Die (mehrstufige) Gliederung der aufgeführten Gruppen, der Teile und der Einzelteile entspricht in der Regel dem geplanten Zusammenbaufluß oder Fertigungsablauf. Der Vorteil der Struktur-Stückliste liegt in der Übersichtlichkeit. Es läßt sich die gesamte Verbundstruktur des Erzeugnisses, der Gruppen und der Teile erkennen. Struktur-Stücklisten besitzen einen hierarchischen Aufbau. Das bedeutet, daß ein Gegenstand jeweils nur einem anderen Gegenstand niedrigerer Strukturstufe zugeordnet ist. Das Abbildungsverhältnis von einem Owner (übergeordnetes Element) zu einem Member (untergeordnetes Element) ist daher wie 1 : n. Bild ST1 zeigt einen Vergleich zwischen Übersichts- und Strukturstückliste (s. auch DIN 199 T2).

Strukturstufen (im Sinne des Stücklistenwesens): Durch fortschreitendes Auflösen eines Erzeugnisses in *Gruppen* und/oder Einzelteile entstehen Gliederungsebenen, die als Strukturstufen bezeichnet werden. Sie werden vom Enderzeugnis ausgehend gezählt, wobei das Enderzeugnis in der Regel die Strukturstufe 0 (Null) ist (s. auch DIN 199 T2).

Stückliste: Die Stückliste ist eine in Tabellenform dargestellte Auflistung aller *Grup* -

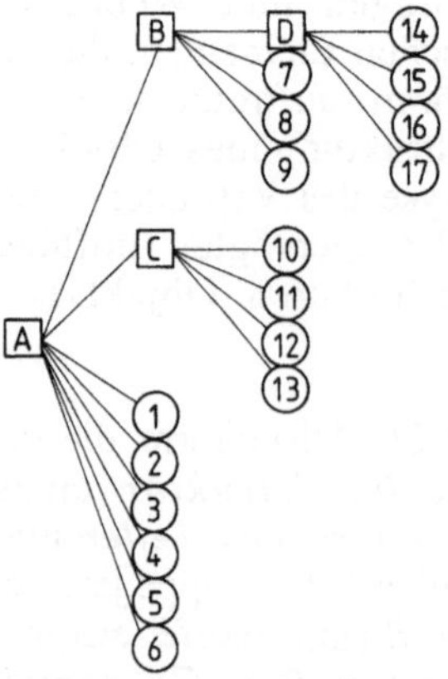

I Übersichtsstückliste

A	Kurbelwelle		eigene Stückliste
Pos.	IDENT-Nr.	Benenn	
1			
2			
3			
4			
5			
6			
7			
8			
9			
10			
11			
12			
13			

II Strukturstückliste

A	Kurbelwelle				eigene Stückliste
Position			IDENT-Nr.	Ben	
1	2	3			
B					
	D	14			
		15			
		16			
		17			
	7				
	8				
	9				
C					
	10				
	11				
	12				

Bild ST1. Unterschied zwischen Übersichts- und Strukturstückliste (Quelle: WZL, TH Aachen)

1	2			3	4	5	6	7	8
	Feld für Urheberschutzvermerk								
Pos.	Menge			Einheit	Benennung	Sachnummer/Norm-Kurzbezeichnung	Werkstoff	Gewicht kg/Einh.	Bemerkung

Bild ST2. Stückliste Form A

pen und Einzelteile, die in einem Erzeugnis verwendet werden. Stücklisten werden nach dem Inhalt an Strukturinformation unterschieden in *Mengenübersichts-, Struktur-* und *Baukastenstückliste.* Die Stückliste ist nach DIN 6771 T2 genormt. Man unterscheidet: Stücklisten Form A und Stücklisten Form B.

Form A hat die Spalten:
- Pos. (Positionsnummer),
- Menge,
- Einheit,
- Benennung,
- Sachnummer /Norm-Kurzbeschreibung,
- Bemerkung.

Diese Stückliste hat das Format A4 hoch nach DIN 476 (s. Bild ST2).

Form B entspricht der Form A, ist aber um zusätzliche Angaben (Spalten) erweitert. Diese Erweiterung ist nicht durch die Norm festgelegt. So kann die Erweiterung z.B. enthalten:
- Werkstoff,
- Halbzeug,
- Gewicht,
- Oberflächenbehandlung,
- Schlüssel für maschinelle Datenverarbeitung.

Die Stückliste der Form B hat eine bindende Spaltenreihenfolge:
1. Pos.,
2. Menge,
3. Einheit,
4. Benennung,
5. Sachnummer / Norm-Kurzbezeichnung.

Werden die Spalten "Werkstoff", "Gewicht kg/Einheit" nicht genutzt, so können sie

1	2	3	4	5	6
Pos.	Menge	Einheit	Benennung	Sachnummer/ Norm-Kurzbezeichnung	Bemerkung

Bild ST3. Stückliste Form B

individuell geändert werden. Diese Stückliste hat das Format A4 quer nach DIN 476 (s. Bild ST3).

Stücklisten der Arbeitsvorbereitung: Die Arbeitsvorbereitung unterteilt sich in Arbeitsplanung und Arbeitssteuerung. Es lassen sich so Stücklisten der Arbeitsplanung und Stücklisten der Arbeitssteuerung erstellen:
Stücklisten der Arbeitsplanung:
Einzelne Stücklistenangaben können sein:
- Benennung und Sachnummer,
- Rohteilabmaße,
- Losgrößenbereich,
- Bearbeiter,
- Lohngruppe,
- Datum,
- Rüstzeit,
- Zeit je Einheit,
- Fertigungszeitraum,
- Kostenstelle,
- Bezeichnung der Arbeitsvorgänge,
- Maschinenbenennung und -nummer,
- Werkzeuge,
- Vorrichtungen,
- Prüfmittel.
Stücklisten der Arbeitssteuerung:
Einzelne Stücklistenangaben können sein:
- Benennung und Sachnummer,
- Bestellrechnung,
     Rüstkosten,
     Lagerkosten,
     Produktionsgeschwindigkeit,
- Bestellmenge,
- Bezugsfirma,
- Bestelldatum,
- Bestelltermine,
     Inventur,
     Lagerzeit,

- Zeitwirtschaft,
  Zeitliche Zuordnung von
  Fertigungsaufträgen zu Maschinen.

Beitz, W.; Küttner, K.-H.: DUBBEL, Taschenbuch für den Maschinenbau. 15. Aufl. Berlin: Springer 1983

Stücklisten-Satz: Strukturiert zusammenge-faßte Menge an *Stücklisten*, in denen Beziehungen aus übergeordneten zu untergeordneten Hierarchiestufen sowie umgekehrt aufgeführt sind. Ein Stücklistensatz enthält alle *Baukasten-Stücklisten* eines Enderzeugnisses (s. auch DIN 199 T2).

T

Tablett: Koordinatenerfassungsgerät, das
zusammen mit Digitalisierstift oder *Maus* ein
graphisches Eingabegerät darstellt (Bild T1).
Eigner, M.; Maier, H.: Einführung und Anwendung
von CAD-Systemen. München: Hanser 1984.
Dokumentation der CAMP 83 Computer Graphics
Anwendungen für Management und Produktivität.
Berlin 14.-17.03.83. Düsseldorf: VDI.

Tabulated cylinder: Verschiebefläche; *Fläche*, die durch ein Bildungsgesetz erzeugt
wird. Basis ist eine beliebige Linie (Kontur),
die entlang eines Verschiebevektors verscho -
ben wird. Ergebnis ist die Verschiebefläche.

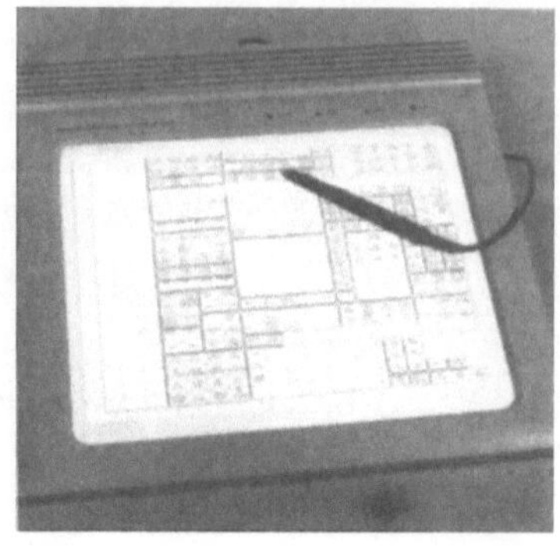

Bild T1. Beispiel für ein Tablett mit
Digitalisierstift (Werkbild: Hewlett
Packard)

Tastatur: *Alphanumerisches* Eingabegerät,
das für Buchstaben, Ziffern und Sonder -
zeichen Tasten bereitstellt. Zusätzlich kann
eine Tastatur um spezielle Funktionstasten
erweitert sein. Die Tastatur wird benutzt um
Befehle, Texte, Zahlenwerte und Cursorposi -
tionen einzugeben. Zur Positionierung des
Cursors werden Pfeiltasten benutzt. Bei
Betätigung einer dieser Tasten wandert der
Cursor um eine bestimmte Länge in die
gewählte Richtung.

TC-APT: TC-APT ist eine auf der Sprache
APT aufgebaute höhere *NC*-Programmier -
sprache.

TC97: ISO Technical Committee 97; verant -
wortlich für internationale Standardisierung
von Funktionen zur graphischen Datenver -
arbeitung (s. auch ISO/TC).

Teach-in-Programmierung: (dt.: Einlern-
programmierung); Programmierungsart für
Roboter und *NC*-gesteuerte Automaten. Die
von diesen Geräten anzusteuernden Punkte
werden durch Handsteuerung angefahren,
und die zugehörigen Koordinaten abge -
speichert. Im Fertigungsablauf können diese
Punkte dann direkt angefahren und die
Arbeitsfunktionen ausgeführt werden.

Technische Zeichnung: Zeichnerische Darstellungen technischer Objekte in Ansichten und Schnitten, die in Übereinstimmung mit Normen zum technischen Zeichnen erstellt werden (s. auch DIN 199 T1).

Technologiemodell: Schema zur rechner-internen Abbildung technologischer Daten, die als Ergänzung der geometrischen Objektdarstellung benötigt werden. Zielsetzung des Technologiemodells ist die strukturierte Bereitstellung technologischer Daten sowie deren Bezug auf die Objektgeometrie, so daß Programmbausteine neben geometrischen auch technolgische Daten zur weiteren Verarbeitung z.B. zur Generierung von *NC*-Steuerdaten nutzen können. Das Technologiemodell enthält Abmessungen, Angaben der Oberflächenbeschaffenheit, Form- und Lagetoleranzen, Texte sowie Angaben zur Wärmebehandlung, einschließlich der Beziehung zum Geometrie- und Darstellungsmodell. Grabowski, H.; Anderl, R.: Bemaßungsunterlagen vom Institut für Rechneranwendung in Planung und Konstruktion (RPK) der Univ. Karlsruhe 1984. Anderl, R,: Fertigungsplanung durch die Simulation von Arbeitsvorgängen auf der Basis von 3D Produktmodellen. Fortschrittsber. Reihe 10 Nr. 40. Düsseldorf: VDI 1985

Teil: Ein Teil im Sinne des Stücklistenwesens ist ein Gegenstand, für dessen Aufgliederung in weitere Teile oder Einzelteile aus Sicht des Anwenders keine Notwendigkeit besteht (s. auch DIN 199 T2).

Teileverbund: Verbund mehrerer Einzelteile oder Teile zu einem Mehrteilesystem. Die Einzelteile oder die Teile in diesem Mehrteilesystem bilden eine innere Struktur, die vom Anwender bestimmt wird.
Beispiele von inneren Strukturen in Teileverbunden
- Kabel von Hochspannungsfreileitungen: elektrische Struktur, mechanische Struktur.
- Seiten eines Dreiecks: geometrische Struktur.
Ein Teileverbund entspricht einer *Gruppe* innerhalb des Stücklistenwesens. Der Begriff

Gruppe ist mit dem Begriff Teileverbund identisch, doch sollte der Begriff Baugruppe bei der Beschreibung des Mehrteilever- bundes nicht gewählt werden, da er eine Assoziation zu einer inneren mechanischen Struktur von Einzelteilen oder von Teilen des Mehrteilesystems erweckt.

Teilezeichnung: bezeichnet die Darstellung eines *Einzelteils* in Form einer *technischen Zeichnung* (s. auch DIN 199).

Terminal: Arbeitsplatz mit Ein- und Aus- gabegeräten. Bezogen auf die Leistungsfähig- keit des zum Terminal konfigurierten Bildschirmgerätes kann zwischen
- *alphanumerischen* Terminals,
- Graphik-Terminals und
- Farbgraphik-Terminals
unterschieden werden. Die alphanumerischen Terminals dienen zur Ein- und Ausgabe von Text und Zahlen. Die graphischen Terminals sind in der Lage, bildliche Darstellungen zu erstellen. Die Farbgraphik-Terminals bieten die Farbe als zusätzliche Fähigkeit für die Darstellung an. In *CAD-Systemen* werden Graphikterminals und Farbgraphik-Termi- nals zur Erstellung von graphischen Dar- stellungen eingesetzt. Die graphischen Bild- schirmgeräte der Terminals basieren auf dem Prinzip der Elektronenstrahlröhre. Sie unterscheiden sich nach Art der Ablenkung des Elektronenstrahls und dem Prinzip des Bildaufbaus.
Drei Technologien werden in der Hauptsache verwendet:
- Speicherbildschirme,
- bildwiederholende Sichtgeräte mit wahlfreier Strahlenablenkung,
- bildwiederholende Rastersichtgeräte (*s. Sichtgeräte*).
Terminals können über eine sog. lokale Intelligenz verfügen, einen eigenen *Mikro- prozessor*, der den Dialog zwischen An- wender und Terminal steuert.
Terminals mit lokaler Intelligenz können die folgenden Funktionen unterstützen:
- *Zoom* (Vergrößern von Verkleinern von Teilbildern),

- Translation (Verschieben von Bildern),
- *Pan* (Auffinden und Verschieben von Teilbildausschnitten),
- Rotation (Drehung von Darstellungen),
- *Clippen* (Abschneiden von Koordinaten außerhalb des Bildschirmbereiches),
- *Overlay*technik (Überlagern von Speicherebenen),
- Auffüllen von *Polygonen* mit *Schraffur*, Linien, Mustern etc.,
- Manipulation graphischer Attribute (Steuerung von Blinken, *Linienarten*,Invertieren (*s. Invertierte Darstellung*) etc.),
- Zeichengenerierung (Erzeugung von Buchstaben und beliebigen, vom Anwender erzeugten graphischen Symbolen),
- Vektorgenerierung (Erzeugung von Vektor, Kreis, Kreisbogen, Kurven, etc.).

Terminal, intelligentes: Datenstation mit lokaler Rechnerleistung, die stufenlos bis zum autonomen Rechnersystem mit Kopplungsmöglichkeiten an eine Groß-Datenverarbeitungsanlage ausbaubar sein kann.
Eigner, M.; Maier, H.: Einführung und Anwendung von CAD-Systemen. München: Hanser 1984

Text: *s. GKS*

Textfont definition: Schrifttyp- und Textgrößendefinition.

Textgeber: *s. GKS*

Text nach Nennmaß: *s. Maßtext*

Text node: Textaufsetzpunkt (absolut positioniert)

Text vor Nennmaß: *s. Maßtext*

Time Sharing: (dt.: Zeitscheibenverfahren); Betriebsart eines Rechnersystems, bei der mehrere *Programme* vom *Prozessor* abwechselnd bearbeitet werden können. Jedem Programm wird dabei nach dem sog. Zeitscheibenverfahren ein bestimmtes Zeitintervall zugeordnet. Dies führt zu einer ab -

wechselnden Programmabarbeitung, die von
den Benutzern des Systems so wahrgenom-
men werden, als würden die Programme
parallel abgearbeitet.

Tintenstrahldrucker: *s. Plotter*

Token: Zeichenkette, die durch Begren-
zungszeichen (Leerstellen, blanks) abge-
grenzt werden. Die Wiederholung einer
Zeichenkette repräsentiert ein anderes
Token. Im Sinne der Zugriffsverfahren für
Rechnernetzanwendung bedeutet Token eine
Folge von binären Zeichen (Bimuster) (s.
Bild T2). Schneider, H.-J.: Lexikon der Informatik
und Datenverarbeitung. Oldenbourg 1983

Toleranz: Der Begriff Toleranz bezeichnet
die Angabe einer zulässigen Abweichung von
einem vorgegebenen Maß. Unterschieden
wird zwischen
- Maßtoleranzen,
- Formtoleranzen und
- Lagetoleranzen.
Toleranzen können durch Abmaße (oberes
und unteres Abmaß) oder durch Kurzzeichen
der ISO-Toleranzfelder angegeben werden
(s. auch *Abmaß, Maßtext*); (s. auch DIN 7182
T1 und DIN 7168 T1/T2).
Form- und Lagetoleranzen enthalten neben
dem Toleranzwert auch die Angaben über
Bezugsstellen und die Art der Toleranz, die
als graphisches Symbol eingetragen wird.
Form- und Lagetoleranzen sind nach DIN
ISO 1101 genormt.

TOP (technical office protocol): Allgemein-
gültige Protokollschnittstelle für Kommuni-
kation von Rechnersystemen in *Netzwerken*.
TOP wurde auf der Basis des *OSI-7-
Schichtenmodells* konzpiert und für den
Büro- und Engineeringbereich spezifiziert.
Waibel, G.: Kommunikationstrends in der Produk-
tion unter besonderer Berücksichtigung von MAP.
Dokumentation, Tutorials CAT 86. N.N.: Kom-
munikation offener Systeme, DIN ISO 7498 Basis-
Referenzmodell. Berlin: Beuth 1982

Topologie: Lehre von der Lage und Anordnung geometrischer Gebilde im Raum. Die

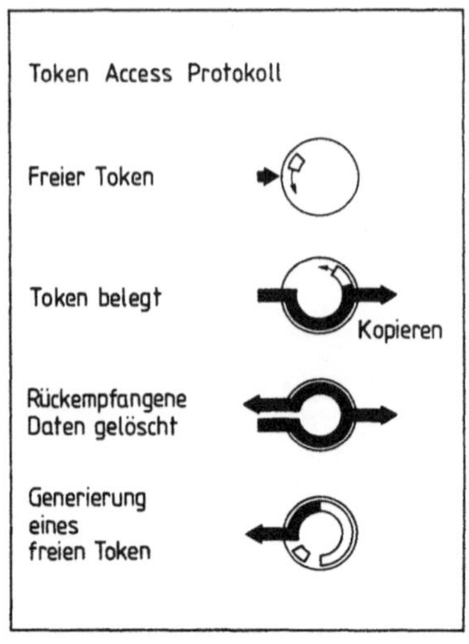

Bild T2. Schematische Darstellung
des Token Ring Verfahrens (Quelle:
Wolf)

Topologie eines technischen Objektes beschreibt die Struktur der Geometrie. Sie gibt Aufschluß über die innere geometrische Struktur.

Touch-Screen-Technik: (dt.: Berühre-Bildschirm-Technik); Kommunikationsverfahren, bei dem der Benutzer den Bildschirm berühren muß, um ein *Kommando* auszulösen oder eine Identifizierung durchzuführen. Technisch wird dies dadurch ermöglicht, daß dicht vor dem Bildschirm Infrarotstrahlen ein (unsichtbares) Gitter bilden. Unterbricht der Finger die Strahlen an bestimmten Stellen, dann lösen elektrische Impulse das gewünschte Kommando aus.

Trägergerade: *s. virtuelle Trägergerade*; Zuordnung der allgemeinen Geradengleichung zu Strecken, Strahlen oder Geraden zur Durchführung geometrischer Berechnungen.

Transformationen: *s. GKS*

Transformation matrix: Transformationsmatrix (3x3-Matrix).

Transformations-Pipeline: Transformations-Pipeline ist ein Begriff aus *PHIGS* (programmer`s hierarchical interactive graphics standard) und bezeichnet die Menge aller Transformationen (*s. auch GKS*), die auf ein graphisches Grundelement (Primitive) nacheinander angewendet werden.

Transformationsprogramm: Programmbaustein zur Durchführung von Transformationsfunktionen. Hierzu zählen insbesondere die
- Translation (Verschiebung),
- Rotation (Drehung),
- Skalierung und
- Spiegelung.
Transformationsprogramme enthalten Anweisungen zur Anwendung der Transformationsmatrix auf zu transformierenden Vektoren. Bezogen auf die graphische Datenverarbeitung wird unter dem Begriff Transfor -

mationsprogramm ein *Programm* zur Aufbereitung eines in Seitenkoordinatensystem
definierten Bildes verstanden, um es durch
einen Bildschirm-*Code*generator zu verarbeiten. Dabei können Abbildungen von Be-
nutzerkoordinaten auf normalisierte Koordinaten (Normalisierungstransformation) von
normalisierten Koordinaten auf Gerätekoordinaten (Gerätetransformation) oder von
normalisierten Koordinaten auf normalisierte Koordinaten (Bildtransformation)
erfolgen (*s. auch GKS*). Schneider, H.-J.:
Lexikon der Informatik und Datenverarbeitung.
Oldenbourg 1983

Trapez: Viereck, bei dem nur zwei gegen-
überliegende Seiten parallel sind (Bild T3).
Rechtwinklige Trapeze besitzen einen
rechtwinkligen Innenwinkel, gleich-
schenkelige Trapeze besitzen zwei kon-
gruente Innenwinkel. Stellt ein Trapez ein
Flächenelement (Elementarobjekt der
Dimension 2) dar, so ist die Flächeninformation (Umlaufsinn, Orientierung der
Begrenzungslinien) bekannt.

Treiber: (engl.: driver); geräteabhängige
Software zur Ansteuerung gerätespezifischer
Funktionen. Diese *Programme* werden auch
als Treibersoftware bezeichnet. Oftmals
umfaßt die Treibersoftware auch die
Umsetzung geräteunabhängiger Funktionen
in geräteabhängige Funktionsaufrufe.

Trommelplotter: *s. Plotter*

TTY (tele-typewriter): Fernschreibgerät
oder allgemein ein Gerät zur *alphanumerischen Kommunikation* mit einem
Rechner. Im *Betriebssystem UNIX* werden
gemäß des Dateikonzeptes für *I/O*-Geräte
damit physikalische Schnittstellen benannt
(logische Namen).

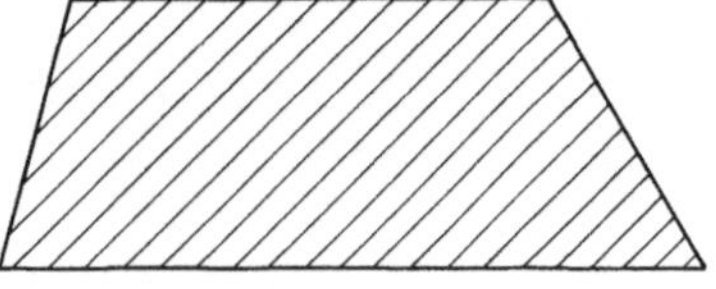

Bild T3. Trapez

U

Überlagerungsverfahren, graphische: Verfahren zum Ausblenden verdeckter Kanten. Encarnagao, J.: Computer Graphics. Oldenbourg 1975

Übertragungsmodell: Allgemeingültige (standardisierte), *digitale* Darstellung technischer Objekte, die zur Übertragung rechnerinterner Modelldaten zwischen *CAD-Systemen* erzeugt und verarbeitet werden muß.

Umarbeitsteil: Gegenstand, der aus einem Fertigteil durch weitere Bearbeitung entsteht (s. auch DIN 199 T2).

Umgebung: In *CAD-Systemen* werden Umgebungen verwendet, um Rechenungenauigkeiten auszugleichen oder um Annäherungen (Approximationen) vorzunehmen. Folgende Umgebungen können verwendet werden:
- *Absetz-Umgebung,*
- *Epsilon-Umgebung,*
- *Fang-Umgebung,*
- *Kreis-Umgebung,*
- *Punkt-Umgebung,*
- *Schablonen-Umgebung,*
- *Vermaschungs-Umgebung.*

Umlaufsinn: Der Umlaufsinn eines Konturelementes (einer Flächenumrandung) legt die Richtung fest, in der Konturelemente (auf der Randlinie) durchlaufen werden müssen, damit die durch die Konturelemente (die Randlinie) begrenzte *Fläche* bzw. ihre inneren Punkte links von Konturelementen (der Randlinie) liegt bzw. liegen. Durch die allgemeine Definition einer Fläche ist daher festgelegt, daß ein Konturelement, das den mathematisch positiven (Links-)Umlaufsinn hat, die Umrandung einer Fläche darstellt. Besitzt ein Konturelement den mathematisch

negativen (Rechts-) Umlaufsinn, so stellt es
die Umrandung einer Aussparung dar (s.
Bild U1).

UNIX: Dialogorientieres Mehrbenutzer-*Be -
triebssystem*, das von der Fa. Bell
Laboratories (USA) entwickelt wurde. Die
wesentlichen Kennzeichen des UNIX-
Betriebssystems sind:
- hierarchisches Dateisystem mit Unter -
  stützung von nichtresisdenten Dateisyste -
  men,
- homogene Datentransfermechanismen für
  Datei E/A, E/A periphere Geräte und für
  Interprozeßkommunikation,
- Aufbaubarkeit mehrerer asynchroner
  (paralleler) Prozesse für jeden Benutzer,
- komfortable Befehlsinterpreter,
- umfangreiche Dienstprogramme sowie
- hoher Grad an *Portabilität* des Betriebs -
  systemkerns und der Dienstprogramme.

Ein weiteres Kennzeichen des UNIX-Be -
triebssystems ist die weitgehende *Implemen -
tierung* in der Programmiersprache C. UNIX
wird heute auf einer breiten Palette von
Rechnersystemen angeboten. Marty, R.: UNIX
- Eine Einführung für den professionellen Software-
Entwickler. Informatik-Spektrum Nr. 6, 1983

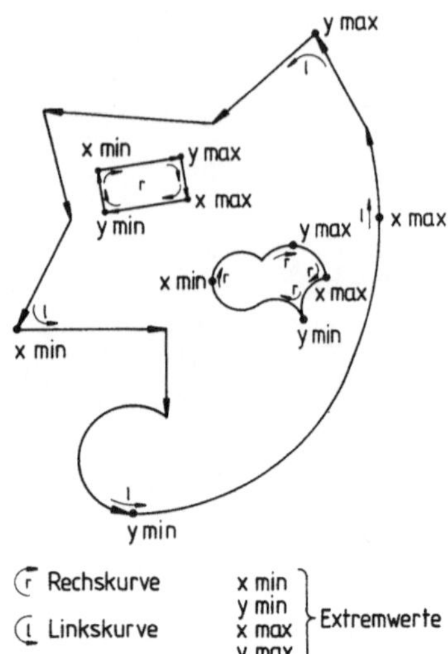

Bild U1. Umlaufsinn eines Kontur -
elements

V

Valuator: *s. GKS*

Variable: *s. Arithmetischer Ausdruck;* Zeichen einer formalen Sprache, die durch Zuweisung eines Wertes zu einer Ausprägung eines allgemeinen, in der formalen Sprache formulierten Sachverhaltes führen.

Variantenkonstruktion: Konstruktionsart, bei der die Funktionsstruktur, das physikalische Lösungsprinzip und die Anordnung von Bausteinen festliegen. Gestalt und Maße können jedoch bei fester Anordnung innerhalb definierter Grenzen variiert werden. Die Methodik der Variantenkonstruktion läßt sich effizient in Variantenprogrammen abbilden. Damit können durch Zuordnung und Eingabe der Variantenparameter sämtliche Variantenausprägungen vom System erstellt werden. Eine Konstruktion wird als Variantenkonstruktion bezeichnet, wenn bei festgelegter Funktionsstruktur sowie fester Anordnung aller Elemente, die Gestalt und Dimension der Elemente verändert werden. Dort wird der Begriff zur Unterscheidung der Konstruktionsarten in Neukonstruktion, Anpassungskonstruktion, Variantenkonstruktion und Prinzipkonstruktion eingeführt. Diese Konstruktionsart, die bei Anwendung von *CAD-Systemen* effizient eingesetzt werden kann, gestattet es, auf der Basis einer bereits erarbeiteten technischen Lösung durch Variation von Parametern eine Lösungsvariante zu erstellen. Beispiele für die Variantenkonstruktion: (s. Bild V1). Gollub, U.; Matzek, H.: Rechnergestütztes Zeichnen - Einstieg in CAD. VDI Fortschrittsber. Reihe 10 Nr. 22. Düsseldorf: VDI 1983. Vajna, S.: Rechnerunterstützte Anpasssungskonstruktion. Fortschrittsber. Reihe 10 Nr. 16. Düsseldorf: VDI 1982.

Variantenprinzip: Beschreibung dimensions- oder gestaltsvariabler Objekte in einem

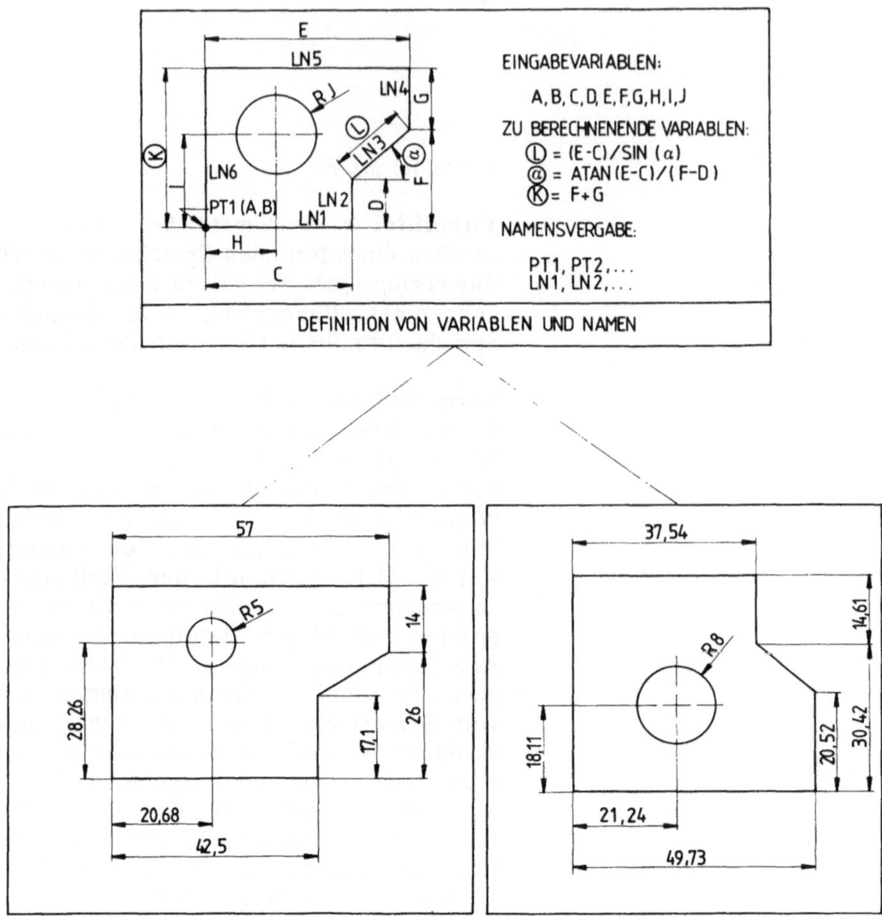

Bild V1. Beispiel einer Variantenkonstruktion (Quelle: Eigner/Maier)

Variantenprogramm oder einem parametrisierten rechnerinternen Modell und Zuordnung gültiger Parameter zur Erstellung der Objektvarianten.

Varianten-Stückliste: Zusammenfassung mehrerer *Stücklisten* auf einem Vordruck, um verschiedene Gegenstände mit einem in der Regel hohen Anteil identischer Bestandteile gemeinsam führen zu können (s. auch DIN 199 T2).

VDA: Verband der deutschen Automobilindustrie e.V..

Elemente in VDA-FS

POINT (Einzelpunkt)

PSET (Punktfolge)

MDI (Punktfolge mit Richtungsvektoren)

CURVE (Kurve in Polynomdarstellung)

SURF (Fläche in Polynomdarstellung)

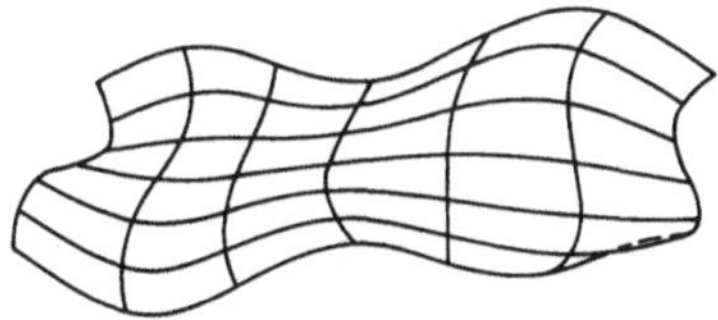

Bild V2. Elemente in VDA-FS
(Quelle: Tröndle)

VDA-FS: (Flächenschnittstelle des *VDA*); Spezifikation einer Schnittstelle zur Übertragung von Freiformflächen beliebigen Grades. Die VDA-Flächenschnittstelle wurde genormt und liegt als DIN 66301 vor. Zum Austausch von Geometriedaten stellt die VDA-FS die in Bild V2 dargestellten 5 Elemente zur Verfügung.
Die Elementdarstellung erfolgt in einem *APT*-orientierten Datenformat. Digital representation of product definition data. ANSI-Standard Y 14.26 M, Jan. 1981. Grabowski, H.; Anderl, R.: CAD-Systems and their Interface with CAM. In: Advanced course on computer integrated manufacturing. Proc. Univ. Karlsruhe 1983. VDA/VDMA: VDA-Flächenschnittstelle (VDA FS), Version 1.0 Verband der deutschen Automobilindustrie. Juli 1983

VDI (virtual device interface): (dt.: virtuelle Geräteschnittstelle); ein Vorschlag zur Standardisierung des Informationsflusses zwischen Computer Graphik-Software und Graphikgeräten. Das VDI besteht aus einer Menge von *Kommandos* für ein abstraktes Gerät. Diese Kommandos werden von der Treibersoftware (*s. Treiber*) für jedes benutzte Gerät übersetzt. VDI wurde vom *ANSI* X3 H33-Technical Committee als Standardschnittstelle zwischen geräteunabhängiger *Software* (z.B. *GKS*) und Graphikgeräten entwickelt.

VDI-Richtlinien: Der Verein Deutscher Ingenieure erstellt Richtlinien. Richtlinien im Hinblick auf den Einsatz von CAD/CAM-Systemen sind:
- VDI-Richtlinie 2210:
  Analyse des Konstruktionsprozesses im Hinblick auf den EDV-Einsatz
- VDI-Richtlinie 2211:
  Methoden und Hilfsmittel; Aufgabe, Prinzip und Einsatz von Informationssystemen
- VDI-Richtlinie 2212:
  Systematisches Suchen und Optimieren konstruktiver Lösungen
- VDI-Richtlinie 2213:
  Datenverarbeitung in der Konstruktion; Integrierte Herstellung von Konstruktions- und Fertigungsunterlagen

(Mai 85)
- VDI-Richtlinie 2214:
  Programmentwicklung
- VDI-Richtlinie 2215:
  Organisatorische Voraussetzungen und
  allgemeine Hilfsmittel
- VDI-Richtlinie 2216:
  Vorgehen bei der Einführung der DV im
  Konstruktionsbereich
- VDI-Richtlinie 2217:
  Begriffserläuterungen
- VDI-Richtlinie 2220:
  Produktplanung
- VDI-Richtlinie 2222:
  Konstruktionsmethodik
- VDI-Richtlinie 2860:
  Montage- und Handhabungstechnik;
  Handhabungsfunktionen, Handhabungs -
  einrichtungen, Begriffe, Definitionen,
  Symbole
- VDI-Richtlinie 2863:
  IRDATA
- VDI-Richtlinie 3729:
  Emmissionswerte technischer
  Schallquellen

VDM (virtual device metafile): Ein Nor -
mungsvorschlag, um Bilddaten über räum -
liche und zeitliche Entfernungen trans -
portieren zu können (*s. auch GKS*).

Vector-Refresh-Bildschirm: (dt.: bildwie-
derholender Bildschirm nach dem Vektor -
prinzip); graphische Ausgabegeräte, bei
denen der Elektronenstrahl die darzu -
stellenden Vektoren 60 - 70 mal pro Sekunde
schreibt (s. Bild S5).
Vorteil der Vector-Refresh-Bildschirme:
- hohe Auflösung,
- hohe Bildhelligkeit und Schärfe,
- selektives Löschen.
Nachteil der Vector-Refresh-Bildschirme:
- beschränkte Farbfähigkeiten auf
  Liniengraphik,
- Flackern am Bildschirm bei hoher Anzahl
  an Vektoren,
- hoher Hardwareaufwand zum Speichern
  der Vektorliste
(s. auch Sichtgeräte).

Vektor: Physikalische oder mathematische Größe, die durch einen Angriffspunkt, eine Richtung und einen Betrag festgelegt ist. In der Geometrie repräsentiert ein Vektor ein Element des dreidimensionalen Euclidschen Raumes und kann als Verschiebung des Raumes, wobei ebenfalls *Aufpunkt*, Richtung und Betrag definierende Merkmale darstellen, aufgefaßt werden. Unter einem Vektor wird in der Computer-Graphik häufig ein durch ihre beiden Endpunkte festgelegtes Streckenstück verstanden. Werden Kurven oder *alphanumerische* Zeichen zur Darstellung in eine Folge von Streckenstücken zerlegt, so wird diese Zerlegung auch Vektorisierung genannt.

Vektorgenerator: Funktionsbaustein der Computer-Graphik, meist als *Hardware*baustein verfügbar, der Linien zur Darstellung in Streckenstücke zerlegt und die Darstellung am Bildschirm ausgibt. Vektorgeneratoren werden hauptsächlich zur schnellen Ausgabe von Kurven (z.B. Kreise, Kegelschnittkurven, etc.) eingesetzt.

Vektorgraphik: Aufbauprinzip für graphische Darstellungen, bei dem nur die Bildpunkte (*Pixel*) angesteuert werden, die zur Darstellung graphischer Linienelemente benötigt werden. Eigner, M.; Maier, H.: Einführung und Anwendung von CAD-Systemen. München: Hanser 1984

Vektorliste: Gerätespezifische Bilddatenspeicher für *Vektor-Refresh-Bildschirme*. In der Vektorliste sind, ähnlich wie in der *Bilddatei*, die Steuerdaten zum Aufbau eines ebenen Bildes enthalten. Die Vektorliste wird von graphischen Arbeitsplätzen mit Vektor-Refresh-Bildschirmen selbständig aufgebaut und verwaltet. Die in der Vektorliste enthaltenen geometrischen Daten dienen ausschließlich zur Darstellung ebener Linien auf dem Bildschirm. Wird eine eindeutige Referenz dieser 2-dimensionalen Liniendarstellung zu der Objektdarstellung im rechnerinternen Modell benötigt, so ist eine sog. Korrelationstabelle erforderlich, in der

die Zuordnung von 2-dimensional dargestellten Linienelementen zu den Elementen
des rechnerinternen Modells verwaltet wird.

Verallgemeinertes Darstellungselement: *s.*
GKS

Verbundstruktur (im Sinne des Stücklistenwesens): Die Verbundstruktur bildet
einen funktionalen Zusammenhang zwischen
mindestens zwei Gegenständen ab. In Bezug
auf das Stücklistenwesen beschreibt die
Verbundstruktur die innere mechanische
Struktur aller Gegenstände eines Mehrteilesystems, entsprechend dem Zusammenbaufluß. Ausnahmen bilden immaterielle
Gegenstände, die in die Verbundstruktur
miteinbezogen werden und mit Hilfe einer
Benennung oder einer Bezeichnung geführt
werden (s. Bild V3).

Vereinigungsfläche: Ergebnis der Operation
zur Bildung der Vereinigungsmenge aus zwei
Flächen.
Gegeben: Flächen A und B;
             Vereinigungsfläche $V = A \cup B$;
A und B werden als Punktmengen aufgefaßt.
Die Vereinigungsfläche besteht aus allen
Punkten, die einer der beiden Flächen A oder
B angehören (s. Bild V4).

Vermaschungs-Umgebung: Zulässiger Fangbereich, um durch Überprüfung von
Anfangs- und Endpunktkoordinaten anein-
anderliegende Linienelemente bestimmen zu
können. Linien (Strecken und Kreisbögen)
gelten als miteinander vermascht, wenn der
Abstand ihrer Anfangs- bzw. Endpunkte
zueinander kleiner als die Vermaschungs-
umgebung ist.

Verschieben (Translieren): Metrisch affine
Abbildung, bei der sämtliche Längen,
Winkelgrößen, Inhalte und Orientierungen
erhalten bleiben. Verschieben eines Ele-
mentarobjektes bedeutet, daß jeder Punkt des
zu verschiebenden Objektes um einen
vorgegebenen Verschiebevektor im Weltkoordinatensystem (*s. GKS*) transliert wird.

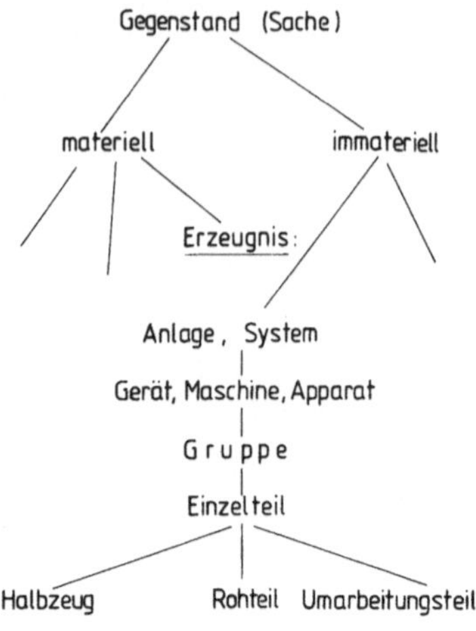

Bild V3. Verbundstruktur nach DIN
199 T2

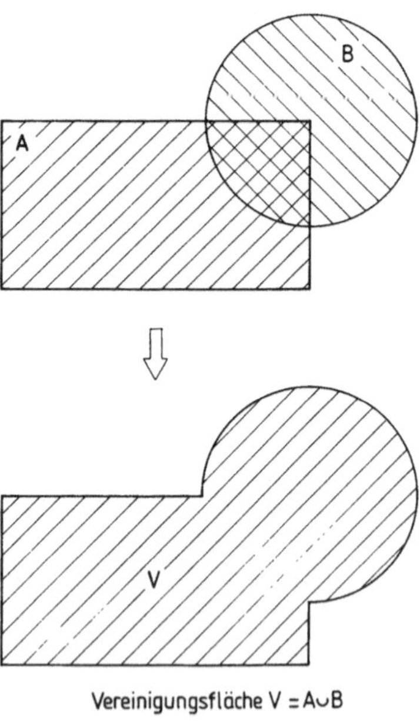

Bild V4. Vereinigungsfläche

Es können nur solche Elementarobjekte verschoben werden, die nicht Bestandteil von Elementarobjekten höherer Dimensionen sind. Dies wären z.B. Anfangs- und Endpunkte von Strecken, Bögen oder Dreiecksseiten sowie Mittelpunkte. Beim Verschieben kann zwischen assoziativem und nicht assoziativem Verschieben unterschieden werden. Assoziatives Verschieben bedeutet, daß ein Verschieben des Objektes nur unter Berücksichtigung der *inneren Struktur* einer Zeichnung erfolgen kann. Beim nicht assoziativen Verschieben kann diese innere Struktur zerstört werden.

Verteilte Intelligenz: *s. auch Resource Sharing;* Systemarchitektur, deren Kennzeichen ein Rechnernetzverbund zwischen mehreren Arbeitsplätzen mit lokaler Intelligenz, also arbeitsplatzspezifischer Rechnerleistung und Software ist. Arbeitsplatzspezifische Rechnerleistung und *Software* stehen einer allgemeinen Nutzung im Rechnernetz zur Verfügung.

Vervielfältigung: Vermehrung einer graphischen oder *alphanumerischen* Dokumentation, ausgehend von einem Original. Lichtpause und Kopie nach photographischen Verfahren, Drucktechnik oder Rechnerausgabe. DIN 199. Hoischen, H.: Technisches Zeichnen. Essen: Girardet 1982

Viererbaum: (engl.: Quadtree); spezielle Form einer hierarchischen Datenstruktur. Während das allgemeine hierarchische Datenstrukturmodell 1 : n Beziehungen und das binäre hierarchische Datenstrukturmodell 1 : 2 (binäre Baumstruktur) Beziehungen zuläßt, sind bei Viererbaumstrukturen 1 : 4 Beziehungen möglich. Viererbaumstrukturen (Quadtree-structures) bieten insbesondere bei Suchvorgängen, die auf dem Vergleich von 2-dimensionalen Punktelementen basieren, Zugriffs- und Antwortzeitvorteile. Bild V5 verdeutlicht das Datenstrukturschema der Viererbaumstruktur. Die in Bild V6 dargestellte Fläche wird durch die in Bild V5 gezeigte

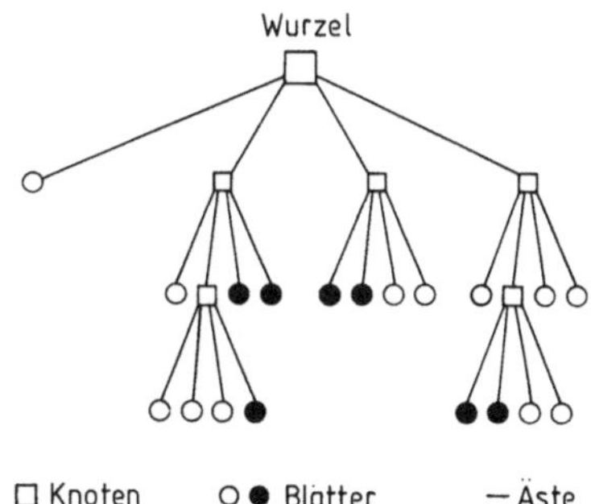

Bild V5. Beispiel einer Viererbaumstruktur

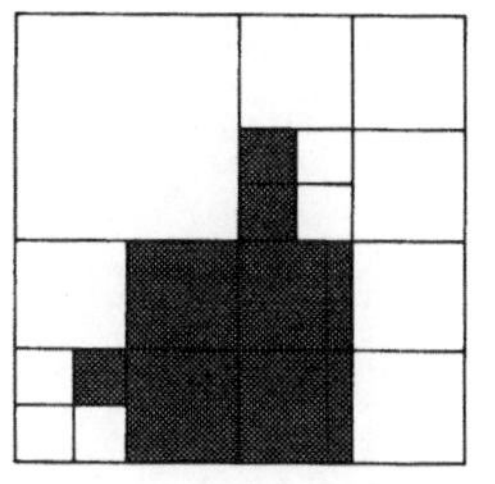

Bild V6.

Hierarchie repräsentiert. Grabowski, H.; Anderl, R.; Glatz, R.: CAD/CAM-Schnittstellen - problematik für den Anwender. Fertigungstech - nisches Kolloquium, Stuttgart 1985

View: Ansicht

Viewlist: Darstellungsliste

Viewport: Am graphischen Ausgabegerät festgelegter Darstellungsbereich. Die Aus - gabefläche eines graphischen Ausgabegerätes kann in mehrere Darstellungsbereiche einge - teilt werden, um z.B. mehrere Ansichten und Schnitte eines technischen Objektes gleich - zeitig darstellen zu können (s. Bild V7). Während der Begriff Viewport einen Darstellungsbereich auf der Darstellungs - fläche eines graphischen Ausgabegerätes festlegt, definiert der Begriff *Window* den Ausschnitt eines technischen Objektes, der in einem festgelegten Viewport graphisch dar - gestellt wird.

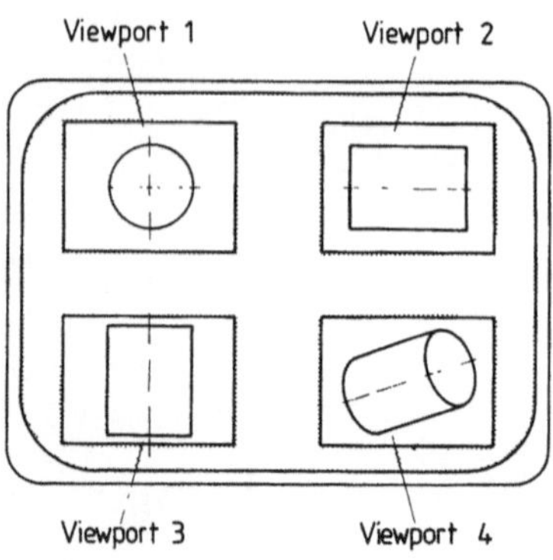

Bild V7. Einteilung des Bildschirms in vier Darstellungsbereiche (View - port)

Views visible: Sichtbare Darstellung.

Views visible, pen: Darstellungshinweise zur Plotausgabe (z.B. Plotfarbe, Linienstärke, etc.).

Virtueller Speicher: Speicherbereich, der keine realen Speicheradressen besitzt, sondern über virtuelle Adressen verwaltet wird. Bei tatsächlichem Speicherzugriff er - folgt dann zunächst eine automatische Abbil - dung der virtuellen Speicheradressen auf reale Speicheradressen.

Virtuelle Trägergerade: Bei den Geraden - elementen gibt es das endliche Geradenstück (Strecke), die einseitig unendlich lange Gerade (Strahl) und die beidseitig unendlich lange Gerade. Zur algorithmischen Verar - beitung von Geradenelementen wird anstelle der Strecke oder des Strahles die allgemeine Geradengleichung angewendet und diese als virtuelle Trägergerade bezeichnet. Die Trä - gergerade wird dargestellt in der Normal - form der Geradengleichung:

$$y = mx + b$$

bzw. dem Sonderfall der Geradengleichung bei Parallelen zur y-Achse (Senkrechten)
$$x = a$$
Dabei gibt m die Steigung, b den Schnittpunkt der Geraden mit der y-Achse und a den Schnittpunkt der Senkrechten mit der x-Achse an. Die virtuelle Trägergerade läßt die Richtung des Geradenelementes unberück-sichtigt.

Visibilitätskriterium: Visibilitätskriterium bedeutet Sichtbarkeitskriterium und bezeich-net Sachverhalte, die dazu dienen, die Sicht-barkeit von Objekten nach der Abbildung in beliebige Projektionsebenen per *Algorithmus* zu klären. Visibilitätskriterien sind auf der Basis der Untersuchung räumlicher Objekt-flächen (Flächentest), Objektpunkte (Punkte-test) und einer Kombination aus Objekt-punkten und Objektflächen (Punkt-/Flächen-test) verfügbar.

Volumenmodell: Rechnerinterne Abbildung eines Objektvolumens. Volumenmodelle werden nach der Art der Abbildung eines Objektvolumens in generative Volumen-modelle und akkumulative Volumenmodelle unterschieden. Generative Volumenmodelle speichern ein Objektvolumen in Form der Erzeugnisvorschrift (*Programm*) für den Aufbau des Volumens. Akkumulative Volumenmodelle speichern eine Datenstruk-tur, in der die, das Volumen definierenden geometrischen Objekte sowie deren struk-tureller Zusammenhang rechnerintern dar-gestellt werden. Bild V8 zeigt eine Einteilung der unterschiedlichen Arten von Volumen-modellen.
Für technische Anwendungen besitzen die topologisch-geometrischen Strukturmodelle aus der Klasse der akkumulativen Volu-menmodelle die größte Bedeutung. Topo-logisch-geometrische Strukturmodelle bilden das Objektvolumen in eine Datenstruktur ab, in der die volumenbegrenzenden Ober-flächen und die Materialrichtung dargestellt werden. Bild V9 zeigt ein Beispiel zur Volumenabbildung anhand eines Würfels.
Volumenmodelle erlauben die automatische

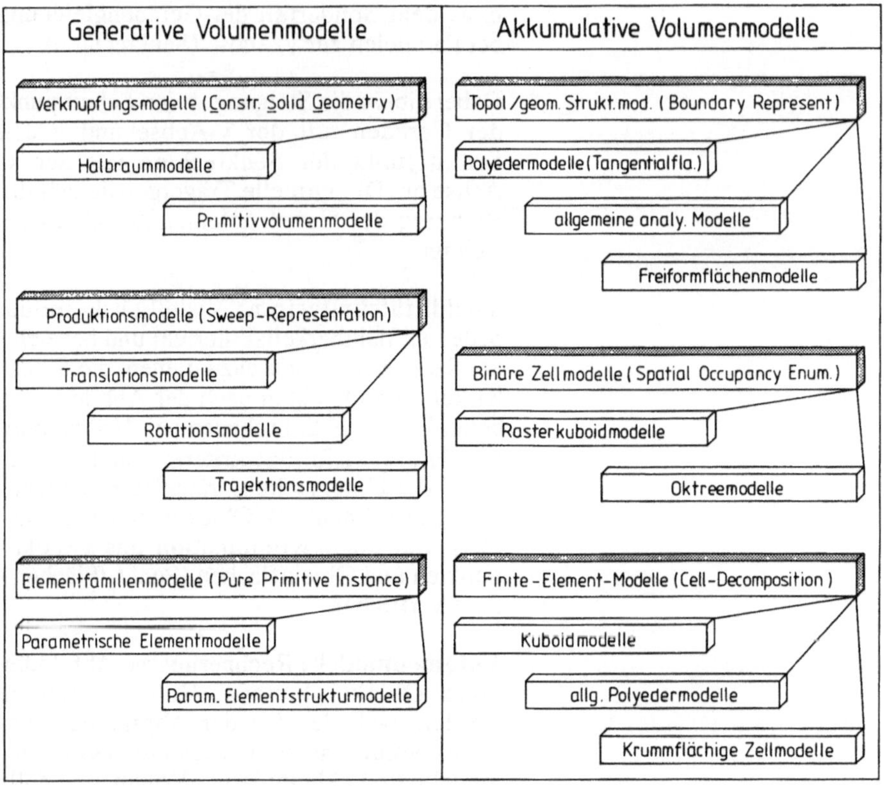

Bild V8. Unterscheidung von Volumenmodellarten (Quelle: Seiler)

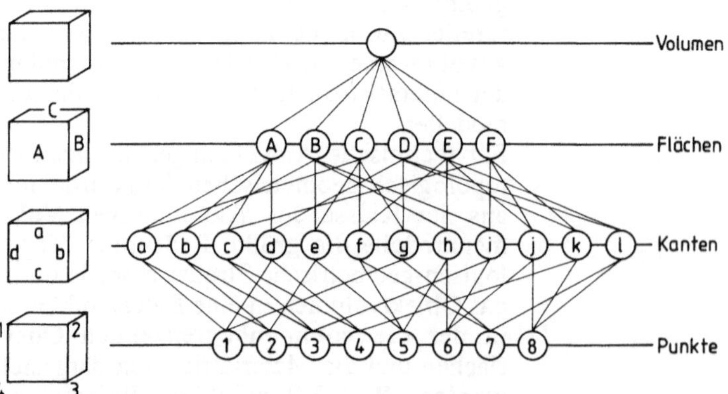

Bild V9. Beispiel einer Volumenabbildung in einer topologisch-geometrischen Datenstruktur (Quelle: CEFE)

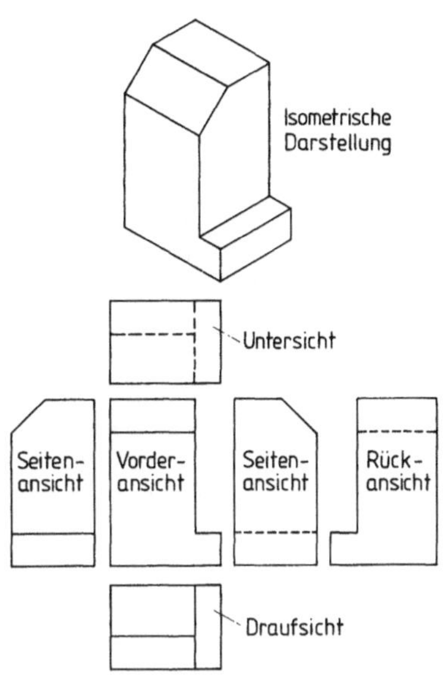

Bild V10. Anordnung von Ansichten bei Normalprojektion (Klappregel) nach DIN 6

Erstellung von Ansichten und Schnitten sowie die Berechnung des Volumeninhalts, des Schwerpunktes und des Flächenträgheits - momentes. Seiler, W.: Technische Modellierungs- und Kommunikationsverfahren für das Konzipieren und Gestalten auf der Basis der Modell-Integration. Fortschrittsber. Reihe 10 Nr. 49. Düsseldorf: VDI 1985

Vorderansicht: Darstellung eines technischen Objektes in einer Ansicht, die entsprechend der Klappregel als Vorderansicht bezeichnet wird (s. Bild V10).

Vordruckzeichnung: Unmaßstäbliche Darstellung von Bauteilen, bei denen die Maßzahlen noch einzutragen sind. Hoischen, H.: Technisches Zeichnen. Essen: Girardet 1982

Wertgeber: *s. GKS*

Weltkoordinatensystem: *s. GKS*

Wiederholteil: *s. auch Zusammenbauzeichnung*; Teile (*Gruppen* und/oder *Einzelteile*), die in verschiedenen Gruppen eines Erzeugnisses und/oder in verschiedenen Erzeugnissen verwendet werden. VDI-Richtlinie 2217 (Entwurf): Datenverarbeitung in der Konstruktion - Begriffserläuterungen. Düsseldorf: VDI 1979

Window: Der Begriff Window bezeichnet einen Darstellungsausschnitt zur Darstellung eines Teils eines technischen Objektes. Rechteckiger Ausschnitt ("*Fenster*") definiert in "Weltkoordinaten", der über die "Normalisierungstransformation" auf ein rechteckiges "Darstellungsfeld" (*Viewport*) abgebildet wird. Dieses Darstellungsfeld ist über die Normalisierungstransformation in einem abstrakten normalisierten Koordinatensystem definiert (*s. auch GKS*).

Window-Technik: *s. Fenster-Technik*

Winkelangaben: *s. Maßzahl; alphanumerische* und symbolische Angaben, die ein Winkelmaß ergänzend beschreiben.

Winkel zwischen Maßlinie und Maßhilfslinie: In einer *technischen Zeichnung* ist im Normalfall der Winkel zwischen *Maßlinie* und *Maßhilfslinie* 90°. Wenn es die Deutlichkeit erfordert, dürfen Maßhilfslinien ausnahmsweise unter ca. 60° stehen (s. Bild W1).

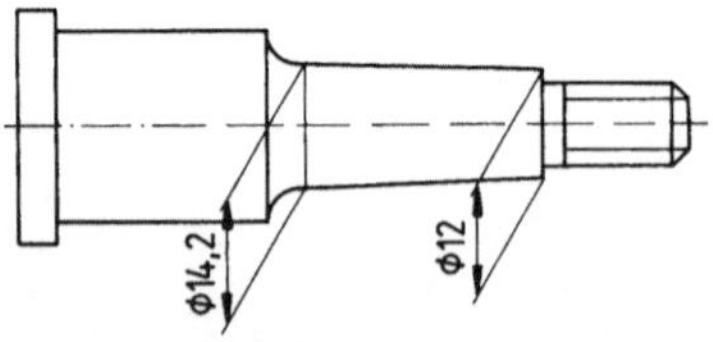

Bild W1. Winkel zwischen Maßlinie und Maßhilfslinie

Witness line: Maßhilfslinie

X

X3: Technisches Komitee zur Normung informationsverarbeitender Prozesse. Dieses Komitee ist ein unabhängig organisiertes technisches Komitee, das unter den Regularien und den Prozeduren des *ANSI* arbeitet. X3 entspricht dem ISO-Technical Committee 97 (*ISO TC* 97).

X3 H3: Technisches Komitee der USA mit dem Arbeitsgebiet "Normung von Funktionen der Computer Grafik". X3 H3 entspricht der Arbeitsgruppe *ISO TC* 97 SC1 WG2.

X3 H33: Technisches Komitee der USA, das sich mit der Normung einer Geräteschnittstelle für Computergraphikanwendungen (*VDI*, Virtual device interface) beschäftigt; Unterkomitee von X3 H3.

X4-Schreiber: Graphisches Ausgabegerät zur Ausgabe von Diagrammen. X4-Schreiber werden insbesondere zur Dokumentation von Versuchs- und Meßergebnissen eingesetzt.

XENIX: *UNIX*-ähnliches *Betriebssystem*, das von der Fa. Intel entwickelt wurde.

y, logx-Papier: Nach DIN 5478, in einer Dimension linear, in der anderen logarithmisch geteiltes Funktionspapier (halblogarithmisches Raster; Muster in DIN 45 408).

Z

Z-Clipping: Abschneiden von graphischen Elementen, die einen definierten Dar-stellungsbereich in Z-Richtung verlassen. Wird als Hilfsmittel zur übersichtlicheren Darstellung von räumlichen Objekten ange-wendet. Eigner, M.; Maier, H.: Einführung und Anwendung von CAD-Systemen. München: Hanser 1984

Zehnerblock: *s. auch Numerisches Tasten-feld;* mit numerischen Tasten und Funktions-tasten belegtes Tastenfeld. Dieses Tastenfeld wird zusätzlich zur *alphanumerischen Tasta-tur* bereitgestellt und vorwiegend zur Ein-gabe größerer Mengen numerischer Daten benutzt.

Zeichenfläche: *s. auch Blattgröße*; Darstel-lungsfläche, die auf einem genormten Papierformat zur Erstellung einer *tech-nischen Zeichnung* zur Verfügung steht (s. Bild Z1). Böttcher, P.; Forberg: Technisches Zeichnen. Stuttgart: Teubner 1982

Zeichengenerator: Funktionsbaustein, meist als *Hardware*baustein verfügbar, der Buchstaben, Ziffern und Sonderzeichen definiert enthält und deren Darstellung auf einem Ausgabegerät steuert und kontrolliert. Die Erzeugung erfolgt meist entweder im Raster- oder Funktionsverfahren. Im Rasterverfahren werden bestimmte Teile eines fest vorgegebenen Rasters beim Durchlaufen des Elektronenstrahls von Punkt zu Punkt eines Punktrasters springen (das Raster besteht meist aus 5x7, 6x8 oder 7x9 Punkten), oder das Zeichen wird zeilenweise mit kontinuierlicher Ablenkung geschrieben. Beim Funktionsverfahren wird der Elek-tronenstrahl, der Zeichennorm entsprechend, direkt gesteuert, die Zeichen erscheinen nicht punktförmig, sondern werden in Linien dargestellt. Der Zeichengenerator ermög-licht die Speicherung von Buchstaben und

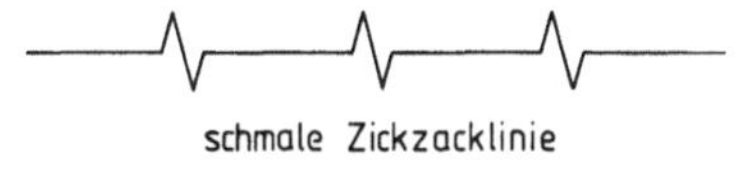

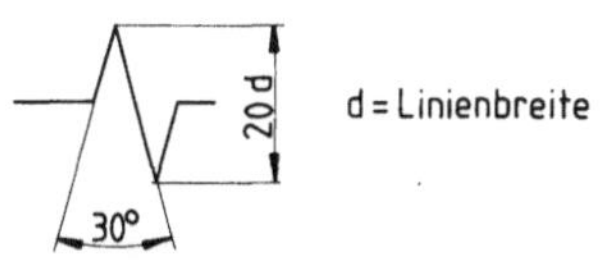

Bild Z1. Zick-Zack-Linie nach DIN 15 T1

beliebigen, vom Benutzer erzeugten graphischen Symbolen am graphischen Arbeitsplatz. Besteht ein Zeichen beispielsweise aus 20 Vektoren, so müßten jedesmal bis zu 80 *Byte* von der *CPU* (*Zentraleinheit* des Rechners) übertragen werden, um es auf dem Bildschirm darstellen zu können. Speichert man das Zeichen aber im Zeichengenerator, so läßt es sich durch 1 Byte aufrufen.

Zeichenmaschine programmgesteuert: *s. auch Plotter;* Maschine zur Erstellung von Zeichnungen auf analogen Datenträgern wie Papier, Folie etc..

- Zeichenpapier: Das Zeichenpapier kommt als Rollenware sowie in bereits zugeschnittenen Bögen in den Handel. Seine Oberfläche ist entweder rauh und matt (naturglatt) oder glatt und leicht glänzend. Glattes Papier wird vorwiegend für Tuschezeichnungen verwendet, rauhes Papier für Bleistiftzeichnungen. Es gibt mehrere Zeichenpapiersorten.
- Zeichenkarton: gewöhnlich Zeichenpapier genannt, ist weiß, bisweilen auch farbig getönt und dient zur Herstellung nicht - pausbarer Zeichnungen.
- Klarpapier: früher Transparentpapier genannt, ist fett- und ölfrei und meist von hellgrauer Farbe. Es wird hauptsächlich zur Herstellung lichtpausbarer Stamm - zeichnungen gebraucht.
- Pergamin und Pergazell: sind besonders stark geglättete, mit Kunstharzen getränkte Klarpapiere von außerordent - licher Lichtdurchlässigkeit. Sie verziehen sich kaum und werden fast ausschließlich für Tuschezeichnungen gebraucht.
- Klargewebe: auch Pausgewebe oder Pausleinen genannt, von bläulicher oder weißer Färbung, besteht aus textilen Rohstoffen und ist infolge besonderer Behandlung sehr lichtdurchlässig. Es kommt für Bleistift- und für Tusche - zeichnungen in Betracht.
- Transparentfolien: fast glasklare, aus Celluloseacetat, PVC, Polycarbonat und Polyester (Zellstoff), aus Kunststoff oder

aus Kunststoff und Zellstoff hergestellte, beidseitig geglättete oder einseitig mat- tierte filmartige Zeichenhäute von ge- wöhnlich bläulicher Färbung. Sie werden häufig für Vermessungspläne und für die eilige Herstellung von Diapositiven gebraucht.

Böttcher, P.; Forberg: Technisches Zeichnen. Stutt- gart: Teubner 1982

Zeichensatz: (engl.: character set); Menge von *alphanumerischen* Zeichen und Sonder- zeichen der gleichen Schriftart und Schrift- größe. Grabowski, H.; Röder, J.; Diehl, R.: Schnittstellen, eine Notwendigkeit für Integration von Produktionsprozessen. Produktionstechnisches Labor Univ. Karlsruhe 1985

Zeichenvorrat: Menge an verfügbaren Zei- chen (*alphanumerische* Zeichen und Sonder- zeichen), die zur Erstellung von Texten be- reitstehen. Aussagen über den Zeichenvorrat geben Auskunft über Texterstellungs- und - verarbeitungsmöglichkeiten unterschied- licher Sprachen (z.B. deutsch, englisch, französisch, spanisch).

Zeichnung: Eine Zeichnung ist eine aus Linien bestehende bildliche Darstellung (s. auch DIN 199 T1).

Zeilensprungverfahren: *s. Sichtgeräte (dort: interlaced)*

Zeilenvorschub: Transport des Papiers eines Druckers um eine Zeile. Eine Zeile ist dabei durch den Zeilenabstand charakterisiert.

Zellmatrix: *s. GKS*

Zentraleinheit: (engl.: central processing unit, *CPU*); Kern eines Digitalrechners. Sie besteht aus den Funktionseinheiten Rechen- werk, Leitwerk (Steuerwerk) und Spei- chereinheit.

Zick-Zack-Linie: Zick-Zack-Linien sind gemäß DIN 15 T1 Bruchlinien. Zick-Zack- Linien können auf Plotterzeichnungen auch als Ersatz für Freihandlinien gewählt

werden. Die Zick-Zack-Linie ist eine *Linienart*, beschrieben in DIN 15 T1. Sie wird in Bild Z1 mit den dazugehörigen Maßen dargestellt.
Die Zick-Zack-Linie dient zur Begrenzung von abgebrochenen oder unterbrochen dargestellten Ansichten und Schnitten, wenn die Begrenzung keine *Mittellinie* ist. Die Verwendung der Linienarten ist in DIN 15 T2 beschrieben. Hoischen, H.: Technisches Zeichnen. Essen: Girardet 1982

Zoom: Funktion zur schrittweisen Vergrößerung oder Verkleinerung einer Darstellung auf dem Bildschirm. Es kann zwischen einem "Software-Zoom" und einem "Hardware-Zoom" unterschieden werden. Ein *Hardware*-Zoom vergrößert die Darstellung im *Bildspeicher*, indem ein *Pixel* mit einem Faktor multipliziert wird. Ein *Software*-Zoom realisiert die Vergrößerung, indem das Bild durch Zugriff auf eine Vektorliste neu aufgebaut und vergrößert wird.

Zusammenbauzeichnung: *Technische Zeichnung* mit der Darstellung von Bauteilen mit allen zu ihrem Zusammenbau benötigten Angaben (s. auch DIN 199). Meist sind die Gegenstände aus *Normteilen*, *Kaufteilen* und *Wiederholteilen* zusammengesetzt. Hoischen, H.: Technisches Zeichnen. Essen: Girardet 1982

Zustandstabelle: Tabellenartig strukturierte *Attribute*, die Zustände des *CAD-Systems* repräsentieren. Folgende "Zustandsarten" werden unterschieden:
- Liste aller *Dateien*, die von einem *Programm* angesprochen werden.
- Füllstände der angesprochenen Dateien; die Zählerstände der Dateien müssen z.B. beim Hinzufügen eines neuen Datensatzes bekannt sein.
- Zu jeder Bedingung "if-then-else" gibt es eine Variable, die angibt, welche if-Anweisung und welcher Zweig davon bei einem Programmlauf abgearbeitet wurde; dient zum Programmtest und zur Überprüfung, ob ein Programm inhaltlich richtige Schlüsse zieht.

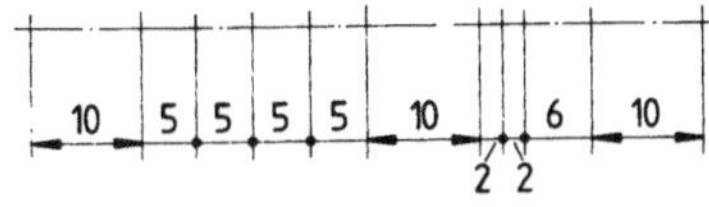

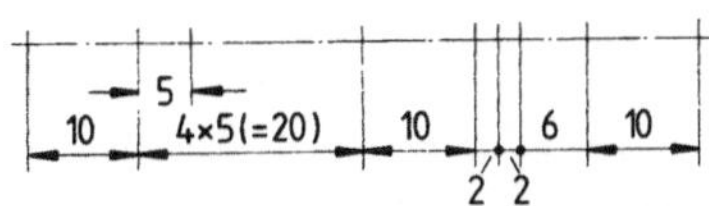

Bild Z2. Zuwachsbemaßung nach DIN 406 T3

- Nummer des aktuell bearbeiteten Programms; verschafft in der Anwendung von Programmpaketen einen Überblick, welche Einzelprogramme aktuell bearbeitet werden.
- Zustand "*Mittellinie*".
- Zustand "rubberbandmode".
- Zustand "*snap-mode*".

Zuwachsbemaßung: Sie wird auch inkrementale Bemaßung genannt. Mit Hilfe der vorhandenen Bemaßungsroutinen kann ein inkrementales Maßbild erstellt werden (s. Bild Z2).

2D

2D: (Abk. für zweidimensional); 2D kenn -
zeichnet die Abbildung und Darstellung
technischer Objekte und Sachverhalte in
einer Ebene.

2 1/2D: Der Begriff 2 1/2D ist in der *NC*-
Technik entstanden und umfaßt die
Möglichkeit, technische Objekte 2-dimen -
sional zu beschreiben und für die dritte
Dimension eine konstante Ausdehnung
anzugeben. Im Anwendungsbereich *CAD*
wird der Begriff 2 1/2D für Objekte ge -
braucht, die zweidimensional beschrieben
werden und durch Bildungsgesetze zu einem
räumlichen Objekt führen.

3D: 3D kennzeichnet die Abbildung und
Darstellung technischer Objekte und Sach -
verhalte im dreidimensionalen Euclidschen
Raum.